房屋建筑构造

（第2版）

主　编　于瑾佳

副主编　吴姗姗　郑　超　陈　晨

　　　　孟银忠　梅玉倩

参　编　刘卫红　于国琳　赵静依

主　审　董晓英

北京理工大学出版社
BEIJING INSTITUTE OF TECHNOLOGY PRESS

内 容 提 要

本书根据建筑工程最新标准规范进行编写，以房屋构造为重点，兼顾设计的基本知识，重点阐述了民用与工业建筑房屋的基本构造和主要细部构造。全书除绪论外，分为上、下两篇，共 9 个模块。其中上篇为民用建筑构造，主要包括民用建筑认知、基础与地下室、墙体、楼地层、楼梯、屋顶、门和窗、变形缝等内容；下篇为工业建筑构造，主要包括工业建筑，涉及认识工业建筑，单层厂房的组成与结构组成，单层厂房屋面构造，天窗构造，外墙构造，侧窗、大门、地面及其他构造等内容。

本书可作为高等院校土木工程类相关专业的教材，还可供建筑工程施工技术管理人员参考。

图书在版编目（CIP）数据

房屋建筑构造 / 于瑾佳主编 . -- 2 版 . -- 北京：
北京理工大学出版社，2023.10
ISBN 978-7-5763-3055-7

Ⅰ. ①房… Ⅱ. ①于… Ⅲ. ①建筑构造－高等学校－
教材 Ⅳ. ① TU22

中国国家版本馆 CIP 数据核字（2023）第 207430 号

责任编辑： 多海鹏 　　　　　　　　　**文案编辑：** 多海鹏
责任校对： 周瑞红 　　　　　　　　　**责任印制：** 王美丽

出版发行 / 北京理工大学出版社有限责任公司	
社　　址 / 北京市丰台区四合庄路 6 号	
邮　　编 / 100070	
电　　话 / (010) 68914026（教材售后服务热线）	
(010) 63726648（课件资源服务热线）	
网　　址 / http://www.bitpress.com.cn	

版 印 次 / 2023 年 10 月第 2 版第 1 次印刷
印　　刷 / 河北世纪兴旺印刷有限公司
开　　本 / 787 mm × 1092 mm　1/16
印　　张 / 20
字　　数 / 486 千字
定　　价 / 89.00 元

第 2 版前言

　　房屋建筑构造主要介绍建筑物各组成部分的基本构造组成和构造方法，是土建施工类专业的核心专业课程之一。本书第 2 版的编写仍然保留了原书的基本体例和主要特点。全书共分为两篇：上篇为民用建筑构造，下篇为工业建筑构造。全书共分九个模块，即民用建筑认知、基础与地下室、墙体、楼地层、楼梯、屋顶、门和窗、变形缝及工业建筑。本书注重实际工程的引入，用工程实例讲授建筑构造知识，带领学生学会识读工程施工图，并强调让学生们接触真实的工程资料和实物，以拉近课堂与工程现场的距离，传授给学生工程一线真正需要和最接近实际的知识，其不仅是培养学生职业岗位能力的需要，同时对学生树立牢固的专业思想、培养良好学习方法也起到重要的作用。

　　本课程贯穿整个建筑类专业课程及建筑施工全过程，是建筑类其他核心课程的先修课，也是建筑类注册考试必修的课程，并有助于施工员、资料员、预算员和各技能操作岗位等施工一线专门人才培养必备的基础能力。

　　为推进线上线下混合教学，本书在"学银在线"（www.xueyinonline.com）平台配套开设了"房屋建筑构造与设计"精品在线开放课程，读者可通过登录以下网址进行学习：https://www.xueyinonline.com/detail/244603173。

　　本书由河北能源职业技术学院于瑾佳担任主编；由河北能源职业技术学院吴姗姗，黑龙江生态工程职业学院郑超，河北能源职业技术学院陈晨、孟银忠，石家庄铁路职业技术学院梅玉倩担任副主编；唐山森普工程设计有限公司赵静依、唐山劳动技师学院刘卫红、开滦建设（集团）有限责任公司于国琳参与编写。具体编写分工为：绪论及模块一、模块六、模块八、模块九由于瑾佳编写，模块二、模块三由吴姗姗编写，模块四、模块五由陈晨、郑超、刘卫红编写，模块七由孟银忠、梅玉倩、赵静依、于国琳编写。于瑾佳负责组织编写及全书整体统稿工作。全书由河北能源职业技术学院董晓英主审。

　　本书编写过程中，查阅了大量公开或内部发行的技术资料和书刊，引用了其中一些图表及内容，在此向原作者致以衷心的感谢。

　　由于编者水平有限，加之时间仓促，书中难免存在缺漏和错误之处，敬请广大读者和专家批评指正。

编　者

第 1 版前言

随着房屋建筑的发展，新的施工方法、工艺和建筑材料不断涌现，新规范、新标准不断颁布实施，以及教育部对高职高专院校人才培养的目标和要求不断调整，为了适应目前的实际情况，本书在编写的过程中采用了现行最新规范、规程和标准，结合高职高专的特点强调实用性和适用性，突出新材料、新技术和新方法的运用，并调整了大量图片，使插图更加清晰准确，同时对工业建筑部分进行了压缩和改编。

本书根据高职高专院校建筑工程技术专业以及相近专业的培养目标和本课程的教学要求进行编写，具有适用性、实用性、适时性的特点，同时还兼顾了地域特色。具体特点如下：

（1）2016 年后，国家陆续修订颁布了一系列行业技术规范及标准，内容涉及建筑材料、建筑制图、建筑结构、建筑设计、建筑防火、施工技术等方面，本书编写均选用现行最新技术标准。

（2）尊重职业教育的特点和发展趋势，合理把握"基础知识够用为度、注重专业技能培养"的编写原则。

（3）更加注重与工程实践的结合和技能方面的培养，从图例、图表的选用及思考题的选型，都考虑了实际工程设计和施工方面的具体要求，力求深浅适度。

（4）更加注重语言的通俗性，力求语言流畅，深入浅出，便于学生阅读。在内容上力求体系完整，内容精练，插图准确直观。

本书由河北能源职业技术学院于瑾佳担任主编，由河北能源职业技术学院吴姗姗、孟银忠、陈晨和山西工程职业技术学院赵鑫担任副主编。具体编写分工为：绪论及第一、六、八、十章由于瑾佳编写，第二、七章由吴姗姗编写，第三章由赵鑫编写，第五章由孟银忠编写，第四、九章由陈晨编写。于瑾佳负责组织编写及全书整体统稿工作。全书由河北能源职业技术学院董晓英主审。

在本书编写过程中，查阅了大量公开或内部发行的技术资料和书刊，引用了其中一些图表及内容，在此向原作者致以衷心的感谢。

由于水平有限，加之时间仓促，书中难免存在缺漏和不妥之处，敬请广大读者和专家批评指正。

编 者

目 录

下篇　工业建筑构造

绪　论

知识目标

　　了解本课程的主要内容和学习要点；掌握建筑的含义和分级、分类；掌握建筑构成三要素及其辩证关系和建筑方针。

能力目标

　　能够区分不同建筑物所属的类型和等级。

学习参考标准

　　1.《民用建筑设计统一标准》(GB 50352—2019)；

　　2.《建筑设计防火规范（2018 年版)》(GB 50016—2014)；

　　3.《建筑结构可靠性设计统一标准》(GB 50068—2018)；

　　4.《建筑制图标准》(GB/T 50104—2010)；

　　5.《房屋建筑制图统一标准》(GB/T 50001—2017)。

模块导读

　　有人类历史便有建筑，建筑总是伴随着人类共存。从建筑的起源发展到建筑文化，经历了千万年的变迁。有许多著名的格言可以帮助人们加深对建筑的认识，如"建筑是石头的史书""建筑是一切艺术之母""建筑是凝固的音乐""建筑是住人的机器""建筑是城市经济制度和社会制度的自传""建筑是城市的重要标志"等。在今天的信息时代，则以"语言""符号"来剖析建筑的构成，许多不同的认识形成了建筑的各种流派，长期以来进行着热烈的讨论。一般是将铁路、水坝等称为"土木工程"，只有"建造适用和美好的住宅、公共建筑和城市艺术"才称为"建筑学"。

一、建筑的含义和内容

　　人类为了生存和发展而创造了房屋，即广义上的"建筑"。"建筑"一词源于国外，我国古代称为"营造、营建或应缮"。今天，人们所说的**建筑是指人工创造的空间环境，通常认为是建筑物和构筑物的总称。**

　　（1）建筑物——直接供人们使用的建筑称为建筑物，如住宅、学校、办公楼、影剧院、体育馆等。

（2）构筑物——间接供人们使用的建筑称为构筑物，如水塔、蓄水池、烟囱、贮油罐等。

建筑具有实用性，属于社会产品；建筑又具有艺术性，反映特定的社会思想意识，因此建筑又是一种精神产品。

我国的建筑方针是全面贯彻实施"适用、安全、经济、美观"。 这个方针也是评价建筑优劣的基本准则。

二、建筑的构成要素

构成建筑的基本要素是指在不同历史条件下的建筑功能、建筑技术和建筑形象。

1. 建筑功能

建筑功能是指满足人体尺度和人体活动所需的空间尺度，满足不同建筑有不同使用特点的要求。不同性质的建筑物在使用上有不同的特点，例如，火车站要求人流、货流畅通；影剧院要求听得清、看得见和疏散快；工业厂房要求符合产品的生产工艺流程；某些实验室对温度、湿度的要求等，都直接影响着建筑物的使用功能。

满足功能要求也是建筑的主要目的，在构成的要素中起主导作用。

2. 建筑技术

建筑技术是指建造房屋的手段，其包括建筑材料及制品技术、结构技术、施工技术和设备技术等，因此建筑不可能脱离技术而存在。其中，材料是物质基础，结构技术是构成建筑空间的骨架；施工技术是实现建筑生产的过程和方法；设备是改善建筑环境的技术条件。所以，建筑是多门技术科学的综合产物，是建筑发展的重要因素。

3. 建筑形象

构成建筑形象的因素建筑的体型、立面形式、细部与重点的处理、材料的色彩和质感、光影和装饰处理等。建筑形象是功能和技术的综合反映。建筑形象处理得当，就能产生良好的艺术效果，给人以美的享受。有些建筑使人感受到庄严雄伟、朴素大方、简洁明朗等，这就是建筑艺术形象的魅力。不同社会和时代、不同地域和民族的建筑都有不同的建筑形象，它反映了时代的生产水平、文化传统、民族风格等特点。

建筑的三要素是辩证的统一体，是不可分割的，但又有主次之分。第一是建筑功能，起主导作用；第二是建筑技术，是达到目的的手段，技术对功能又有约束和促进作用；第三是建筑形象，是功能和技术的反映，如果充分发挥设计者的主观作用，在一定的功能和技术条件下，可以使建筑设计得更加美观。历史上优秀的建筑作品，这三个要素都是辩证统一的。

三、建筑的分类和等级划分

1. 建筑的分类

（1）按使用性质分类。

1）**工业建筑**：指为工业生产服务的生产车间及为生产服务的辅助车间、动力用房、仓储等。

2）**农业建筑**：指供农（牧）业生产和加工用的建筑，如种子库、温室、畜禽饲养场、农副产品加工厂、农机修理厂（站）等。

3）**民用建筑**：指供人们居住和进行公共活动的建筑的总称。民用建筑按使用功能又可分为**居住建筑**和**公共建筑**。居住建筑指供人们居住使用的建筑，又可分为住宅建筑和宿舍建筑；公共建筑是指供人们进行各种公共活动的建筑，按性质不同又可分为15类之多，如文教建筑、托幼建筑、医疗卫生建筑、观演性建筑、体育建筑、展览建筑、旅馆建筑、商业建筑、电信及广播电视建筑、交通建筑、行政办公建筑、金融建筑、饮食建筑、园林建筑、纪念建筑。

（2）按建筑规模和数量分类。

1）**大量性建筑**：指建筑单体规模不大，但修建数量多，与人们生活密切相关的分布面广的建筑，如住宅、中小学教学楼、医院、中小型影剧院、中小型工厂等。

2）**大型性建筑**：指建筑单体规模大、耗资多的建筑，如大型体育馆、大型剧院、航空港、站、博览馆、大型工厂等。与大量性建筑相比，其修建数量是很有限的，这类建筑在一个国家或一个地区具有代表性，对城市面貌的影响也较大。

（3）按建筑层数分类。根据《建筑防火设计规范（2018年版）》（GB 50016—2014）的规定，民用建筑根据其建筑高度和层数可分为单、多层民用建筑和高层民用建筑。公共建筑和宿舍建筑1～3层为低层，4～6层为多层，大于等于7层为高层；住宅建筑1～3层为低层，4～9层为多层，10层及以上为高层。民用建筑的分类应符合表0-1的规定。

表0-1 高层民用建筑分类

名称	高层民用建筑		单、多层民用建筑
	一类	二类	
住宅建筑	建筑高度大于54 m的住宅建筑（包括设置商业服务网点的住宅建筑）	建筑高度大于27 m，但不大于54 m的住宅建筑（包括设置商业服务网点的住宅建筑）	建筑高度不大于27 m的住宅建筑（包括设置商业服务网点的住宅建筑）
公共建筑	1. 建筑高度大于50 m的公共建筑； 2. 建筑高度24 m以上部分任一楼层建筑面积大于1 000 m^2 的商店、展览、电信、邮政、财贸金融建筑和其他多种功能组合的建筑； 3. 医疗建筑、重要公共建筑、独立建造的老年人照料设施； 4. 省级及以上的广播电视和防灾指挥调度建筑、网局级和省级电力调度建筑； 5. 藏书超过100万册的图书馆、书库	除一类高层公共建筑外的其他高层公共建筑	1. 建筑高度大于24 m的单层公共建筑； 2. 建筑高度不大于24 m的其他公共建筑

根据《民用建筑设计统一标准》（GB 50352—2019）的规定，民用建筑按地上建筑高度或层数进行分类应符合下列规定：

1）建筑高度不大于27.0 m的住宅建筑、建筑高度不大于24.0 m的公共建筑及建筑高度大于24.0 m的单层公共建筑为低层或多层民用建筑；

2）建筑高度大于27.0 m的住宅建筑和建筑高度大于24.0 m的非单层公共建筑，且高度不大于100.0 m，为高层民用建筑；

3）建筑高度大于100.0 m为超高层建筑。

（4）按承重结构的材料分类。

1）**木结构建筑**：指大部分用木材建造或以木材为主要受力构件的建筑物。这种结构适用于低层、规模较小的建筑物，是我国古建筑中广泛采用的结构形式，如图0-1所示。

2）**砌体结构建筑**：指以砖或石材为承重墙柱和楼板的建筑。这种结构便于就地取材，能节约钢材、水泥和降低造价；但抗震性能差，自重大，如图 0-2、图 0-3 所示。

图 0-1　木结构　　　　　　　图 0-2　砖砌体结构　　　　　　图 0-3　石砌体结构

3）**钢筋混凝土结构建筑**：指以钢筋混凝土梁、板、柱作为承重构件的高层或多层建筑。钢筋混凝土结构按受力特点可分为框架结构、剪力墙结构、框架 - 剪力墙结构、筒体结构等，具有坚固耐久、防火和可塑性强等优点，是我国目前民用建筑中应用最为广泛的一种结构形式，如图 0-4 所示。

4）**钢结构建筑**：指以型钢等钢材作为房屋承重骨架的建筑。钢结构力学性能好，便于制作和安装，工期短，结构自重轻，适宜于超高层和大跨度建筑中采用。随着我国高层、大跨度建筑的发展，采用钢结构的趋势正在增长，如图 0-5 所示。

5）**混合结构建筑**：指采用两种或两种以上材料做承重结构的建筑。如由砖墙、木楼板构成的砖木结构建筑；由砖墙、钢筋混凝土楼板构成的砖混结构建筑；由钢屋架和混凝土（或柱）构成的钢混结构建筑。其中，砖混结构在大量性民用建筑中应用最广泛，如图 0-6 所示。

图 0-4　钢筋混凝土结构　　　　　图 0-5　钢结构　　　　　　　图 0-6　砖混结构

2. 建筑的等级划分

为了使建筑充分发挥投资效益，避免造成浪费，适应社会经济发展的需要，我国对各类建筑进行了分级。民用建筑物的等级一般按破坏后果、设计使用年限和耐火性进行划分。

（1）按安全性分级。根据《建筑结构可靠性设计统一标准》（GB 50068—2018）的规定，建筑结构设计时，应根据结构破坏可能产生的后果，即危及人的生命、造成经济损失、对社会或环境产生影响等的严重性，采用不同的安全等级。建筑结构安全等级划分为三个等级（一级：重要的建筑物；二级：大量的一般建筑物；三级：次要的建筑物）。安全等级的划分应符合表 0-2 的规定。

对人员比较集中、使用频繁的体育馆、影剧院等，安全等级宜按一级设计。建筑物中各类结构构件的安全等级宜与整个结构的安全等级相同，允许对部分结构构件根据其重要程度和综合效益进行适当的提高或降低，但不得低于三级。

表 0-2 建筑结构的安全等级

安全等级	破坏后果
一级	很严重：对人的生命、经济、社会或环境影响很大
二级	严重：对人的生命、经济、社会或环境影响较大
三级	不严重：对人的生命、经济、社会或环境影响较小

（2）按使用年限分级。设计使用年限是指设计规定的结构或结构构件不需要进行大修即可按其预定目的使用，完成预定功能的时期，即结构在规定的条件下所应达到的使用年限。《民用建筑设计统一标准》（GB 50352—2019）中将设计使用年限分为四类等级，见表 0-3。

表 0-3 设计使用年限分类

类别	设计使用年限 / 年	适用范围
1	5	临时性建筑
2	25	易于替换结构构件的建筑
3	50	普通建筑和构筑物
4	100	纪念性建筑和特别重要的建筑

（3）按耐火性能分等级。耐火等级取决于房屋主要构件的耐火极限和燃烧性能，以小时为单位。耐火极限是指从受到火的作用起，到失去支持能力或发生穿透性裂缝或构件背火一面温度升高到 220 ℃时所延续的时间。

按材料的燃烧性能，材料可分为燃烧材料（如木材等）、难燃烧材料（如木丝板等）和非燃烧材料（如砖、石等）三种。用上述材料制作的构件分别称为燃烧体、难燃烧体和非燃烧体。根据《建筑设计防火规范（2018 年版）》（GB 50016—2014）的规定，民用建筑物的耐火等级分为四级，一级的耐火性能最好，四级最差。性质重要的或规模宏大的或具有代表性的建筑，通常按一、二级耐火等级进行设计；大量性的或一般的建筑按二、三级耐火等级设计；很次要的或临时建筑按四级耐火等级设计。不同耐火等级的建筑相应构件的燃烧性能和耐火极限不应低于表 0-4 的规定。

表 0-4 不同耐火等级建筑相应构件的燃烧性能和耐火极限   h

构件名称		耐火等级			
		一级	二级	三级	四级
墙	防火墙	不燃性 3.00	不燃性 3.00	不燃性 3.00	不燃性 3.00
	承重墙	不燃性 3.00	不燃性 2.50	不燃性 2.00	难燃性 0.50
	非承重外墙	不燃性 1.00	不燃性 1.00	不燃性 0.50	可燃性
	楼梯间和前室的墙、电梯井的墙、住宅建筑单元之间的墙和分户墙	不燃性 2.00	不燃性 2.00	不燃性 1.50	难燃性 0.50
	疏散走道两侧的隔墙	不燃性 1.00	不燃性 1.00	不燃性 0.50	难燃性 0.25
	房间隔墙	不燃性 0.75	不燃性 0.50	难燃性 0.50	难燃性 0.25
柱		不燃性 3.00	不燃性 2.50	不燃性 2.00	难燃性 0.50
梁		不燃性 2.00	不燃性 1.50	不燃性 1.00	难燃性 0.50
楼板		不燃性 1.50	不燃性 1.00	不燃性 0.50	可燃性

构件名称	耐火等级			
	一级	二级	三级	四级
屋顶承重构件	不燃性 1.50	不燃性 1.00	不燃性 0.50	可燃性
疏散楼梯	不燃性 1.50	不燃性 1.00	不燃性 0.50	可燃性
吊顶（包括吊顶搁栅）	不燃性 0.25	难燃性 0.25	难燃性 0.15	可燃性

注：1.除《建筑设计防火规范（2018年版）》（GB 50016—2014）另有规定外，以木柱承重且墙体采用不燃材料的建筑，其耐火等级应按四级确定。
2.住宅建筑的耐火极限和燃烧性能可按《住宅建筑规范》（GB 50368—2005）的规定执行

四、本课程的主要内容和学习目的、学习要点

1. 本课程的主要内容

房屋建筑构造课程可分为民用建筑和工业建筑两部分，每一部分又包括建筑构造和建筑设计原理。建筑构造部分主要研究房屋的组成，以及各组成部分的构造原理和构造方法。构造原理研究各组成部分的要求，以及满足这些要求的理论；构造方法研究在构造原理指导下，用建筑材料和制品构成构件和配件，以及构配件之间的连接方法。建筑设计原理部分研究一般房屋的设计原则和设计方法，包括平面布置、平面设计、剖面设计、立面处理等方面的问题。

2. 本课程的学习目的

学习这门课程的目的如下：

（1）掌握房屋构造的基本理论。

（2）初步掌握建筑的一般构造做法和构造详图的绘制方法。

（3）识读一般的工业与民用建筑施工图。

（4）能按照设计意图绘制建筑施工图。

（5）了解一般房屋建筑设计原理。

（6）具有建筑设计的基本知识，正确理解理论设计意图。

3. 本课程的学习要点

房屋建筑构造课程是一门实用性很强的技术专业课，学习时应注意以下要点：

（1）从具体构造和设计方案入手，牢固掌握房屋各组成部分的常用构造方法和大量性房屋的设计方案。

（2）要注意了解各构造做法和设计方案的产生与发展，加深对常用典型构造方法和标准图集及设计方案的理解。

（3）多参观已建成或正在施工的建筑，多参与现场实现施工操作，在实践中验证理论，充实和记忆理论。

（4）重视绘图技能的训练。通过作业和课程设计，不断提高自己绘制和识读施工图的能力。

（5）经常查阅相关资料，丰富自己的专业知识，了解房屋建筑学的发展态势。

 模块小结

建筑是指人工创造的空间环境，通常认为是建筑物和构筑物的总称。

我国的建筑方针是全面贯彻实施"适用、安全、经济、美观"。

建筑的构成要素包括建筑功能、建筑技术、建筑形象。

建筑的分类，按使用性质可分为工业建筑、农业建筑、民用建筑；按建筑规模和数量可分为大量性建筑、大型性建筑；按建筑层数和高度可分为低层建筑、多层建筑、中高层建筑、高层建筑、超高层建筑；按承重结构的材料可分为木结构建筑、砌体结构建筑、钢筋混凝土结构建筑、钢结构建筑、混合结构建筑。

建筑结构安全等级划分为三个等级；按设计使用年限分为四类等级；按耐火等级分为四个等级。

知识拓展

中国建筑的发展历程

1. 中国古代建筑

我国古代建筑经历了原始社会、奴隶社会和封建社会三个历史阶段。在这漫长的岁月中，中国古建筑逐步发展形成了一套成熟的、独特的建筑体系，在世界建筑史上占有重要的地位。

原始社会里，我们的祖先从巢居、穴居开始，逐步掌握了用树枝、木材建造简单房屋的技术，如浙江余姚河姆渡村遗址（图0-7）、西安半坡村遗址（图0-8）。

图0-7　浙江余姚河姆渡村遗址　　　　　图0-8　西安半坡村遗址

进入奴隶社会后，由于生产力的发展，大量奴隶劳动的集中和青铜工具的使用，使建筑技术水平有了明显的提高，创造了以夯土墙和木构架为主体的建筑模式，且随着社会需求的提高，出现了都城、宫殿、宗庙、陵墓、作坊等类型的建筑。在建城制度上，根据《周礼》的记载，有严格的等级制度，城墙高度、道路宽度和重要建筑物等都必须按等级制造。在建筑布局方面，有了严整的四合院格局。中国古建筑的特征初步形成。

经历了2 000多年的封建社会，中国古代建筑逐渐成熟、完善。无论在城市规划、园林和建筑设计，还是建筑的施工技术，建筑艺术与材料结构的协调统一方面，都取得了卓越的成就。在建筑著作方面，北宋李诫编修的《营造法式》和清工部颁布的《工程做法则例》是我国古代著名的两部建筑技术书。书中制定了设计模数（宋代用"材"，清代用"斗口"为标准）和构件的定型化、工料定额制度等，是建筑设计、结构、用料、施工的"规范"，反映了当时的建筑技术和艺术水平，对研究中国古建筑是极其珍贵的文献。

（1）中国古建筑结构特征：中国古代建筑多以木材为主要构材，运用框架结构的原则布置。由于使用了木构框架结构体系，平面具有了通用性。在《营造法式》中，仅有几幅平面图，表明柱的配置，不用将独立的单元内部进行分割。由于采用柱子承重，柱与柱之间可按需要砌墙壁、装门窗，既可做成门窗大小不同的房屋，也可做成四面通风有顶无墙的凉亭，还可做成密封的仓库。在房屋内部各柱之间，用隔扇、板壁等做成轻便的隔断物，可随需要装设或拆改。因此，在中国，古建筑中可分为承重的梁柱结构部分，即所谓大木作，包括梁、檩、枋、椽、柱等；以及不承重而仅为分隔空间或装饰目的的装修部分，即所谓小木作，包括门、窗、隔扇、屏风及其他非结构部件。

中国古代木结构大致可分为抬梁式（叠梁式）、穿斗式、井干式三种。梁柱间运用榫卯结合，由于榫卯是铰接，因此这种方式使屋架在受水平外力（地震、风荷载等）时，能有一定的可变性与适应性。

（2）建筑平面：中国古建筑的单座建筑平面构成一般以柱网或屋顶结构的布置方式来表示，由于设计中普遍采用"模数化""标准化"，故产生了差不多相同的结构平面。在平行的横向柱网线之间的面积一般称为"间"或"开间"，进深方向以"步架"来称谓。步架是指相邻檩木之间的水平距离。檩木的位置与间距都有定限，很少任意增减，可用来表达进深的尺度。为了配合使用要求，在结构上出现了增减柱距和减柱造等结构变化，从而得到了更灵活的平面形式。

（3）中国古建筑外形特征及构造：中国古建筑从外形上可分为屋顶、屋身和台基三部分。古建筑的屋顶形式有五种主要类型，即庑殿、歇山、攒尖、悬山及硬山，这是中国古建筑最具特色的部分。它具有快速排水和反宇向阳功能。为了形成屋面曲线，宋时采用举折、清时采用举架的方法来达到屋面上下反曲的效果。同时，与出翘、起翘的手法合用取得了中国古建筑优美流畅的屋顶形式。

在大木作中，屋顶和屋身之间有一种特殊的构件——斗。斗的产生与发展演变是中国古代建筑史中最为重要和具有特色的。它是屋顶梁架与柱子之间在结构与外观上的过渡构件，具有结构与装饰的双重作用。它以短木层层出挑，保证短小的拱木仅正心受压（不是受弯），因此发挥了木材的受压特性，并承托了一定距离的出挑质量。到了明清时期，斗栱尺寸变小，受力作用减少，逐渐演变为装饰性构件。同时，斗还是封建社会森严等级制度的象征和重要建筑的尺度衡量标准，如图0-9所示。

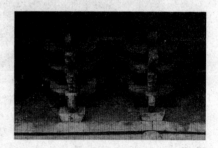

图0-9　斗栱

台基可分为普通台基和须弥座两类，一般房屋用单层，隆重的殿堂用二层或三层，辅之以台阶、慢道、御路等，构成建筑的基座，起到装饰和防潮的双重作用。

（4）建筑装饰：我国古建筑的装饰及色彩有其独特之处，它综合地利用我国工艺美术及绘画、雕刻、书法等作为建筑装饰的内容，并将房屋结构、装修、家具及字画陈设等作为一个整体来处理。如丰富优美的屋顶形式，结构上的月梁、额枋和斗等都有结构与装饰的双重作用。门、窗、隔扇、屏风等小木作都经过精美的设计与装修，丰富了建筑的室内空间和视觉效果。同时，在木构表面施以油漆彩画，既保护了木材，又起到了很好的装饰效果。

在建筑色彩方面，北方宫殿、庙宇等多使用白色台基，红色的墙、柱、门窗及黄绿色琉璃彩瓦，在檐下用金、青、绿等颜色的彩画，色彩强烈、鲜明、协调。南方建筑因自然环境山明水秀，并受等级制度的限制，多用白墙、灰瓦和栗、黑、墨绿等颜色的梁、柱装修，形成秀丽、淡雅的格调。

（5）建筑实例。

1）寺庙祠观。

①山西五台山佛光寺东大殿。始建于唐大中十一年（公元857年），为现存我国最大的唐代木结构建筑。大殿在1 000多年里，经历了九个朝代变迁，八次五级以上地震的侵袭。大殿台基为低矮的砖石基，面阔七开间，进深八架椽，单檐四阿顶。平面为"金厢斗底槽"（内外两圈柱）。屋顶举折平缓，正脊有升起曲线，其柱身粗壮，斗（2 m多高）宏大，出檐（4 m多）深远。该建筑具有雄健有力、平整开朗的建筑风格，是唐代建筑的典型，如图0-10所示。

图0-10　佛光寺东大殿

②河北蓟县独乐寺。始建于唐代，辽统和二年（公元984年）重建。其山门为单檐四阿顶，面阔三间，进深四架椽，平面为"分心斗底槽"（中列一柱）。该建筑比例精致，性格稳健，结构有力。

③独乐寺观音阁。面阔五间，进深八架椽，外观两层（有腰檐平座），内部三层。屋顶为九脊殿。夹层施以柱间斜撑，加强了结构的刚度和抗震性，如图0-11所示。

图0-11　独乐寺观音阁

④山西太原晋祠圣母殿。晋祠是一座带有园林意味的祠庙，祠中圣母殿、飞梁建于北宋。圣母殿面阔五间、进深四间加"副阶周匝"（建筑主体外围绕一圈回廊），重檐歇山顶，其平面减去殿身的前檐柱，内柱也仅用前金柱，是减柱造的典型实例。前檐副阶柱身施蟠龙，有侧脚及升起，正脊及屋面都有明显的升起，形成柔和的曲线，体现了宋代醇和秀丽的风格，是北宋建筑的代表作。飞梁是位于圣母殿前方形水池——鱼沼上的十字形桥梁。其在水中立柱，柱上置斗、梁木，再覆以砖，目前尚属孤例，如图0-12所示。

图0-12　晋祠圣母殿

2）塔。

①山西应县佛宫寺释迦塔。建于辽清宁二年（公元1056年），是世界上现存最高的木塔。塔高为67.31 m，塔身平面为八角形，采用筒中筒结构。底层的内外两圈柱包在厚厚的土坯中，有副阶周匝。塔的外观五层，实际为9层，其中4层为平座暗层。在结构上为了增强结构刚性，柱、梁之间增设斜向支撑，已历经地震考验。塔身、梁柱、平座都由斗过渡支撑，塔的造型和结构都达到了较高水平，是木构高层建筑的代表作，如图0-13所示。

图0-13　应县佛宫寺释迦塔

②河南登封嵩岳寺塔。建于北魏正光四年（公元 523 年），是我国现存最古的砖塔。塔高为 40 m。塔身为 12 边形，塔心室为八角形直井式。密檐 15 层。塔身全部采用灰黄色的砖砌成，塔身外轮廓有柔和收分，呈略凸曲线，密檐出挑用叠涩，密檐距离逐渐往上缩短，与外轮廓收分一起构成稳重秀丽的风格，门楣、佛龛上用圆拱券，在细部装饰上有明显外来影响，如图 0-14 所示。

图 0-14　嵩岳寺塔

3）宫殿。北京故宫始建于明永乐四年（公元 1406 年），皇城位于北京内城中心偏南。其平面设计采用突出主体建筑、居中为尊等来表达皇权至上的思想。采用中轴对称，纵深布局，形成统一而有主次的整体。应《周礼》之制，采用三朝五门，前朝后寝。"三朝"是连在一个须弥座上的太和殿、中和殿、保和殿，"五门"则是从宫城到太和殿之间要经过五道门（大清门、天安门、端门、午门、太和门）。"前朝后寝"即前面是对外的朝廷，后面是寝宫。这是宫殿平面功能分区的一般原则。北京故宫的设计运用建筑形体尺度的对比、色彩、彩画、屋顶的不同等级和台基尺度的变化等手法，创造了高低错落、起伏开阔、富于对比变化的群体空间，如图 0-15 所示。

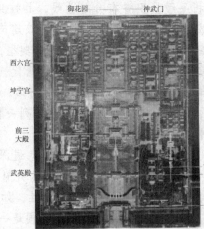

图 0-15　北京故宫

4）园林。苏州留园在苏州城门外，始建于明代，清时重造，是在中国古代"天人合一"的思想及"师法自然"的原则指导下，所创造的"虽由人作，宛若天开"的山水园林。此园建筑空间处理最具特色。其利用空间大小、明暗、开合、高低参差的对比，来形成有节奏的空间联系，衬托了各庭院的特色，使全园富于变化和层次。在园林造景中强调对景、步移景异、层层推出。园内建筑与山、池、花木共同组成园景。屋宇种类有厅、堂、轩、馆、楼、台、阁、亭等，如图 0-16 所示。

图 0-16　苏州留园

5）住宅。

①北京四合院是华北地区明清住宅的典型。这种住宅中轴对称，内外有别，尊卑有序，自有天地。因此，强烈地反映了封建宗法制度。四合院个体房屋的做法比较程式化，屋顶以硬山居多，次要房屋用单坡或平顶，整体比较朴素淡雅，如图 0-17 所示。

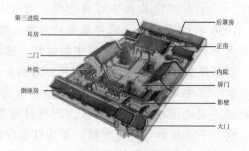

图 0-17　北京四合院

②徽州住宅平面正房三间，或单侧厢房，或双侧厢房，用高大墙垣包绕，庭院狭小，成为天井。外观利用屋顶高低错落、窗口形状位置、屋檐的变化和墙面镶瓦披水等使之活泼多变化，如图 0-18 所示。

图 0-18　徽州住宅

2. 近代建筑思潮

鸦片战争以后，我国逐渐沦为半殖民地半封建社会。在帝国主义政治、经济和文化入侵的同时，西方的建筑技术和新的建筑类型也进入我国。中国近代建筑处于承上启下、中西交汇、新旧交替的过渡时期。外国先进技术的传入，使建筑适应功能的要求，出现了高层和大跨度建筑。如 1931 年的上海国际饭店，全高达 84 m，如图 0-19 所示；1928 年的广州中山纪念堂，跨度达 30 m，可容纳 6 000 个座位，如图 0-20 所示。

图 0-19　上海国际饭店　　　图 0-20　广州中山纪念堂

当时主要有三种建筑思潮：一是受西方近代折中主义建筑的影响，将欧洲古典建筑作为再创作的基本素材，将建筑空间布局纳入固定的构图形式，讲求建筑的总体构图、体量权衡、比例尺度及细部推敲，使之符合形式美的要求，形成折中主义风貌，如上海汇丰银行、青岛交通银行等。二是探索传统复兴（民族形式）的新建筑，在新的功能要求下，利用新技术、新材料、新结构创造自己民族的建筑风格。建筑平面按功能要求设计，外观以大屋顶、斗等传统符号来表现"中国固有的形式"，如建筑师吕彦直于 1925 年设计的南京中山陵（图 0-21）、上海圣约翰大学等。三是受西方"新建筑运动"和"现代主义建筑"思想的影响，出现了一些"现代派"倾向的建筑。

图 0-21　南京中山陵

3. 社会主义时期的中国建筑

1958 年 8 月，党中央决定，为庆祝新中国成立十周年、展现新中国建设十年来的成就，改建天安门广场，并在首都建设十项重大公共建筑工程：人民大会堂、中国革命博物馆与中国历史博物馆、中国人民革命军事博物馆、民族文化宫、民族饭店、北京火车站、工人体育场、农业展览馆、钓鱼台国宾馆、华侨大厦。十大建筑全部由中国人自行设计与营造，所呈现的"中而新"风格，既延续民族特色，又体现时代风貌。

"十大建筑"总面积超过67万平方米，集中了全国的人力、物力、财力及智力，当时除组织北京的34个设计单位外，还邀请了上海、南京、广州等地区的30多位建筑专家，进京共同进行建筑方案创作。建筑专家、教授、工人、市民都提出了自己的建议，人们对各项工程先后提出了400个方案。工程普遍采取边设计、边备料、边施工的模式，通过统一指挥调动，各个环节紧密配合，从1958年9月确定国庆工程的建设任务到1959年9月国庆十周年前夕，"十大建筑"以不可思议的速度建成竣工，可谓史无前例，成为中外城市建筑史上的一个奇迹。

人民大会堂壮观巍峨，建筑平面呈山字形，两翼略低，中部稍高，四面开门。外表为浅黄色花岗石，上有黄绿相间的琉璃瓦屋檐，下有5m高的花岗石基座，周围环列有134根高大的圆形廊柱。人民大会堂正门面对天安门广场，正门门额上镶嵌着中华人民共和国国徽，正门迎面有12根浅灰色大理石门柱，正门柱直径为2m，高为25m。四面门前有5m高的花岗石台阶。

人民大会堂建筑风格庄严雄伟，壮丽典雅，富有民族特色，中国传统文化"梅花篆字"人民大会堂及四周层次分明的建筑，构成了一幅天安门广场整体的庄严绚丽的图画。内部设施齐全，有声、光、温控制和自动消防报警、灭火等现代化设施。人民大会堂建筑主要由三部分组成，即进门便是简洁典雅的中央大厅（只是门厅不设座位）。厅后是宽达76m、深60m的万人大会堂；大会场北翼是有5000个席位的大宴会厅；南翼是全国人大常务委员会办公楼。大会堂内还有以全国各省、市、自治区名称命名、富有地方特色的厅堂，如图0-22所示。

北京火车站位于长安街东延长线建国门内大街南侧，是全国铁路客运的重要枢纽。北京火车站占地面积25万平方米，总建筑面积为8万平方米，站前广场面积为4万平方米。1959年1月20日破土动工，9月10日竣工，9月15日开通运营。毛泽东主席题写了"北京站"站名，如图0-23所示。

图0-22　人民大会堂

图0-23　北京火车站

北京站建筑艺术的处理体现了民族文化传统。立面装饰重点突出，钟楼、翼楼、三拱大窗等处采用了琉璃瓦屋顶及玻璃花饰，大厅大理石墙上打磨发亮的铝制通风花格和柱头纹样均采用了中国古青铜器纹，简洁大方。大厅的主体色调采用与外立面相协调的暖色，扁壳顶棚采用浅湖蓝色粉刷。在局部采用贴金线及彩画装饰，灯具设计以古典吊灯、壁灯为主，使其在轻快明朗的同时兼具浓烈的民族特色。

一、填空题

1. 从广义上讲，建筑是指_____与_____的总称。

2. 构成建筑的基本要素是_____、_____、_____。

3. 建筑按民用建筑的使用功能可分为_____和_____。

4. 建筑物的耐久等级根据建筑物的重要性和规模划分为____级。耐久等级为二级的建筑物其耐久年限不少于____年。

5. 建筑物的耐火等级分为____级。

6. 按建筑的规模和数量可分为_____和_____。

7. 住宅建筑按层数划分为____层为低层，____层为多层，____层为中高层，____为高层。

8. 建筑物按照承重结构的材料可分为_____、_____、_____、_____及_____建筑。

二、单项选择题

1. 建筑三要素之间的关系是（　　）。

A. 相互独立，无主次之分

B. 建筑功能第一，建筑技术第二，建筑形象第三

C. 建筑功能第一，建筑形象第二，建筑技术第三

D. 建筑形象第一，建筑功能第二，建筑技术第三

2. 民用建筑包括居住建筑和公共建筑，下面属于居住建筑的是（　　）。

A. 幼儿园　　　　B. 疗养院　　　　C. 宿舍　　　　D. 旅馆

3. 建筑是建筑物和构筑物的总称，下面全属于建筑物的是（　　）。

A. 住宅、电塔　　B. 学校、堤坝　　C. 工厂、商场　　D. 烟囱、水塔

4. 建筑耐久等级二级指的是（　　）年。

A. 100　　　　　B. 50～100　　　C. 25～50　　　　D. 150

5. 耐火等级为一级的承重墙燃烧性能和耐火极限应满足（　　）。

A. 难燃性，3.0 h　　　　　　　　　B. 不燃性，4.0 h

C. 难燃性，5.0 h　　　　　　　　　D. 不燃性，3.0 h

6. 建筑物高度超过（　　）m时，无论是住宅建筑还是公共建筑均称为超高层。

A. 80　　　　　　B. 60　　　　　　C. 100　　　　　D. 200

三、多项选择题

我国建筑业应全面贯彻的建筑方针是（　　）。

A. 适用　　　　　B. 经济　　　　　C. 安全　　　　　D. 环保

E. 美观

四、问答题

1. 什么是建筑物？什么是构筑物？

2. 建筑物按层数如何划分？

上篇　民用建筑构造

模块一　民用建筑认知

知识目标

掌握房屋的基本构造组成、作用、受力特点和设计要求；理解影响建筑构造的各种因素；熟悉建筑构造的设计原则。

能力目标

尽可能结合工程实践，多观察、勤积累，能够说出各类建筑物、构筑物内外各组成部分的名称、作用、设计要求和受力特点。

学习参考标准

1.《民用建筑设计统一标准》(GB 50352—2019)；
2.《建筑设计防火规范（2018 年版）》(GB 50016—2014)；
3.《建筑结构可靠性设计统一标准》(GB 50068—2018)；
4.《建筑制图标准》(GB/T 50104—2010)；
5.《房屋建筑制图统一标准》(GB/T 50001—2017)。

模块导读

建筑构造是一门实践性很强的综合性课程，学习时不仅要求掌握构造原理，还要求能充分考虑影响建筑构造的各种因素，正确选择材料、运用材料，提出具体的构造措施，最大限度地满足建筑的使用功能，延长其使用年限。本模块主要学习的就是建筑构造的基本知识。

单元一　建筑构造研究的对象及其任务

建筑构造是研究建筑物各组成部分的构造原理和构造方法的学科，是建筑设计不可分割的一部分。它具有实践性强和综合性强的特点。在内容上是对实践经验的高度概括，并且涉及建筑材料、建筑物理、建筑力学、建筑结构、建筑施工及建筑经济等有关方面的知识。

构造原理就是综合多方面的技术知识，根据多种客观因素，以选材、选型、工艺、安装为依据，研究各种构配件及其细部构造的合理性（包括适用、安全、经济、美观），以及能更有效地满足建筑功能的理论。

构造方法是在建筑构造原理的指导下，进一步研究如何运用各种材料，有机组成各种构配件，并提出解决各构配件之间相互连接的方法和这些构配件在使用过程中的各种防范措施。

建筑构造研究的主要任务是根据建筑物的功能要求，提供符合适用、安全、经济、美观的构造方案，以作为建筑设计中综合解决技术问题及进行施工图设计、绘制节点大样图等的依据。

单元二 建筑物的构造组成

各种建筑物虽然在使用要求、空间处理、构造方式及规模大小方面各自有着种种特点，但构成建筑物的主要部分一般是由基础、墙或柱、楼地层、楼梯、屋顶和门窗六大部分所组成，如图 1-1 所示。这六大部分分别处在不同的部位，发挥着各自的作用。

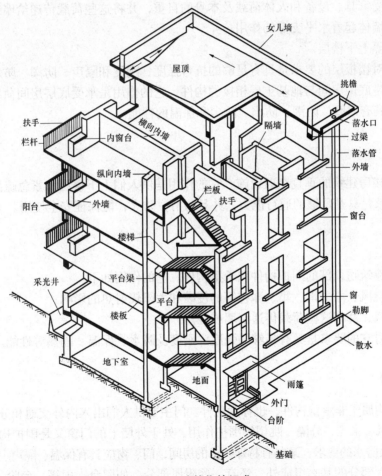

图 1-1 建筑物的组成

一、基础

基础是建筑物的墙或柱埋在地下的扩大部分，它是建筑物最下部的承重构件。基础的作用是承受建筑物的全部荷载，并将这些荷载传递给地基。建筑物对基础的要求是具有足够的强度，并能抵御地下各种有害因素的侵蚀。

二、墙（或柱）

墙（或柱）是建筑物的承重构件和围护构件。它的作用是抵御自然界各种因素对室内的侵袭；内墙主要起分隔空间及保证舒适环境的作用。框架或排架结构的建筑物中，柱起承重作用，墙仅起围护作用。建筑物对墙或柱的要求是具有足够的强度、稳定性，保温、隔热、防水、防火、耐久及经济等性能。

三、楼板层和地坪层

楼板层是水平方向的承重构件，按房间层高将整幢建筑物沿水平方向分为若干层。它的作用如下：

（1）承受家具、设备和人体荷载及本身的自重，并将这些荷载传递给墙或柱；

（2）对墙体起着水平支撑的作用；

（3）分隔上下楼层。

建筑物对楼板层的要求是具有足够的抗弯强度、刚度和隔声、防潮、防水的性能。

地坪层是底层房间与地基土层相接的构件。它的作用是承受底层房间荷载。建筑物对它的要求是具有耐磨、防潮、防水、防尘和保温的性能。

四、楼梯

楼梯是楼房建筑的垂直交通设施。它的作用是供人们上下楼层和紧急疏散之用。建筑物对它的要求是具有足够的通行能力，并且防滑、防火，能保证安全使用。

五、屋顶

屋顶是建筑物顶部的围护构件和承重构件。它的作用如下：

（1）抵抗风、雨、雪、霜、冰雹等的侵袭和太阳辐射热的影响；

（2）承载，并将这些荷载传递给墙或柱。

建筑物对它的要求是具有足够的强度、刚度及防水、保温、隔热等性能。

六、门与窗

门与窗均属于非承重构件，也称为配件。门主要供人们出入内外交通和分隔房间之用；窗主要起通风、采光、分隔、眺望等围护作用。处于外墙上的门窗又是围护构件的一部分，要满足热工及防水的要求；某些有特殊要求的房间，门、窗应具有保温、隔声、防火的能力。

除上述六部分的基本组成外，还有一些附属部分，如阳台、雨篷、台阶、烟囱等。组成房屋的各部分各自起着不同的作用，但归纳起来有两大类，即承重结构和围护构件。墙、柱、基础、楼板、屋顶等属于承重结构；墙、屋顶、门窗等属于围护构件；有些部分既是承重结构也是围护结构，如墙和屋顶。

在设计工作中，还将建筑的各组成部分划分为建筑构件和建筑配件。建筑构件主要指墙、柱、梁、楼板、屋架等承重结构；而建筑配件是指屋面、地面、路面、门窗、栏杆、花格、细部装修等。

单元三　影响建筑构造的因素及设计原则

一、影响建筑构造的因素

（1）外界环境的影响。

1）外力作用的影响——荷载。荷载可分为恒荷载（如结构自重）和活荷载（如人群、家具、风雪及地震荷载）两类；或者分为主要荷载（使用荷载和自重）、附加荷载（风、雨、雪、霜等）、特殊荷载（地震、水灾）。

荷载的大小是建筑结构设计的主要依据，也是结构选型及构造设计的重要基础，起着决定构件尺度、用料多少的重要作用。

2）气候条件的影响。气象条件有太阳的辐射热，自然界的风、雨、雪、霜等，还有地下水的影响，如酸、碱性液体的腐蚀作用。

在进行构造设计时，应针对建筑物所受影响的性质与程度，对各有关构、配件及部位采取必要的防范措施，如防潮、防水、保温、隔热、设伸缩缝、设隔蒸汽层等，以防患于未然。

3）各种人为因素的影响。火灾、爆炸、机械振动、化学腐蚀、噪声等人为因素的影响，在进行建筑构造设计时，必须针对这些影响因素，采取相应的防火、防爆、防振、防腐、隔声等措施，以防止建筑物遭受不应有的损失。

（2）建筑技术条件的影响——材料、结构、施工。由于建筑材料技术的日新月异、建筑结构技术的不断发展、建筑施工技术的不断进步，建筑构造技术也不断翻新、丰富多彩。

建筑构造没有一成不变的固定模式，因而，在构造设计中要以构造原理为基础，在利用原有的、标准的、典型的建筑构造的同时，不断发展或创造新的构造方案。

（3）经济条件的影响。随着建筑技术的不断发展和人们生活水平的日益提高，人们对建筑的使用要求也越来越高。建筑标准的变化带来建筑的质量标准和建筑的造价等也出现较大差别，对建筑构造的要求也将随着经济条件的改变而发生大的变化。

二、建筑构造的设计原则

在满足建筑物各项功能要求的前提下，必须综合运用有关技术知识，并遵循以下设计原则：

（1）结构坚固、耐久。除按荷载大小及结构要求确定构件的基本断面尺寸外，对阳台、楼梯栏杆、顶棚、门窗与墙体的连接等构造设计，都必须保证建筑物构、配件在使用时的安全。

（2）技术先进。在进行建筑构造设计时，应大力改进传统的建筑方式，从材料、结构、施工等方面引入先进技术，并注意因地制宜。

（3）合理降低造价。各种构造设计，均要注重整体建筑物的经济、社会和环境三个方面的效益，即综合效益。在经济上注意节约建筑造价，降低材料的能源消耗，又必须保证工程质量，不能单纯追求效益而偷工减料，降低质量标准，应做到合理降低造价。

（4）美观大方。建筑物的形象除取决于建筑设计中的体型组合和立面处理外，一些建筑细部的构造设计对整体美观也有很大影响。

➤ 模块小结

建筑物的构造组成一般包括基础、墙或柱、楼地层、楼梯、屋顶和门窗六大部分，此外，还有一些附属部分，如阳台、雨篷、台阶、烟囱等。

影响建筑构造的因素包括外界环境的影响（荷载、气候条件、各种人为因素）、建筑技术条件的影响（材料、结构、施工）、经济条件的影响。

建筑构造的设计原则包括结构坚固、耐久；技术先进；合理降低造价；美观大方。

➤ 知识拓展

为了学好民用建筑的有关内容，了解其内在关系，必须了解下列有关的专业名词：

（1）横向：指建筑物的宽度方向。

（2）纵向：指建筑物的长度方向。

（3）横向轴线：沿建筑物宽度方向设置的轴线。用以确定墙体、柱、梁、基础的位置。其编号方法采用阿拉伯数字注写在轴线圆内。

（4）纵向轴线：沿建筑物长度方向设置的轴线。用以确定墙体、柱、梁、基础的位置。其编号方法采用字母注写在轴线圆内，但 I、O、Z 不用作轴线编号。

（5）开间：两条横向定位轴线之间距。

（6）进深：两条纵向定位轴线之间距。

（7）层高：指层间高度，即地面到楼面或楼面到楼面的高度。

（8）净高：指房间的净空高度，即地面至吊顶下皮的高度。它等于层高减去楼地面厚度、楼板厚度和吊顶棚高度。

（9）总高度：指室外地坪至檐口顶部的总高度。

（10）建筑面积：指建筑物外包尺寸的乘积再乘以层数。它由使用面积、交通面积和结构面积组成。

（11）使用面积：指主要使用房间和辅助使用房间的净面积。

（12）交通面积：指走道、楼梯间等交通联系设施的净面积。

（13）结构面积：指墙体、柱子等构配件所占的面积。

➤ 复习思考题

一、单项选择题

1.房屋一般由（　　）等几部分组成。

A.基础、楼地面、楼梯、墙（柱）、屋顶、门窗

B.地基、楼板、地面、楼梯、墙（柱）、屋顶、门窗

C. 基础、楼地面、楼梯、墙、柱、门窗

D. 基础、地基、楼地面、楼梯、墙、柱、门窗

2. 建筑物的六大组成部分中属于非承重构件的是（　　　）。

    A. 楼梯 　　　　　　　B. 门窗 　　　　　　　C. 屋顶 　　　　　　　D. 吊顶

3. 房屋建筑中作为水平方向承重构件的是（　　　）。

    A. 柱 　　　　　　　　B. 基础 　　　　　　　C. 楼板层 　　　　　　D. 楼梯

二、多项选择题

1. 建筑构造设计的原则有（　　　）。

    A. 坚固耐久 　　　　　B. 技术先进 　　　　　C. 经济合理 　　　　　D. 结构简单

    E. 美观大方

2. 下面既属于承重构件又属于围护构件的是（　　　）。

    A. 承重墙 　　　　　　B. 基础 　　　　　　　C. 屋顶 　　　　　　　D. 门窗

    E. 楼梯

三、简答题

1. 民用建筑主要由哪些部分组成？各部分的基本作用是什么？

2. 影响建筑构造的主要因素有哪些？

3. 建筑构造设计应遵循哪些原则？

四、实训任务

图 1-2 所示为一民用建筑的形体图，试标注出该建筑各部位的名称，并填入图中的方框。

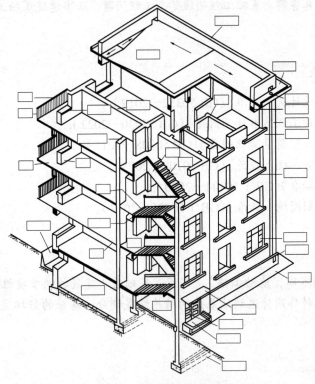

图 1-2　民用建筑的形体图

模块二 基础与地下室

知识目标

1.掌握地基、基础、基础的埋深等基本概念；掌握基础的设计要求；掌握基础的类型与构造特点、影响基础埋置深度的因素。

2.熟悉地下室的组成及分类；掌握地下室防潮和防水的构造做法。

能力目标

能够根据工程的基本情况选择基础的形式；能够根据地下室的结构形式选择合理的防潮、防水做法；能够进行中、小型基础的构造设计。

素质目标

扎实掌握有关基础工程的基本原理，广泛涉猎并深入钻研本模块的专业知识，获得专业技能实践训练，具备解决基础工程领域复杂工程问题、从事建筑基础工程相关专业工作的能力。

学习参考标准

1.《民用建筑设计统一标准》(GB 50352—2019)；

2.《建筑与市政工程防水通用规范》(GB 55030—2022)；

3.《地下防水工程质量验收规范》(GB 50208—2011)；

4.《地下工程防水技术规范》(GB 50108—2008)；

5.《建筑制图标准》(GB/T 50104—2010)；

6.《房屋建筑制图统一标准》(GB/T 50001—2017)。

模块导读

俗话说"基础不牢，地动山摇"。可见，基础对于建筑物的重要性不言而喻。基础是将结构所承受的各种作用传递到地基上的结构组成部分。基础的好坏直接影响建筑物的牢固程度。

单元一 认识基础和地基

一、基础和地基的基本概念

在建筑工程中，建筑物在地面以下与土层直接接触的部分称为**基础**，支承建筑物重量的土层称为**地基**，如图 2-1 所示。基础是建筑物的组成部分，它承受着建筑物的全部荷载，并将这些荷载连同自身自重传递给地基。而地基不是建筑物的组成部分，它只是承受建筑物荷载的土壤层。其具有一定的地基承载力，直接支承基础，持有一定承载能力的土层称为持力层，持力层以下的土层称为下卧层。地基土层在荷载作用下产生的变形，随着土层深度的增加而减小，到了一定深度则可忽略不计。

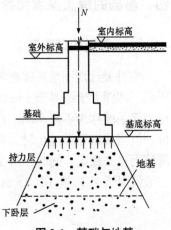

图 2-1 基础与地基

二、基础的作用和地基的分类

基础是建筑的主要承重构件，在建筑物地面以下，属于隐蔽工程。基础质量的好坏关系着建筑物的安全问题。建筑设计中合理地选择基础极为重要。

地基按土层性质不同，可分为天然地基和人工地基两大类。凡天然土层具有足够的承载能力，无须经人工改良或加固，可直接在上面建造房屋的称为天然地基。天然地基的土层分布及承载力大小由勘测部门实测提供。作为建筑地基的土层可分为岩石、碎石土、砂土、粉土、黏性土和人工填土。当建筑物上部的荷载较大或地基土层的承载能力较弱，缺乏足够的稳定性，须预先对土壤进行人工加固后才能在上面建造房屋的称为人工地基。人工加固地基通常采用压实法、换土法、化学加固法和打桩法等。

微课：基础

三、地基与基础的设计要求

1. 地基承载能力和均匀程度的要求

建筑物的建造地址尽可能选择在地基土承载力较高且分布均匀的地段，如岩石类、碎石类等。若地基土质不均匀，会给基础设计增加困难。若处理不当将会使建筑物发生不均匀沉降，引起墙身开裂，甚至影响建筑物的使用。

2. 基础强度和耐久性的要求

基础是建筑物的重要承重构件，它对整个建筑的安全起着保证作用。因此，基础所用的材料必须具有足够的强度，才能保证基础能够承担建筑物的荷载并传递给地基。基础是埋在地下的隐蔽工程，由于它在土中经常受潮，而且建成后检查和加固也很困难，所以在选择基础的材料和构造形式等问题时，应与上部结构的耐久性相适应。

3. 基础工程应注意经济问题

基础工程占建筑总造价的 10%～40%，在保证安全性和耐久性的前提下，降低基础工程的投资是降低工程总投资的重要一环。因此，在设计中应选择较好的土质地段，对需要特殊处理的地基和基础，尽量使用地方材料，并采用恰当的形式及构造方法，从而节省工程投资。

四、基础的埋置深度和影响因素

（一）基础的埋置深度

室外设计地面至基础底面的垂直距离称为基础的埋置深度，简称基础的埋深，如图 2-2 所示。埋深大于或等于 5 m 的称为**深基础**；埋深小于 5 m 的称为**浅基础**；当基础直接坐在地表面上的称为不埋基础。在保证安全使用的前提下，应优先选用浅基础，可降低工程造价。但当基础埋深过小时，有可能在地基受到压力后会把基础四周的土挤出，使基础产生滑移而失去稳定，同时，易受到自然因素的侵蚀和影响，使基础被破坏，故基础的埋深在一般情况下，不应小于 0.5 m。

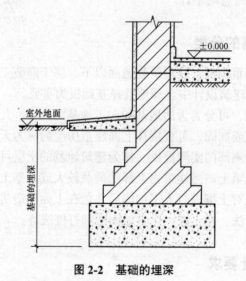

图 2-2　基础的埋深

（二）影响基础埋深的因素

基础埋深的大小关系到地基是否可靠、施工难易及造价高低。影响基础埋深的因素很多，其主要影响因素如下。

1. 建筑物的使用要求、基础形式及荷载

当建筑物设置地下室、设备基础或地下设施时，基础埋深应满足其使用要求；高层建筑基础埋深随建筑高度增加适当增大，才能满足稳定性要求；荷载大小和性质也影响基础埋深，一般荷载较大时应加大埋深；受向上拔力的基础，应有较大埋深，以满足抗拔力的要求。一般高层建筑的基础埋置深度为地面以上建筑物总高度的 1/10。

2. 工程地质和水文地质条件

基础应建造在坚实可靠的地基上，而不能设置在承载力低、压缩性高的软弱土层上。

在满足地基稳定和变形要求的前提下，基础应尽量浅埋，但通常不小于 0.5 m。如浅层土作持力层不能满足要求，可考虑深埋，但应与其他方案比较。当地基软弱土层在 2 m 内，下卧层为压缩性低的土时，一般应将基础埋在下卧层上；如软弱土层厚度为 2～5 m，低层轻型建筑应争取将基础埋于表层软弱土层内，可加宽基础，必要时也可用换土、压实等方法进行地基处理；如软弱土层大于 5 m，低层轻型建筑应尽量浅埋于软弱土层内，必要时可加强上部结构或进行地基处理；如地基土由多层土组成且均属于软弱土层或上部荷载很大，常采用深基础方案，如桩基等。按地基条件选择埋深时，还经常要求从减少不均匀沉降的角度来考虑，当土层分布明显不均匀或各部分荷载差别很大时，同一建筑物可采用不同的埋深来调整不均匀沉降量，如图 2-3 所示。

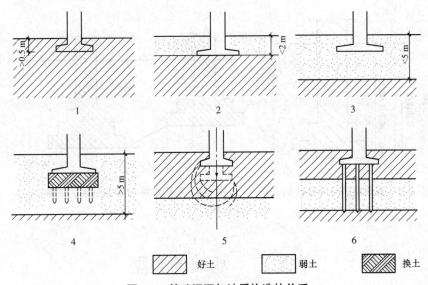

图 2-3　基础埋深与地质构造的关系

　　若存在地下水，则在确定基础埋深时一般应考虑将基础埋于地下水水位以上不小于200 mm 处。当地下水水位较高，基础不能埋置在地下水水位以上时，宜将基础埋置在最低地下水水位以上不小于 200 mm 的深度，且同时考虑施工时基坑的排水和坑壁的支护等因素。地下水水位以下的基础，选材时应考虑地下水是否对基础有腐蚀性，如有，应采取防腐措施，如图 2-4 所示。

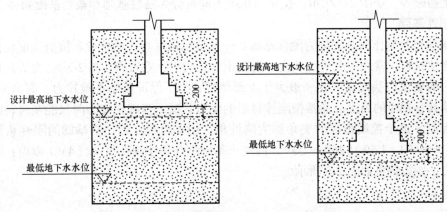

图 2-4　基础埋深与地下水水位的关系

3. 地基土壤冻胀深度的影响

粉砂、粉土和黏性土等细粒土会出现冻胀现象，冻胀会将基础向上拱起，而土层解冻，基础又下沉，使基础处于不稳定状态。冻融的不均匀使建筑物产生变形，严重时产生开裂等破坏情况，因此，建筑物基础应埋置在冰冻层以下不小于 200 mm 处，如图 2-5 所示。

4. 相邻建筑物基础的影响

新建建筑物基础埋深不宜大于相邻原基础埋深，当埋深大于原有建筑物基础时，基础间的净距应根据荷载大小和性质等确定，一般为相邻基础底面高差的 1～2 倍，如图 2-6 所示。当不能满足时，应采取加固原有地基或分段施工、设临时加固支撑、打板桩、地下连续墙等施工措施。

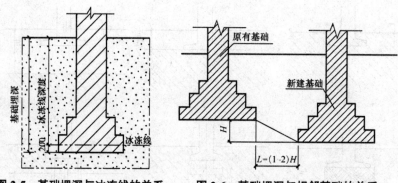

图 2-5 基础埋深与冰冻线的关系　　　图 2-6 基础埋深与相邻基础的关系

单元二　基础的类型

研究基础的类型是为了经济、合理地选择基础的形式和材料，确定其构造。对于民用建筑基础，可按材料和传力特点、构造形式进行分类。

一、按材料及传力特点分类

基础按其使用的材料不同可分为**砖基础**、**石基础**、**混凝土基础**、**毛石混凝土基础**、**钢筋混凝土基础**等，如图 2-7 所示；按传力情况不同可分为**刚性基础**和**柔性基础**两种。

1. 刚性基础

由刚性材料制作的基础称为刚性基础。一般抗压强度高，而抗拉、抗剪强度较低的材料称为刚性材料，常用的有砖、灰土、混凝土、三合土、毛石等（图 2-8）。为满足地基允许承载力的要求，基底宽度 B 一般大于上部墙宽；为了保证基础不被拉力、剪力而破坏，基础必须具有相应的高度。通常按刚性材料的受力状况，基础在传力时只能在材料的允许范围内控制，这个控制范围的夹角称为刚性角，用 α 表示。砖、石基础的刚性角控制为（1:1.25）～（1:1.50）（26°～33°），混凝土基础刚性角控制在 1:1（45°）以内。刚性基础的受力、传力特点如图 2-9 所示。

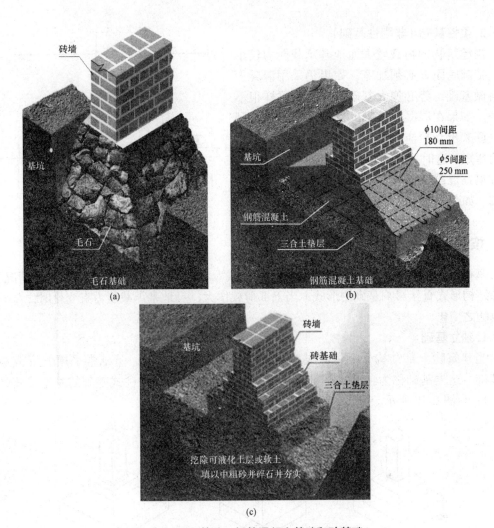

图 2-7　毛石基础、钢筋混凝土基础和砖基础

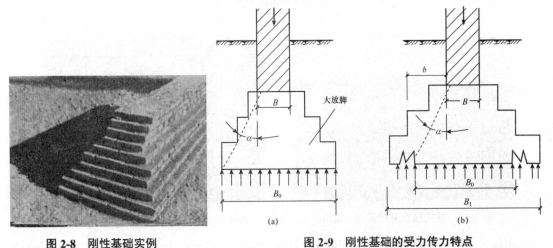

图 2-8　刚性基础实例

图 2-9　刚性基础的受力传力特点

（a）基础在刚性角范围内传力；（b）基础底面宽超过刚性角范围而被破坏

2. 柔性基础（非刚性基础）

当建筑物的荷载较大而地基承载能力较小时，基础底面 B 必须加宽，如果仍采用混凝土材料做基础，势必加大基础的深度，这样很不经济。如果在混凝土基础的底部配以钢筋，利用钢筋来承受拉应力，使基础底部能够承受较大的弯矩，这时，基础宽度不受刚性角的限制，故称**钢筋混凝土基础为非刚性基础**或称为**柔性基础**，如图 2-10 所示。

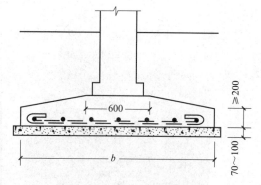

图 2-10　钢筋混凝土基础

二、按构造形式分类

基础构造形式随建筑物上部结构形式、荷载大小及地基土质情况而定。一般情况下，上部结构形式直接影响基础的形式，当上部荷载增大，且地基承载能力有变化时，基础形式也随之变化。

1. 独立基础

当建筑物上部结构采用框架结构或单层排架结构承重时，基础常采用方形或矩形的基础，这类基础称为独立式基础或柱式基础。独立式基础是柱式基础的基本形式，如图 2-11 ～ 图 2-13 所示。

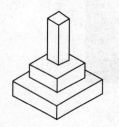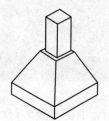

图 2-11　独立基础

图 2-12　柱式独立基础实例（阶形）　　　图 2-13　柱式独立基础实例（坡形）

当柱采用预制构件时，则基础做成杯口形，然后将柱子插入并嵌固在杯口内，故称杯形基础。

2. 条形基础

条形基础有墙下条形基础和柱下条形基础两种形式。

当建筑物上部结构采用墙承重时，基础沿墙身设置，多做成长条形，这类基础称为墙下条形基础或带形基础，是墙承式建筑基础的基本形式，如图 2-14、图 2-15 所示。

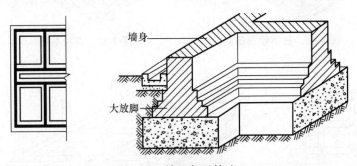

图 2-14　墙下条形基础

图 2-15　砌体墙墙下条形基础实例

因为上部结构为框架结构或排架结构，荷载较大或荷载分布不均匀，地基承载力偏低，为增加基底面积或增强整体刚度，以减少不均匀沉降，常采用钢筋混凝土柱下条形基础，如图 2-16 所示。

3. 井格基础

当地基条件较差时，为了提高建筑物的整体性，防止柱子之间产生不均匀沉降，常将柱下条形基础沿纵横两个方向扩展连接起来，做成十字交叉的井格基础，如图 2-17所示。

4. 片筏基础

当建筑物上部荷载大，特别是带有地下室的高层建筑，而地基承载力又较弱时，采用简单的条形基础或井格式基础已不能适应地基变形的需要，通常将墙或柱下基础连成一片，使建筑物的荷载承受在一块整板上，这种满堂式的板式基础称为片筏基础或筏形基础（俗称满堂基础）。片筏基础由于其底面面积大，故可减小基底压力，同时，也可提高地基土的承载力，并能更有效地增强基础的整体性，调整不均匀沉降，如图 2-18所示。

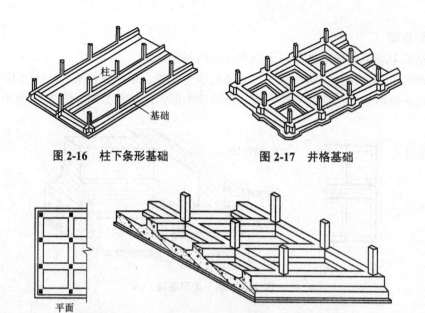

图 2-16　柱下条形基础　　　　　　　　图 2-17　井格基础

图 2-18　片筏基础

　　片筏基础有平板式和梁板式两种。平板式片段基础是在天然的地表上，将场地平整并将地表土碾压密实后，在较好的持力层上浇筑钢筋混凝土平板，这一平板便是建筑物的基础，如图 2-19 所示。在结构上，平板式基础（如倒置的无梁楼盖）承受着上部荷载。这种基础大大减少了土方工作量，且较适宜于较弱地基（但必须是均匀条件）的情况，特别适用于 5～6 层整体刚度较好的居住建筑。

　　当基础在柱间设有地梁时，为梁板式片段基础，其形式如倒置的肋梁楼盖，如图 2-20所示。平板式基础板的厚度较大，但构造简单；梁板式片筏基础板的厚度较小，但增加了双向梁，构造复杂，适用于地基承载力较差、荷载较大的房屋，如高层建筑。

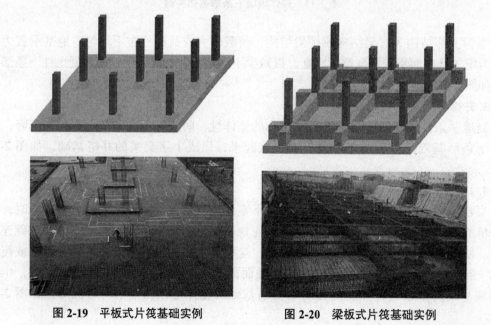

图 2-19　平板式片筏基础实例　　　　　图 2-20　梁板式片筏基础实例

5. 箱形基础

当建筑物荷载很大或浅层地质条件较差，基础做得很深时，特别是带有地下室的建筑物，常将基础改做成箱形基础。箱形基础是由钢筋混凝土底板、顶板和若干纵、横隔墙组成的整体结构，基础的中空部分可用作地下室（单层或多层的）或地下停车库。箱形基础整体空间刚度大，整体性强，能抵抗地基的不均匀沉降，比较适用于高层建筑或在软弱地基上建造的重型建筑物，如图 2-21 所示。

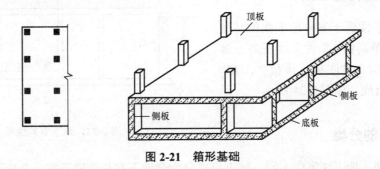

图 2-21　箱形基础

6. 桩基础

当建筑物荷载较大，地基软弱土层的厚度在 5 m 以上，基础不能埋在软弱土层内，或对软弱土层进行人工处理较困难、不经济时，常采用桩基础。桩基础由桩身和承台组成，桩身伸入土中，承受上部荷载，承台用来连接上部结构和桩身的质量，如图 2-22 所示。

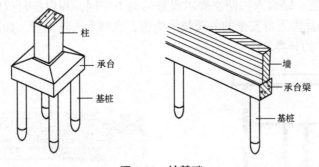

图 2-22　桩基础

桩基础的类型很多，按照桩身受力特点，可分为摩擦桩和端承桩，如图 2-23 所示。上部荷载主要依靠桩身与周围土层的摩擦阻力来承受，这种桩基础称为摩擦桩。上部荷载主要依靠下面坚硬土层（或岩石层）对桩端的支承来承受，这种桩基础称为端承桩。桩基础按材料不同，可分为木桩、钢筋混凝土桩和钢桩等；按断面形式不同，可分为圆形桩、方形桩、环形桩、六角和 I 形桩等；按入土方法的不同，可分为打入桩、振入桩、压入桩和灌注桩等。

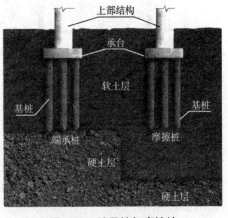

图 2-23　端承桩与摩擦桩

单元三 地下室的构造

一、地下室的构造组成

房间地平面低于室外地平面的高度超过该房间净高的 1/2 者为地下室。地下室一般由墙身、底板、顶板、门窗、楼梯等部分组成，如图 2-24 所示。

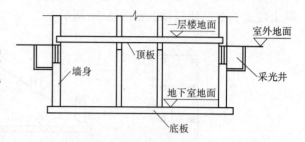

图 2-24 地下室的组成

二、地下室的分类

（1）按埋入地下深度的不同，地下室可分为**全地下室**和**半地下室**。全地下室是指地下室地面低于室外地坪的高度超过该房间净高的 1/2；房间地平面低于室外地平面的高度超过该房间净高的 1/3，且不超过 1/2 者为半地下室，如图 2-25 所示。

（2）按使用功能不同，地下室可分为以下两类：

1）普通地下室：一般用作高层建筑的地下停车库、设备用房；根据用途及结构需要可做成一层或二、三层、多层地下室。

2）人防地下室：结合人民防空要求设置的地下空间，用以应付战时情况下人员的隐蔽和疏散，并具备保障人身安全的各项技术措施，也称为人防工程，如图 2-26 所示。

①人防地下室的分类。

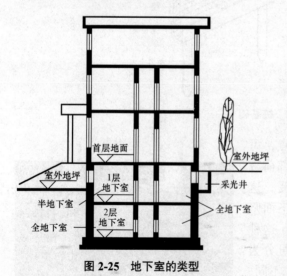

图 2-25 地下室的类型

图 2-26 人防地下室实例

a. 按照构筑方式，人防地下室可分为明挖工程和暗挖工程。明挖工程按上部有无地面建筑又可分为单建掘开式工程和附建式工程；暗挖工程可分为坑道式工程和地道式工程，如图 2-27 所示。

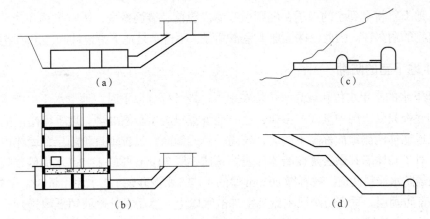

图 2-27　人防地下室的类型
（a）单建掘开式；（b）附建式（防空地下室）；（c）坑道式；（d）地道式

b.按防护特性，人防地下室可分为甲类和乙类。甲类人防地下室是指战时能抵御预定的核武器、常规武器和生化武器的袭击；乙类人防地下室是指战时能抵御预定的常规武器和生化武器的袭击。

②人防工程的抗力分级。防核武器抗力级别：1、2、2B、3、4、4B、5、6、6B 九个等级；防常规武器抗力级别：1、2、3、4、5、6 六个等级。

a.一级人防：指中央一级的人防工事。

b.二级人防：指省、直辖市一级的人防工事。

c.三级人防：指县、区一级及重要的通信枢纽一级的人防工事。

d.四级人防：指医院、救护站及重要的工业企业的人防工事。

e.五级人防：指普通建筑物下部的人员掩蔽工事。

f.六级人防：指抗力为 0.05 MPa（约 5 t/m²）的人员掩蔽和物品贮存的人防工事。

③人防工程的防化分级。防化级别是以人防工程对化学武器的不同防护标准和防护要求划分的，可分为甲、乙、丙、丁四个等级。

人防地下室用以预防现代战争对人员造成的杀伤，主要预防冲击波、早期核辐射、化学毒气及由上部建筑倒塌所产生的倒塌荷载。对于冲击波和倒塌荷载主要通过结构厚度来解决。对于早期辐射应通过结构厚度及相应的密闭措施来解决。对于化学毒气应通过密闭措施及通风、滤毒来解决。

为解决上述问题，人防地下室的平面中应有防护室、防毒通道（前室）、通风滤毒室、洗消间及厕所等。为保证疏散，地下室的房间出口应不设门，而以空门洞为主。与外界联系的出入口应设置防护门、密闭门或防护密闭门。地下室的出入口至少应有两个，其具体做法是一个与地上楼梯连通，另一个与人防通道或专用出口连接。为兼顾平时利用，做到平战结合，可在外墙侧开有采光窗并应设置采光井。

用作人员掩蔽的防空地下室的掩蔽面积标准应按每人 1.0 m² 计算。室内地面至顶板底面高度不应低于 2.2 m，梁下净高不应低于 2.0 m。

三、地下室防潮与防水

地下室的外墙和底板常年埋在地下，受到土中水分和地下水的侵蚀，如不采取有效的构造措施，地下室将受到水的渗透，轻则引起墙皮脱落、墙面霉变，影响美观和使用，重则将影响建筑物的耐久性。因此，保证地下室不潮湿、不进水是地下室设计和施工的重要任务。

（一）地下室的防潮

当地下水的常年水位和最高水位均在地下室地坪标高以下时，地下水不可能直接浸入室内，墙和底板只受土层中潮气的影响，这时地下室只需做防潮处理。地下室防潮的做法是在外墙外面或墙体两侧地面标高不同时，较高一侧的墙面宜设置垂直防潮层，墙体内设置水平防潮层。对于砌体墙其做法是在墙体外表面先抹一层 20 mm 厚的 1∶2.5 水泥砂浆找平，再涂刷聚氯乙烯防水涂料两道，或者做 20 mm 厚的 1∶2.5 水泥砂浆（掺水泥用量 3%～5% 的防水剂）做垂直防潮层。垂直防潮层须做到室外散水以上，然后在外侧回填低渗透性土壤，如黏土、灰土等，并逐层夯实，土层宽度为 500 mm 左右，以防止地面雨水或其他地表水的影响。

另外，地下室的所有砌体墙都应设置两道水平防潮层：一道设置在地下室地坪附近，一般设置在底板结构层之间；另一道设置在室外地坪以上 150～200 mm 处，使整个地下室防潮层连成整体，以上防地潮沿地下墙身或勒脚处进入室内。水平防潮层的做法有防水砂浆防潮层、钢筋混凝土防潮层两种做法。防水砂浆防潮层做法为做 20 mm 厚的 1∶2.5 水泥砂浆（掺水泥用量 3%～5% 的防水剂）；钢筋混凝土防潮层做法为做 60 mm 厚 C15 混凝土内配 2Φ6 钢筋，如图 2-28 所示。

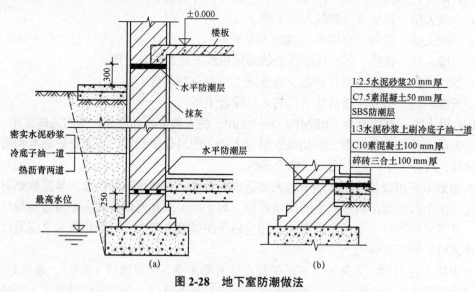

图 2-28　地下室防潮做法

（a）墙身防潮；（b）地下室地坪防潮

（二）地下室的防水

当设计最高地下水水位高于地下室地坪时，地下水不仅可以浸入地下室，而且地下室外墙和底板还分别受到地下水的侧压力和浮力。水压力大小与地下水高出地下室地坪高度有关，高差越大，压力越大。这时，对地下室必须采取防水处理。地下室防水工程可分为四个等级，地下室防水设防要求，应根据使用功能、使用年限、水文地质、结构形式、环境条件、施工方法及材料性能等因素确定，作为人员长期停留或经常活动的场所应按一级、二级考虑。各地下工程的防水方案应根据工程的重要性和使用要求按表 2-1 的规定选定。

表 2-1　地下工程防水等级划分

防水等级	防水标准
一级	不允许渗水，结构表面无湿渍
二级	不允许漏水，结构表面可有少量湿渍； 工业与民用建筑：总湿渍面积不应大于总防水面积（包括顶板、墙面、地面）的 1‰；任意 100 m² 防水面积上的湿渍不超过 2 处，单个湿渍的最大面积不大于 0.1 m²； 其他地下工程：总湿渍面积不应大于总防水面积的 2‰；任意 100 m² 防水面积上的湿渍不超过 3 处，单个湿渍的最大面积不大于 0.2 m²；其中，隧道工程平均渗水量不大于 0.05 L/(m²·d)，任意 100 m² 防水面积上的渗水量不大于 0.15 L/(m²·d)
三级	有少量漏水点，不得有线流和漏泥沙； 任意 100 m² 防水面积上的漏水或湿渍点数不超过 7 处，单个漏水点的最大漏水量不大于 2.5 L/d，单个湿渍的最大面积不大于 0.3 m²
四级	有漏水点，不得有线流和漏泥沙； 整个工程平均漏水量不大于 2 L/(m²·d)，任意 100 m² 防水面积上的平均漏水量不大于 4 L/(m²·d)

地下工程不同防水等级的适用范围，应根据工程的重要性和使用中对防水的要求按表 2-2 的规定选定。

表 2-2　地下工程防水等级适用范围

防水等级	适用范围
一级	人员长期停留的场所；因有少量湿渍会使物品变质、贮物场所失效及严重影响设备正常运转和危及工程安全运营的部位；极重要的战备工程、地铁车站
二级	人员经常活动的场所；在有少量湿渍的情况下不会使物品变质、贮物场所失效及基本不影响设备正常运转和工程安全运营的部位；重要的战备工程
三级	人员临时活动的场所；一般战备工程
四级	对渗漏水无严格要求的工程

现浇混凝土结构地下工程应采用混凝土结构自防水，结构迎水面防水做法应符合表 2-3 的规定。

表 2-3　有工作面的混凝土结构地下工程防水做法

防水等级	防水做法	混凝土结构自防水	防水措施		
			卷材	有机涂料	水泥基[1]
一级	不应少于三道	应选	不应少于两道： 卷材 + 有机涂料，卷材 + 卷材，卷材 + 防水砂浆，卷材 + 水泥基涂料，有机涂料 + 防水砂浆，有机涂料 + 有机涂料[2]		
二级	不应少于两道	应选	不应少于一道[3]		
三级	两道	应选	应选一道		

注：1. 水泥基防水层含防水砂浆、水泥基渗透结晶防水涂料。

　　2. 指同种反应型高分子类防水涂料。

　　3. 防水砂浆及水泥基渗透结晶防水涂料不得单独作为一道防水层使用

目前，我国地下工程防水常用的措施有卷材防水、混凝土构件自防水、涂料防水等做法。选用何种材料防水，应根据地下室的使用功能、结构形式、环境条件等因素合理确定。一般处于侵蚀介质中的工程应采用耐腐蚀的防水混凝土、防水砂浆或卷材、涂料。结构刚度较差或受振动影响的工程应采用卷材、涂料等柔性防水材料。

1. 卷材防水

卷材防水又称柔性防水，是以防水卷材和相应的胶粘剂分层粘贴，铺设在地下室底板垫层至墙体顶端的基面上，形成封闭防水层的做法，如图 2-29 所示。地下室一般采用高聚物改性沥青类防水卷材和合成高分子类防水卷材，其主要物理性能应符合《地下工程防水技术规范》（GB 50108—2008）的相关具体要求。根据防水层铺设位置的不同，卷材防水可分为外包防水和内包防水两种做法。

（1）外包防水。外包防水简称外防水，是将防水层贴在地下室外墙的外表面，这对防水有利，但维修困难，如图 2-30 所示。外防水构造要点：先在墙外侧抹 20 mm 厚的 1∶2.5 水泥砂浆找平层，并刷基层处理剂一遍；然后按防水等级选用合适的防水卷材分层粘贴，防水层须高出最高地下水水位 500 ～ 1 000 mm 为宜；最后做 30 mm 厚挤塑聚苯乙烯泡沫板做保护层，或在防水层外侧砌半砖厚的保护墙一道。保护层外侧用 2∶8 灰土分层夯实，如图 2-31 所示。

图 2-29　地下室外墙卷材防水施工现场

图 2-30　地下室外墙防水实例

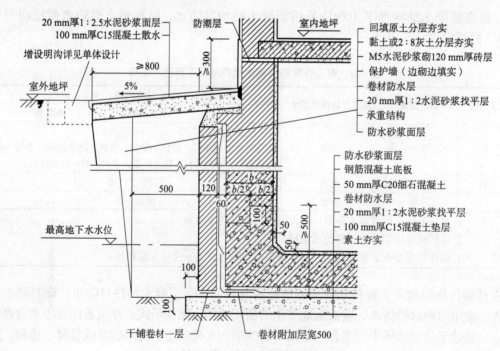

图 2-31　地下室外防水构造

（2）内包防水。内包防水简称内防水，是将防水层贴在地下室外墙的内表面，这样施工方便，容易维修，但对防水不利，故常用于修缮工程。

地下室地坪的防水构造是先浇 100 mm 厚 C15 混凝土保护层，然后做 20 mm 厚的 1∶2.5 水泥砂浆找平层，然后刷基层处理剂一遍，再按防水等级选用防水卷材做防水层，然后干铺石油沥青纸胎油毡一层（或 0.4 mm 厚聚乙烯薄膜或聚酯无纺布一层）做隔离层，并在防水层上做 50 mm 厚 C20 的细石混凝土保护层，以便于上面浇筑钢筋混凝土。为了保证水平防水层包向垂直墙面，地坪防水层必须留出足够的长度以便与垂直防水层搭接，同时要做好转折处卷材的保护工作，以免因转折交接处的卷材断裂而影响地下室的防水。

2. 混凝土自防水

当地下室地坪和墙体均为钢筋混凝土结构时，应采用抗渗性能好的防水混凝土材料，常采用的防水混凝土有普通混凝土和外加剂混凝土。普通混凝土主要是采用不同粒径的集料进行级配，并提高混凝土中水泥砂浆的含量，使水泥砂浆充满于集料之间，从而堵塞因集料间不密实而出现的渗水通路，以达到防水目的；外加剂混凝土是在混凝土中掺入加气剂或密实剂，以提高混凝土的抗渗性能。混凝土自防水又称为刚性防水，其耐久性强，刚度和整体性好，有较高的抗渗性，能同时起承重、围护和防水作用。它比柔性防水造价低，施工方便，但施工质量不易保证，如图 2-32 所示。

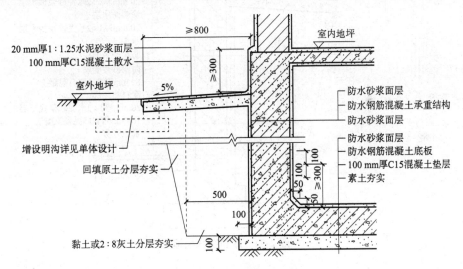

图 2-32 混凝土自防水构造

3. 涂膜防水

涂膜防水泛指在施工现场以刷涂、刮涂、滚涂等方法将液态涂料在适宜温度下涂刷于地下室主体结构外侧或内侧的一种防水方法，如图 2-33 所示。涂膜防水的做法有外防外涂和外防内涂两种。适用于新建砌体结构或钢筋混凝土结构的迎水面做专用防水层或新建防水钢筋混凝土结构的迎水面做附加防水层，可加强防水、防腐能力，或用于已建防水或防潮层建筑外围护结构的内侧，作为补漏措施。

图 2-33 聚氨酯涂膜防水现场施工

防水涂料可分为有机防水涂料和无机防水涂料。有机防水涂料主要包括合成橡胶类、合成树脂类和橡胶沥青类。氯丁橡胶防水涂料、SBS 改性沥青防水涂料等聚合物乳液防水涂料属于挥发固化型；聚氨酯防水涂料属于反应固化型。无机防水涂料主要包括聚合物改性水泥基防水涂料和水泥基渗透型防水涂料。

涂膜防水层要求基层要平整，涂膜厚度要均匀，宜设在迎水面，如设在背水面必须做抗压层。涂膜防水层一般由底涂层、多层涂料防水层及保护层组成。底涂层是做一道与涂料相适应的基层涂料，使涂层与基层黏结良好；多层涂料防水层一般分 2 ～ 3 层进行涂敷，使防水涂料形成多层封闭的整体涂膜。为增强其抗裂性，通常还夹铺 1 ～ 2 层纤维制品。为保证涂料防水层在工序进行中或涂膜完成后不受破坏，应采取相应的临时或永久性保护措施，如水泥砂浆保护层、120 mm 厚砖墙保护层、聚苯板保护层等，如图 2-34 所示。

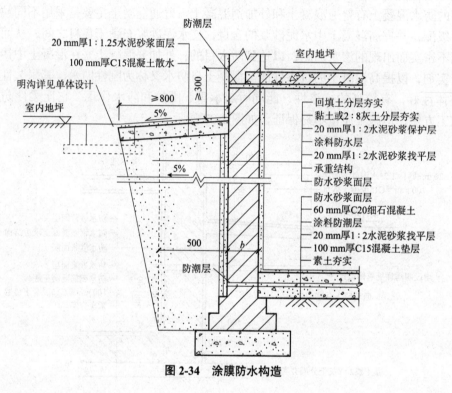

图 2-34　涂膜防水构造

模块小结

建筑物在地面以下与土层直接接触的部分称为基础，支承建筑物重量的土层称为地基。基础是建筑物的组成部分，它承受着建筑物的全部荷载，并将这些荷载连同自身自重传递给地基，而地基不是建筑物的组成部分。地基按土层性质不同，可分为天然地基和人工地基两大类。

室外设计地面至基础底面的垂直距离称为基础的埋置深度，简称基础的埋深。埋深大于或等于 5 m 的称为深基础；埋深小于 5 m 的称为浅基础。

基础按传力情况分可分为刚性基础和柔性基础两种；按构造形式分类可分为独立基

础、条形基础、井格基础、片筏基础、箱形基础、桩基础。

地下室一般由墙身、底板、顶板、门窗、楼梯等部分组成。地下室按埋入地下深度的不同，可分为全地下室和半地下室。

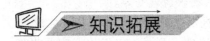知识拓展

常用的地基处理方法

地基处理就是按照上部结构对地基的要求，对地基进行必要的加固或改良，提高地基土的承载力，保证地基稳定，减少房屋的沉降或不均匀沉降，消除湿陷性黄土的湿陷性，提高抗液化能力等。常用的人工地基处理方法有换土垫层法、夯实地基法、挤密桩施工法、深层密实法等。

1. 换土垫层法（换填法）

当建筑物基础下的持力层比较软弱，不能满足上部荷载对地基的要求时，常采用换土垫层法来处理软弱地基。换土垫层法是先将基础底面以下一定范围内的软弱土层挖去，然后回填强度较高、压缩性较低，并且没有侵蚀性的材料，如中粗砂、碎石或卵石、灰土、素土、石屑、矿渣等，再分层夯实后作为地基的持力层。换土垫层按其回填的材料不同可分为灰土垫层、砂垫层、碎（砂）石垫层等。当地基软弱土层较薄，而且上部荷载不大时，也可直接以人工或机械方法（填料或不填料）进行表层压、夯、振动等密实处理，同样可取得换填加固地基的效果。

经过换填法处理的人工地基或垫层，可以将上部荷载扩散传至下面的下卧层，以满足上部建筑所需的地基承载力和减少沉降量的要求。当垫层下面有较软土层时，也可以加速软弱土层的排水固结和强度的提高。

（1）灰土垫层。灰土垫层是将基础底面下一定范围内的软弱土层挖去，用按一定体积比配合的石灰和黏性土拌和均匀后在最优含水率情况下分层回填夯实或压实而成的。其适用于地下水水位较低、基槽经常处于较干燥状态下的一般黏性土地基的加固。

（2）砂垫层和砂石垫层。砂垫层和砂石垫层是将基础下面一定厚度软弱土层挖除，然后用强度较大的砂或碎石等回填，并经分层夯实至密实，作为地基的持力层，以起到提高地基承载力、减少沉降、加速软弱土层排水固结、防止冻胀和消除膨胀土的胀缩等作用。

2. 夯实地基法

（1）重锤夯实法。重锤夯实是用起重机械将夯锤提升到一定高度后，利用自由下落时的冲击能重复夯打实基土表面，使其形成一层比较密实的硬壳层，从而使地基得到加固的方法。其适用于处理高于地下水水位 0.8 m 以上稍湿的黏性土、砂土、湿陷性黄土、杂填土和分层填土地基的加固处理。

（2）强夯法。强夯法是用起重机械将重锤（一般为 8～30 t）吊起从高处（一般为 6～30 m）自由落下，对地基反复进行强力夯实的地基处理方法。其适用于处理碎石土、砂土、低饱和度的黏性土、粉土、湿陷性黄土及填土地基等的深层加固。

强夯所产生的振动和噪声很大，对周围建筑物和其他设施有影响，在城市中心不宜采用，必要时应采取挖防振沟（沟深要超过建筑物基础深）等防振、隔振措施。

3. 挤密桩施工法

（1）灰土挤密桩。灰土挤密桩是利用锤击将钢管打入土中，侧向挤密土体形成桩孔，将管拔出后，在桩孔中分层回填 2：8 或 3：7 灰土并夯实而成的，与桩间土共同组成复合地基以承受上部荷载。其适用于处理地下水水位以上，天然含水率为 12%～25%、厚度为 5～15 m 的素填土、杂填土、湿陷性黄土及含水率较大的软弱地基等。

（2）砂石桩。砂桩和砂石桩统称为砂石桩，是指用振动、冲击或水冲等方式在软弱地基中成孔后，再将砂或砂卵石（或砾石、碎石）挤压入土孔，形成大直径的由砂或砂卵（碎）石所构成的密实桩体。其适用于挤密松散砂土、素填土和杂填土等地基，起到挤密周围土层、增加地基承载力的作用。

（3）水泥粉煤灰碎石桩。水泥粉煤灰碎石桩简称 CFG 桩，是近年发展起来的处理软弱地基的一种新方法。它是在碎石桩的基础上掺入适量石屑、粉煤灰和少量水泥，加水拌和后制成具有一定强度的桩体。

4. 深层密实法

（1）振冲法。振冲法又称振动水冲法，是以起重机吊起振冲器，启动潜水电动机带动偏心块，使振冲器产生高频振动，同时开动水泵，通过喷嘴喷射高压水流成孔，然后分批填以砂石集料，借振冲器的水平及垂直振动，振密填料，形成的砂石桩体与原地基构成复合地基，以提高地基的承载力，减少地基的沉降和沉降差的一种快速、经济有效的加固方法。振冲桩适用于加固松散的砂土地基。

（2）深层搅拌法。深层搅拌法是利用水泥浆做固化剂，采用深层搅拌机在地基深部就地将软土和固化剂充分拌和，利用固化剂和软土发生一系列物理、化学反应，使之凝结成具有整体性、水稳性好和较高强度的水泥加固体，与天然地基形成复合地基。

深层搅拌法适用于加固较深、较厚的淤泥，淤泥质土、粉土和承载力不大于 0.12 MPa 的饱和黏土和软黏土、沼泽地带的泥炭土等地基。

▶复习思考题

一、填空题

1. 地基可分为 _____ 和 _____ 两大类。

2. 当建筑物荷载很大、地基承载力不能满足要求时，常常采用 _____ 地基。

3. 基础按所用材料及受力特点可分为 _____ 和 _____。用砖石、混凝土等材料建造的基础称为 _____ 基础。

4. 基础的埋深是指 _____ 至 _____ 的垂直距离。当埋深 _____ 时，称为深基础；当埋深 _____ 时，称为浅基础。

5. 影响基础埋深的因素有 _____、_____、_____ 及与相邻建筑的关系。

6. 基础的埋深在满足要求的情况下越浅越好，但最小不能小于 _____ m。

7. 当地基土有冻胀现象时，基础应埋置在 _____ 约 200 mm 的地方。

8. 当设计最高地下水水位高于地下室地坪时，地下室的外墙和地坪都浸泡在水中，此时地下室应做_____处理。

二、单项选择题

1. 地基（　　）。
A. 是建筑物的组成构件
B. 不是建筑物的组成构件
C. 是墙的连续部分
D. 是基础的混凝土垫层

2. 基础埋深的最小深度为（　　）m。
A. 0.3
B. 0.5
C. 0.6
D. 0.8

3. 地基中需要进行计算的土层称为（　　）。
A. 基础
B. 持力层
C. 下卧层
D. 人工地基

4. 柔性基础与刚性基础受力的主要区别是（　　）。
A. 柔性基础比刚性基础能承受更大的荷载
B. 柔性基础只能承受压力，刚性基础既能承受拉力，又能承受压力
C. 柔性基础既能承受压力，又能承受拉力，刚性基础只能承受压力
D. 刚性基础比柔性基础能承受更大的拉力

5. 下面属于柔性基础的是（　　）。
A. 钢筋混凝土基础
B. 毛石基础
C. 素混凝土基础
D. 砖基础

6. 一刚性基础，墙宽为 240 mm，基础高为 600 mm，刚性角控制为 1:1.5，则该基础宽度为（　　）mm。
A. 1 800
B. 800
C. 800
D. 1 040

7. 当地下水水位很高、基础不能埋在地下水位以上时，应将基础底面埋置在（　　）以下，从而减少和避免地下水的浮力等。
A. 最高水位 200 mm
B. 最低水位 200 mm
C. 最低水位 500 mm
D. 最高与最低水位之间

8. 当上部荷载很大、地基比较软弱或地下水水位较高时，常采用（　　）基础。
A. 条形
B. 独立
C. 筏形
D. 箱形

9. 如图 2-35 所示，一栋六层建筑贴邻一栋已有的三层建筑建造，基础底相差 1.5 m，则两基础水平距离最小应为（　　）m。
A. 1.5
B. 1.8
C. 3.0
D. 5.0

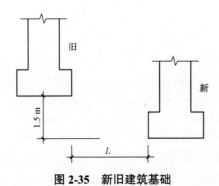

图 2-35　新旧建筑基础

10.半地下室是指房间地面低于室外地坪的高度超过该房间净高的（　　）且不超过（　　）。

    A. 1/4   1/3   B. 1/4   1/2   C. 1/3   1/2   D. 1/2   2/3

11.以下承载能力最强的基础类型是（　　）。

    A. 片筏基础   B. 井格基础   C. 独立基础   D. 条形基础

12.下列不属于刚性基础的是（　　）。

    A. 砖基础   B. 石基础   C. 钢筋混凝土基础   D. 混凝土基础

三、简答题

1. 什么是基础的埋深？其影响因素有哪些？
2. 地基应满足什么要求？
3. 什么是刚性基础、柔性基础？
4. 基础按构造形式分为哪几类？一般适用于什么情况？
5. 地下室由哪些部分组成？
6. 地下室防潮与防水构造有何相同点和不同点？

模块三　墙　体

　　1.熟悉墙体的分类、设计基本要求及布置方案；
　　2.熟悉砌体的材料选用、组砌方式和尺度；
　　3.掌握墙体的各种细部构造和抗震构造；
　　4.熟悉墙面装修的常用做法；
　　5.熟悉幕墙和隔墙的构造。

能力目标

　　能够运用本模块知识进行砌体墙的构造设计并独立完成墙身剖面图的绘制。

素质目标

　　培养具有较强的求真创新精神、广阔的国际视野、良好的团队协作精神与有效的沟通交流能力及自主和终身学习的能力，适应建筑工程行业建设发展的时代需要。

学习参考标准

　　1.《民用建筑设计统一标准》(GB 50352—2019)；
　　2.《砌体结构通用规范》(GB 55007—2021)；
　　3.《砌体结构设计规范》(GB 50003—2011)；
　　4.《砌体结构工程施工质量验收规范》(GB 50203—2011)；
　　5.《工程做法》(23J909)；
　　6.《住宅建筑构造》(11J930)；
　　7.《建筑地面设计规范》(GB 50037—2013)。

模块导读

　　墙体是房屋的重要承重结构，墙体也是建筑物的主要围护构件。其造价、工程量和自重往往是建筑物所有构件中所占份额最大的，墙体质量占建筑物总质量的30% ~ 45%，造价比重也大，因而在工程设计中，合理地选择墙体材料、结构方案及构造做法十分重要。

单元一　认识墙体

一、墙体的作用

墙体上承屋顶，中搁楼板，下接基础，是组成建筑空间的竖向构件。墙体在建筑物中的作用主要有以下四个方面：

（1）承重作用：一是承受建筑物屋顶、楼层、人、设备及墙自身荷载；二是承受自然界风荷载、雨荷载、雪荷载及地震作用等。

（2）围护作用：外墙是建筑物围护结构的主体，担负着抵御自然界中风、雨、雪及噪声、温度变化、太阳辐射等不利因素侵袭的责任，起到保温、隔热、隔声、防风、防水等作用。

（3）分隔作用：墙体是划分建筑内部空间的主要构件，可将建筑内部划分成不同的空间，以适应人的使用要求。

（4）装饰作用：装修墙面可以满足室内外装饰和使用功能的要求。墙面装饰是建筑装饰的重要组成部分，对整个建筑物的装饰效果作用很大。

二、墙体的类型

建筑物的墙体因其所在位置、材料组成、受力情况及施工方法的不同，一般有以下几种分类方式。

1. 按墙体所在位置分类

墙体按其在平面上所处位置不同，可分为**外墙**和**内墙**。外墙位于建筑物周边，是建筑物的外围护结构，使内部空间不受自然界因素的侵袭，起着挡风、阻雨、保温、隔热等作用；内墙位于建筑物内部，起着分隔内部空间的作用。墙体按布置的方向又可分为**纵墙**和**横墙**。沿建筑物长轴方向布置的墙称为纵墙，纵墙有外纵墙和内纵墙之分；沿建筑物短轴方向布置的墙称为横墙，横墙有外横墙和内横墙之分，外横墙又称为山墙。对于一片墙来说，窗与窗之间和窗与门之间的墙称为**窗间墙**；窗台下面的墙称为**窗下墙**；屋顶上部的墙称为**女儿墙**，如图 3-1 所示。

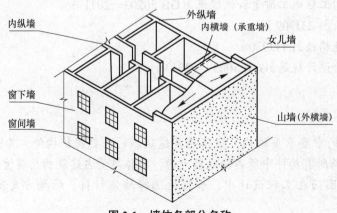

图 3-1　墙体各部分名称

2. 按墙体受力状况分类

根据结构受力情况不同，墙体可分为承重墙和非承重墙两种。承受墙体上部结构传来荷载的墙称为承重墙；反之称为非承重墙。非承重墙又可分为三种：一是自承重墙，不承受外来荷载，仅承受自身质量并将其传递至基础；二是隔墙，起分隔空间的作用，不承受外来荷载并将自身质量传递给梁或楼板，如框架结构中的墙称框架填充墙，起隔墙的作用；三是幕墙，悬挂于建筑物外部骨架或楼板间的轻质外墙称为幕墙，有金属、玻璃及复合材料幕墙。

3. 按墙体构造和施工方式分类

（1）按构造方式不同，墙体可分为**实体墙**、**空体墙**和**组合墙**三种。实体墙由单一材料组成，如砖墙、砌块墙等；空体墙也是由单一材料组成，可由单一材料砌成内部空腔，也可用具有孔洞的材料建造墙体，如空斗砖墙、空心砌块墙等；组合墙是由两种以上材料组合而成的墙，其主体结构一般为烧结普通砖或钢筋混凝土，内外侧复合轻质保温材料，常用的有充气石膏板、水泥聚苯板、水泥珍珠岩、石膏聚苯板、纸面石膏岩棉板、石膏玻璃丝复合板以及目前为满足建筑节能要求的聚苯板和挤塑苯板等，这些组合墙体质量轻、导热系数小，可用于有节能要求的建筑墙体。

图3-2　砖墙实例

（2）按施工方法不同，墙体可分为**块材墙**、**板筑墙**及**板材墙**三种。块材墙是用砂浆等胶结材料将砖石块材等组砌而成的，如砖墙（图3-2）、石墙（图3-3）及各种砌块墙等；板筑墙是在现场立模板，现浇而成的墙体，如现浇混凝土墙（图3-4）等；板材墙是预先制成墙板，施工时安装而成的墙，如预制混凝土大板墙、各种轻质条板内隔墙（图3-5）等。

图3-3　石墙实例

图3-4　现浇混凝土墙

图3-5　轻质水泥板内隔墙

三、墙体的设计要求

墙体在建筑物中所处的位置不同，功能与作用也不同，对应的设计要求也不同。对以墙体承重为主的结构，常要求各层的承重墙上、下必须对齐；各层的门、窗孔洞也以上、下对齐为佳。此外，还需考虑以下两个方面的要求。

1. 合理选择墙体结构布置方案

大量性民用建筑一般为多层砖混结构类型，即由墙体承受屋顶和楼板的荷载，并连同自重一起将垂直荷载传至基础和地基。在地震区墙体还可能受到水平地震作用的影响。因此，在墙体的设计中应满足相应的结构要求。墙体结构布置方案如下：

（1）横墙承重。凡以横墙承重的称为横墙承重方案或横向结构系统。这时，楼板、屋顶上的荷载均由横墙承受，纵向墙只起纵向稳定和拉结的作用，如图3-6所示。它的主要特点是横墙间距密，加上纵墙的拉结，使建筑物的整体性好、横向刚度大，对抵抗地震作用等水平荷载有利。但横墙承重方案的开间尺寸不够灵活，适用于房间开间尺寸不大的宿舍、住宅及病房楼等小开间建筑。

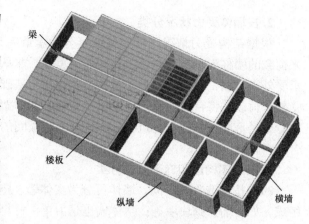

图3-6　横墙承重体系

（2）纵墙承重。凡以纵墙承重的称为纵墙承重方案或纵向结构系统。这时，楼板、屋顶上的荷载均由纵墙承受，横墙只起分隔房间的作用，有的起横向稳定作用，如图3-7所示。纵墙承重可使房间开间的划分灵活，多适用于需要较大房间的办公楼、商店、教学楼等公共建筑。

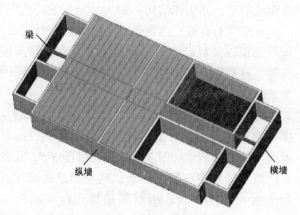

图3-7　纵墙承重体系

（3）纵横墙承重（双向承重）。凡由纵向墙和横向墙共同承受楼板、屋顶荷载的结构布置称为纵横墙（混合）承重方案，如图3-8所示。该方案房间布置较灵活，建筑物的刚度也较好。混合承重方案多用于开间、进深尺寸较大且房间类型较多的建筑和平面复杂的建筑，前者如教学楼、住宅等建筑。

（4）部分框架承重。在结构设计中，有时采用墙体和钢筋混凝土梁、柱组成的框架共同承受楼板和屋顶的荷载，这时，梁的一端支承在柱上，而另一端则搁置在墙上，这种结构布置称

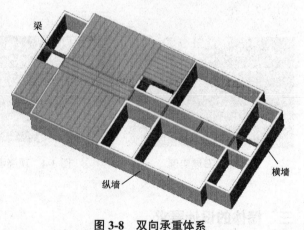

图3-8　双向承重体系

为部分框架结构或内部框架承重方案。它较适用于室内需要较大使用空间的建筑，如商场等。

2. 具有足够的强度和稳定性

强度是指墙体承受荷载的能力，它与所采用的材料及同一材料的强度等级有关。作为承重墙的墙体，必须具有足够的强度，以确保结构的安全。

墙体的稳定性与墙的高度、长度和厚度有关。高而薄的墙稳定性差，矮而厚的墙稳定

性好；长而薄的墙稳定性差，短而厚的墙稳定性好。

3. 热工要求

我国幅员辽阔，气候差异大。墙体作为围护构件应具有保温、隔热等功能要求。

（1）墙体的保温要求。采暖建筑的外墙应有足够的保温能力，寒冷地区冬季室内温度高于室外，热量从高温传至低温，为了减少热损失，须提高构件的热阻，通常采取以下措施：

1）增加墙体的厚度。墙体的热阻与其厚度成正比，欲提高墙身的热阻，可增加其厚度。

2）选择导热系数小的墙体材料。要增加墙体的热阻，常选用导热系数小的保温材料，如泡沫混凝土、加气混凝土、陶粒混凝土、膨胀珍珠岩、膨胀蛭石、浮石及浮石混凝土、泡沫塑料、矿棉及玻璃棉等。其保温构造有单一材料的保温结构和复合保温结构之分。

3）采取隔蒸汽措施。为防止墙体产生内部凝结，常在墙体的保温层靠高温一侧，即蒸汽渗入的一侧，设置一道隔蒸汽层。隔蒸汽材料一般采用沥青、卷材、隔汽涂料铝箔等防潮、防水材料。

（2）墙体的隔热要求。炎热地区夏季太阳辐射强烈，室外热量通过外墙传入室内，使室内温度升高，产生过热现象，影响人们工作和生活，甚至损害人的健康。外墙应具有足够的隔热能力，可以选用热阻大、密度大的材料做外墙，也可以选用光滑、平整、浅色的材料，以增加对太阳的反射能力。常用的隔热措施如下：

1）外墙采用浅色而平滑的外饰面，如白色外墙涂料、玻璃马赛克、浅色墙地砖、金属外墙板等，以反射太阳光，减少墙体对太阳辐射的吸收；

2）在外墙内部设置通风间层，利用空气的流动带走热量，降低外墙内表面温度；

3）在窗口外侧设置遮阳设施，以遮挡太阳光直射室内；

4）在外墙外表面种植攀缘植物使之遮盖整个外墙，吸收太阳辐射热，从而起到隔热作用。

4. 建筑节能要求

为贯彻国家的节能政策，改善严寒和寒冷地区居住建筑采暖能耗大、热工效率差的状况，必须通过建筑设计和构造措施来节约能耗。

5. 隔声要求

为保证建筑的室内使用要求，不同类型的建筑具有相应的噪声控制标准，墙体主要隔离由空气直接传播的噪声。空气声在墙体中的传播途径有两种：一是通过墙体的缝隙和微孔传播；二是在声波作用下墙体受到振动，声音透过墙体而传播。建筑内部的噪声，如说话声、家用电器声等，室外噪声如汽车声、喧闹声等，从各个构件传入室内。控制噪声，对墙体一般采取以下措施：

（1）加强墙体缝隙的填密处理；

（2）增加墙厚和墙体的密实性；

（3）采用有空气间层式多孔性材料的夹层墙；

（4）尽量利用垂直绿化降噪声。

6. 其他方面的要求

（1）防火要求：选择燃烧性能和耐火极限符合《建筑防火设计规范（2018 年版）》（GB

50016—2014）规定的材料。在较大的建筑中应设置防火墙，将建筑分成若干区段，以防止火灾蔓延。根据防火规范，一、二级耐火等级建筑，防火墙最大间距为150 m；三级耐火等级建筑，防火墙最大间距为100 m；四级耐火等级建筑，防火墙最大间距为60 m。

（2）防水防潮要求：在卫生间、厨房、实验室等有水的房间及地下室的墙体应采取防水防潮措施。选择良好的防水材料及恰当的构造做法，保证墙体的坚固耐久性，使室内有良好的卫生环境。

（3）建筑工业化要求：在大量性民用建筑中，墙体工程量占着相当大的比重。同时，劳动力消耗大，施工工期长。因此，建筑工业化的关键是墙体改革，必须改变手工生产及操作，提高机械化施工程度，提高工效、降低劳动强度，并应采用轻质高强的墙体材料，以减轻自重、降低成本。

单元二　砖墙构造

一、砖墙材料

砖墙是用砂浆将一块块砖按一定技术要求砌筑而成的砌体，其材料是砖和砂浆。

（一）砖

砖按使用的材料不同，有烧结普通砖、页岩砖、粉煤灰砖、灰砂砖、炉渣砖、混凝土砖等，如图3-9所示；按形状可分为实心砖、多孔砖和空心砖等，如图3-10所示。普通实心砖的标准名称叫作烧结普通砖，是指没有孔洞或孔洞率小于15%的砖。普通实心砖中常见的有炉渣砖、烧结粉煤灰砖等；多孔砖是指孔洞率不小于15%，孔的直径小、数量多的砖，可以用于承重部位；空心砖是指孔洞率不小于15%，孔的直径大、数量少的砖，只能用于非承重部位。砖按其生产方式不同又可分为烧结砖和蒸压（或蒸养）砖两大类。

（a）　　　　　　　　　（b）　　　　　　　　　（c）

（d）　　　　　　　　　（e）　　　　　　　　　（f）

图3-9　砖的种类实例（一）

（a）混凝土砖；（b）烧结普通砖；（c）页岩砖；（d）粉煤灰砖；（e）灰砂砖；（f）炉渣砖

 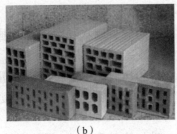 

（a）　　　　　　　　　（b）　　　　　　　　　（c）

图 3-10　砖的种类实例（二）

（a）实心砖；（b）烧结多孔砖；（c）空心砖

1. 烧结砖

烧结砖有烧结普通砖（实心砖）、烧结多孔砖和烧结空心砖，它们以黏土、页岩、煤矸石、粉煤灰为主要原料，经压制成型、烧制而成。

我国标准的烧结普通砖的外形为直角六面体，规格为 240 mm×115 mm×53 mm（图 3-11），即砖长∶宽∶厚 =4∶2∶1（包括 10 mm 宽灰缝），4 块砖长加 4 个灰缝、8 块砖宽加 8 个灰缝、16 块砖厚加 16 个灰缝（简称 4 顺、8 丁、16 线）均为 1 m。在实际工程应用中，砌体的组合模数为一个砖宽加一个灰缝，即 115 mm + 10 mm = 125 mm，这与《建筑模数协调标准》（GB/T 50002—2013）中的基本模数 M = 100 mm 不协调，因此在使用中，须注意标准砖的这一特征。多孔砖与空心砖的规格一般与普通砖在长、宽方向上相同，但增加了厚度尺寸，并使之符合模数的要求，如 240 mm×115 mm×95 mm。长、宽、高均符合现有模数协调的多孔砖和空心砖并不多见，而是常见于新型材料的墙体砌块。

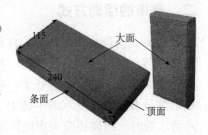

图 3-11　烧结普通砖实例

烧结普通砖、烧结多孔砖的强度等级可分为 MU30、MU25、MU20、MU15、MU10 五个级别，如 MU30 表示砖的极限抗压强度平均值为 30 MPa，即每平方毫米可承受 30 N 的压力。蒸压灰砂普通砖、蒸压粉煤灰普通砖的强度等级为 MU15、MU20、MU25；混凝土普通砖、混凝土多孔砖的强度等级为 MU15、MU20、MU25、MU30。

烧结多孔砖以煤矸石、页岩、粉煤灰或黏土为主要原料，经焙烧而成，孔洞率不大于 35%，孔的尺寸小而数量多，主要用于承重部位的砖。

2. 蒸压砖

蒸压砖有蒸压粉煤灰普通砖和蒸压灰砂普通砖等。

蒸压粉煤灰普通砖是以石灰、消石灰（如电石渣）或水泥等钙质材料与粉煤灰等硅质材料及集料（砂等）为主要原料，掺加适量石膏，经坯料制备、压制排气成型、高压蒸汽养护而成的实心砖。蒸压灰砂普通砖以石灰等钙质材料和砂等硅质材料为主要原料，经坯料制备、压制排气成型、高压蒸汽养护而成的实心砖。

蒸压灰砂普通砖、蒸压粉煤灰普通砖的强度等级均为 MU25、MU20 和 MU15 三个等级。砖的品种和强度等级必须符合设计要求，并应规格一致。

（二）砂浆

砂浆是砌块的胶结材料。常用的砂浆有水泥砂浆、石灰砂浆混合砂浆、石灰砂浆和黏土砂浆。

（1）水泥砂浆由水泥、砂加水拌和而成，属水硬性材料，强度高，但可塑性和保水性较差，适应砌筑湿环境下的砌体，如地下室、砖基础等。

（2）石灰砂浆由石灰膏、砂加水拌和而成。由于石灰膏为塑性掺合料，所以石灰砂浆的可塑性很好，但它的强度较低，且属于气硬性材料，遇水强度即降低，所以适宜砌筑次要的民用建筑的地上砌体。

（3）混合砂浆由水泥、石灰膏、砂加水拌和而成，既有较高的强度，也有良好的可塑性和保水性，故民用建筑地上砌体中被广泛采用。

（4）黏土砂浆是由黏土加砂、水拌和而成，强度很低，仅适于土坯墙的砌筑，多用于乡村民居。它们的配合比取决于结构要求的强度。

砂浆强度等级有 M5、M7.5、M10、M15、M20、M25、M30 共 7 个级别。烧结普通砖、烧结多孔砖、蒸压灰砂普通砖和蒸压粉煤灰普通砖砌体采用的普通砂浆强度等级有 M15、M10、M7.5、M5；蒸压灰砂普通砖和蒸压粉煤灰普通砖砌体采用的专用砌筑砂浆强度等级有 Ms15、Ms10、Ms7.5、Ms5.0。

二、砖墙的组砌方式

组砌是指砌块在砌体中的排列。组砌的关键是上下错缝、内外搭砌，使上下皮砖的垂直缝交错，保证砖墙的整体性，搭接长度不应小于砌块长度的 1/3，如图 3-12 所示。如果墙体表面或内部的垂直缝处于一条线上，即形成通缝，则在荷载作用下会使墙体的强度和稳定性显著降低。混水墙中砖上、下错缝不得有长度大于 300 mm 的通缝。当墙面不抹灰做清水墙时，组砌还应考虑墙面图案美观。

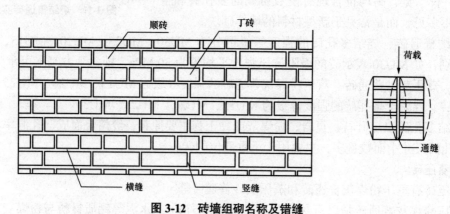

图 3-12　砖墙组砌名称及错缝

（一）实心砖墙组砌

在砖墙的组砌中，把砖的长方向垂直于墙面砌筑的砖叫作丁砖；把砖的长方向平行于墙面砌筑的砖叫作顺砖。上、下皮之间的水平灰缝称为横缝；左、右两块砖之间的垂直缝称为竖缝。要求丁砖和顺砖交替砌筑，灰浆饱满，横平竖直。

常用的错缝方法是将丁砖和顺砖上、下皮交错砌筑，每排列一层砖称为一皮。常见的砖墙砌式有**全顺式**（12 墙）、**一顺一丁式、三顺一丁式**或**多顺一丁式、每皮丁顺相间式**（也称**十字式或梅花丁**）（24 墙）、**两平一侧式**（18 墙）等，如图 3-13 所示。

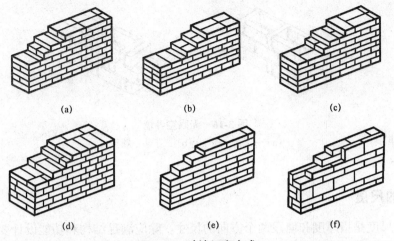

图 3-13 砖墙组砌方式

(a) 一砖墙，一顺一丁砌法；(b) 一砖墙，三顺一丁砌法；(c) 一砖墙，梅花丁（十字式）砌法；
(d) 一砖半墙砌法；(e) 半砖墙，全顺式砌法；(f) 3/4砖墙砌法

（二）空心砖墙组砌

空心砖组砌的墙体主要用于非承重墙的砌筑。因为空心砖有孔洞，故其自重较普通砖小，保温、隔热性能好，造价低。

用空心砖砌墙时，多用整砖顺砌法，即上、下皮错开半砖。在砌转角、内外墙交接、壁柱和独立砖柱等部位时，都不需砍砖，如图3-14所示。

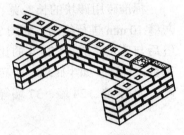

图 3-14 空心砖墙

（三）空斗砖墙组砌

空斗砖墙是用普通砖侧砌或平砌与侧砌结合砌成的，墙体内部形成较大的空心。在空斗砖墙中，侧砌的砖称为斗砖，平砌的砖称为眠砖。空斗墙的砌法有两种，分别为有眠空斗墙（图3-15）和无眠空斗墙（图3-16）。采用平砌与侧砌相结合的方式砌成的墙称为有眠空斗墙；全部采用侧砌方式砌成的墙称为无眠空斗墙。空斗墙具有节省材料、自重轻、隔热效果好的特点；但整体性稍差，施工技术水平要求较高。

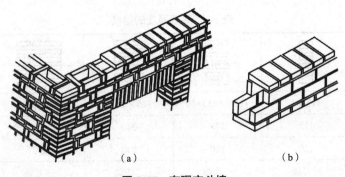

图 3-15 有眠空斗墙

(a) 一斗一眠；(b) 二斗眠

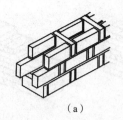 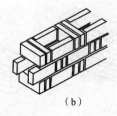

(a)　　　　　　　　　　　　　　(b)

图 3-16　无眠空斗墙

(a) 一丁斗一顺斗；(b) 二丁斗一顺斗

三、砖墙的尺度

砖墙的尺度是指厚度和墙段两个方向的尺寸。除应满足结构和功能设计要求外，砖墙的尺度还必须符合砖的规格。以标准砖为例，根据砖块尺寸和数量，再加上灰缝，即可组成不同的墙厚和墙段。

（一）墙厚

标准砖用砖块的长、宽、高作为砖墙厚度的基数，在错缝或墙厚超过砖块时，均按灰缝 10 mm 进行组砌，如图 3-17 所示。从尺寸上可以看出，它以砖厚加灰缝、砖宽加灰缝后与砖长形成 1∶2∶4 的比例为其基本特征，组砌灵活。砖墙的厚度习惯上以砖长为基数来称呼，如半砖墙、一砖墙、一砖半墙等，见表 3-1。工程上以它们的标志尺寸来称呼，如 12 墙、24 墙、37 墙等，如图 3-18 所示。

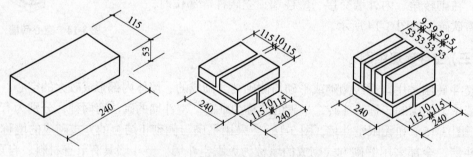

图 3-17　普通实心砖的尺寸关系

表 3-1　砖墙厚度的组成　　　　　　　　　　　　　　　　　　　　　　　　　　mm

砖墙断面					
尺寸组成	115×1	115×1+53+10	115×2+10	115×3+20	115×4+30
构造尺寸	115	178	240	365	490
标志尺寸	120	180	240	370	490
工程称谓	一二墙	一八墙	二四墙	三七墙	四九墙
习惯称谓	半砖墙	3/4 砖墙	一砖墙	一砖半墙	两砖墙

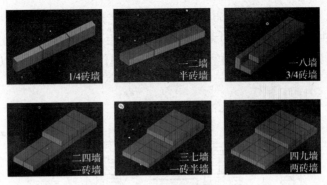

图 3-18　墙厚实例

（二）墙段尺寸与洞口尺寸

1. 墙段尺寸

墙段尺寸是指窗间墙、转角墙等部位墙体的长度。墙段由砖块和灰缝组成。由于砖的尺寸确定时间要早于模数协调确定的时间，因此两者之间存在着不协调之处，这给建筑的设计和施工带来了一定的麻烦。烧结普通砖最小单位为 115 mm 砖宽加上 10 mm 灰缝，共计 125 mm，并以此为砖砌体的组合模数，如图 3-19 所示。

2. 洞口尺寸

砖墙洞口主要是指门窗洞口，其尺寸应按模数协调统一标准制定，这样可减少门窗规格，有利于工业化生产。国家及各地区的门窗通用图集都是按照扩大模数 $3M$ 的倍数，因此，一般门窗洞口宽、高的尺寸采用 300 mm 的整倍数，但是在 1 000 mm 以内的小洞口可采用基本模数 100 mm 的整倍数，如图 3-20 所示。

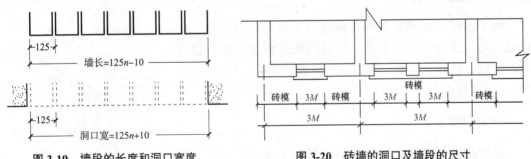

图 3-19　墙段的长度和洞口宽度　　　　图 3-20　砖墙的洞口及墙段的尺寸

砖模和模数协调统一标准是不相协调的，民用建筑的开间、进深、门窗都是按扩大模数 300 mm 倍数，墙段是以砖模 125 mm 为基础，这样在同一栋房屋中采用两种模数，必然会给设计和施工造成困难。解决这一矛盾的办法是调整灰缝大小。由于施工规范允许竖缝宽度为 8 ～ 12 mm，使墙段有少许的调整余地。但是，墙段短时，灰缝数量少，调整范围小。例如，240 mm 墙段无调整余地，490、620、740、870（mm）墙段调整范围在 10 mm 以内。墙段长时，调整幅度大些。通常墙段超过 1.5 m 时，可不用考虑砖的模数。

（三）砖墙的高度

按砖模数要求，砖墙的高度应为 53 + 10 = 63（mm）的整倍数。但现行模数协调系列多为 3M，如 2 700、3 000、3 300（mm）等，住宅建筑中层高尺寸则按 1M 递增，如 2 700、2 800、2 900（mm）等，均无法与砖墙皮数相适应。为此，砌筑前必须事先按设计尺寸反复推敲砌筑皮数，适当调整灰缝厚度，并制作若干根皮数杆以作为砌筑的依据，如图 3-21 所示。

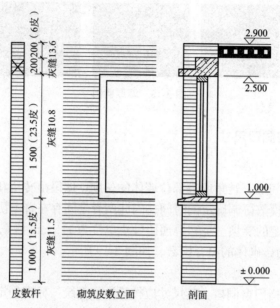

图 3-21 砖墙高度与砖皮数协调实例

四、墙体细部构造

为了保证砖墙的耐久性和墙体与其他构件的连接，应在相应的位置进行构造处理。砖墙的细部构造包括门窗过梁、窗台、勒脚、散水、明沟、变形缝、圈梁、构造柱等，如图 3-22 所示。

（一）门窗过梁

过梁是砌体结构房屋墙体门窗洞口上常用的构件。当墙体上开设门窗洞口且墙体洞口大于 300 mm 时，为了支撑洞口上部砌体所传来的各种荷载，并将这些荷载传递给门窗等洞口两边的墙，常在门窗洞口上设置横梁，该梁称为过梁。过梁的形式有砖拱过梁（图 3-23）、钢筋砖过梁和钢筋混凝土过梁三种。当过梁的跨度不大于 1.5 m 时，可采用钢筋砖过梁；不大于 1.2 m 时，可采用砖砌平拱过梁。对有较大振动荷载或可能产生不均匀沉降的房屋，应采用混凝土过梁。

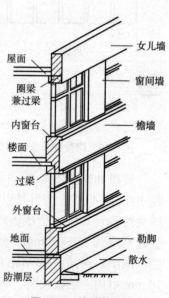

图 3-22 外墙的构造

1. 砖拱过梁

砖拱过梁又称砖券，可分为平拱（平券）和弧拱（拱券），如图 3-24～图 3-26 所示。

由竖砌的砖做拱圈，一般将砂浆灰缝做成上宽下窄，上宽不大于 20 mm，下宽不小于 5 mm，两端下部伸入墙内 20 ～ 30 mm。砖拱过梁用砖不低于 MU7.5，砂浆不宜低于 M5，砖砌平拱用竖砖砌筑部分的高度不应小于 240 mm，中部起拱高约为 $L/50$。砖砌平拱过梁净跨不应大于 1.2 m，有集中荷载或半砖墙不宜采用。

图 3-23　过梁与窗台实例

2. 钢筋砖过梁

钢筋砖过梁用砖不低于 MU7.5，砌筑砂浆不低于 M5。一般在洞口上方先支木模，砖平砌，钢筋砖过梁底面砂浆层处的钢筋，其直径不应小于 5 mm，间距不宜大于 120 mm，钢筋伸入支座砌体内的长度不宜少于 240 mm，砂浆层的厚度不宜小于 30 mm。梁高砌 5 ～ 7 皮砖或 ≥ $L/4$，钢筋砖过梁净跨不应大于 1.5 m，如图 3-27 所示。

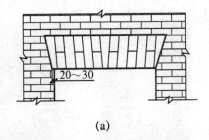

(a)

图 3-25　平拱砖过梁实例

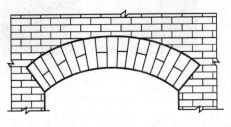

(b)

图 3-24　砖过梁

（a）平拱；（b）弧拱

图 3-26　弧拱砖过梁实例

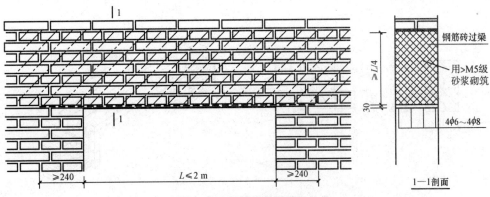

图 3-27　钢筋砖过梁的形式

3. 钢筋混凝土过梁

根据《砌体结构设计规范》（GB 50003—2011）的规定：对有较大振动荷载或可能产生不均匀沉降的房屋，应采用混凝土过梁。根据《砌体结构工程施工质量验收规范》（GB 50203—2011）的规定：宽度超过 300 mm 的洞口上部应设置钢筋混凝土过梁。钢筋混凝土过梁有现浇和预制两种，梁高及配筋由计算确定。为了施工方便，梁高应与砖的皮数相适应，以方便墙体连续砌筑，故常见梁高为 120 mm、180 mm、240 mm，即 60 mm 的整倍数。梁宽一般同墙厚，梁两端支承在墙上的长度不少于 240 mm，以保证足够的承压面积，如图 3-28、图 3-29 所示。一般情况下，过梁伸入墙体长度越长，过梁能够承受的压重就越大，门洞会更安全。如果过梁伸入墙体长度过短，则很可能会因为承载力不够导致门窗洞口坍塌。

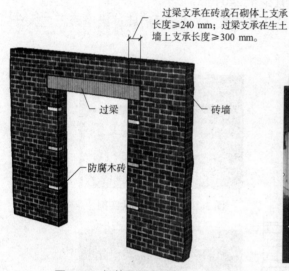

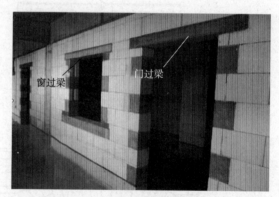

图 3-28　钢筋混凝土过梁

图 3-29　门窗钢筋混凝土过梁

过梁断面形式有矩形和 L 形，如图 3-30 所示。矩形过梁多用于内墙或南方地区的混水墙。钢筋混凝土的导热系数比砖砌体的导热系数大，为避免过梁处产生热桥效应，内壁结露，在严寒及寒冷地区外墙或清水墙中多用 L 形过梁。为简化构造，节约材料，可将过梁与圈梁、悬挑雨篷、窗楣板或遮阳板等结合起来设计。如在南方炎热多雨地区，常从过梁上挑出 300～500 mm 宽的窗楣板，既可保护窗户不淋雨，又可遮挡部分直射太光。

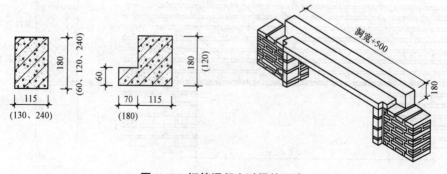

图 3-30　钢筋混凝土过梁的形式

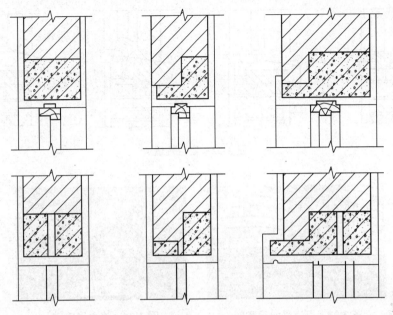

图 3-30　钢筋混凝土过梁的形式（续）

（二）窗台

窗台是窗洞下部的构造，用来排除窗外侧流下的雨水和内侧的冷凝水，并起一定的装饰作用，如图 3-31 所示。位于窗外的叫作外窗台；位于室内的叫作内窗台。当墙很薄，窗框沿墙内缘安装时，可不设内窗台。窗台距离地面的高度一般为 900 mm，住宅的外窗及楼梯间、电梯厅等共用部分的外窗，窗外没有阳台或平台，且窗台距离楼面、地面的净高小于 0.90 m 时，应设置防护设施。

外窗台应设置排水构造，其目的是防止雨水积聚在窗下、侵入墙身和向室内渗透。因此，外窗台应有不透水的面层，并设置不小于 5% 的坡度，以利于排水。外窗台有悬挑窗台和不悬挑窗台两种。悬挑窗台常采用顶砌一皮砖出挑 60 mm，或将一砖侧砌并出挑 60 mm，也可采用钢筋混凝土窗台，如图 3-32、图 3-33 所示。悬挑窗台底部边缘处抹灰时应做鹰嘴或宽度和深度均不小于 10 mm 的滴水线，如图 3-34 所示。

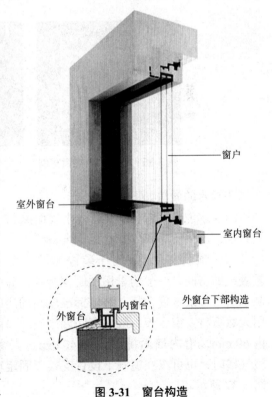

图 3-31　窗台构造

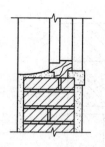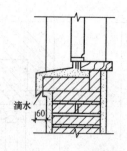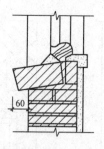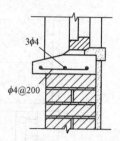

图 3-32　窗台构造

图 3-33　侧砌悬挑窗实例　　　　图 3-34　滴水线实例

　　如果外墙饰面为瓷砖、陶瓷马赛克等易于冲洗的材料，可不做悬挑窗台，窗下墙的脏污可借窗上墙流下的雨水冲洗干净，如图 3-35、图 3-36 所示。

图 3-35　平砌不悬挑窗实例　　　　图 3-36　混凝土不悬挑窗实例

　　内窗台的做法如下：

　　（1）水泥砂浆窗台，在窗台上表面抹 20 mm 厚的水泥砂浆，窗台前部则凸出墙面 60 mm。

　　（2）预制窗台板，对于装修要求较高且窗台下设置暖气的房间，一般均采用预制窗台板。窗台板可用预制水磨石板或木窗台板，装修标准较高的房间也可以采用天然石材。窗台板一般靠窗间墙来支承，两端伸入墙内 60 mm，沿内墙面挑出约为 40 mm。当窗下不设置暖气槽时，也可以在窗洞下设置支架以固定窗台板，如图 3-37 所示。

图 3-37　内窗台预制板实例

（三）墙脚

　　底层室内地面以下，基础以上的墙体常称为墙脚。墙脚包括墙身防潮层、勒脚、散水和明沟等，如图3-38所示。

1. 勒脚

勒脚是外墙墙身接近室外地面的部分，为防止雨水上溅墙身和机械力等的影响，所以要求勒脚坚固、耐久和防潮。勒脚一般采用以下几种构造做法，如图3-39所示。

图3-38 墙脚

（1）抹灰：可采用20 mm厚1∶3水泥砂浆抹面，1∶2水泥白石子浆水刷石或斩假石抹面。此法多用于一般建筑，如图3-40所示。

（2）贴面：可采用天然石材或人工石材，如花岗石、水磨石板等。其耐久性、装饰效果好，用于高标准建筑，如图3-41所示。

（3）勒脚采用石材砌筑，如条石等，如图3-42所示。

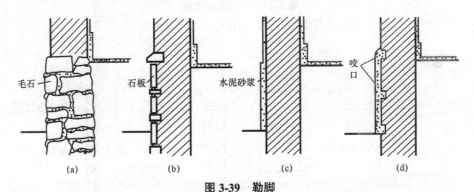

图3-39 勒脚

（a）毛石勒脚；（b）石板贴面勒脚；（c）抹灰勒脚；（d）带咬抹灰勒脚

  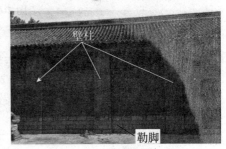

图3-40 水泥砂浆抹灰勒脚实例　图3-41 石板贴面勒脚实例　图3-42 条石勒脚实例

2. 防潮层

在墙身中设置防潮层的目的是防止土壤中的水分沿基础墙上升，使位于勒脚处的地面水渗入墙内，而导致墙身受潮。因此，必须在内、外墙脚部位连续设置防潮层。防潮层的位置关系到防潮的效果，位置不当，就不能完全地阻隔地下的潮气，如图3-43所示。

防潮层的构造形式有**水平防潮层**和**垂直防潮层**两种。

（1）防潮层的位置：水平防潮层一般应在室内地面不透水垫层（如混凝土）范围以内，通常在 −0.060 m 标高处设置，而且至少要高于室外地坪150 mm，以防雨水溅湿墙身。当地面垫层为透水材料（如碎石、炉渣等）时，水平防潮层的位置应平齐或高于室内地面60 mm，即在 +0.060 m 处。当两相邻房间之间室内地面有高差时，应在墙身内设置高、低两道水平防潮层，并在靠土壤一侧设置垂直防潮层，以避免回填土中的潮气侵入墙身，如图3-44、图3-45所示。

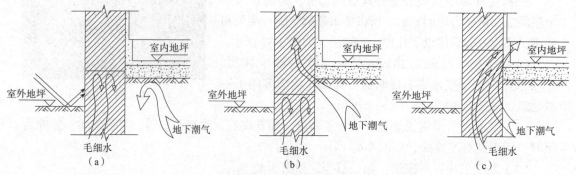

图3-43　防潮层的位置

（a）位置合理；（b）位置偏低；（c）位置偏高

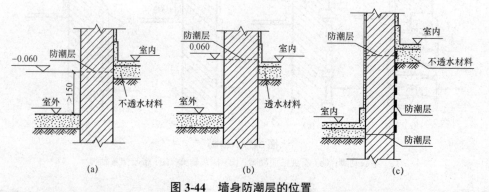

图3-44　墙身防潮层的位置

（a）地面垫层为不透水材料；（b）地面垫层为透水材料；（c）室内地面有高差

（2）墙身水平防潮层的构造做法常用的有以下三种：

1）**防水砂浆防潮层**，采用1∶2.5水泥砂浆加水泥用量3%～5%防水剂，厚度为20～25 mm或用防水砂浆砌三皮砖做防潮层，如图3-46所示。此种做法构造简单，但砂浆开裂或不饱时会影响防潮效果。

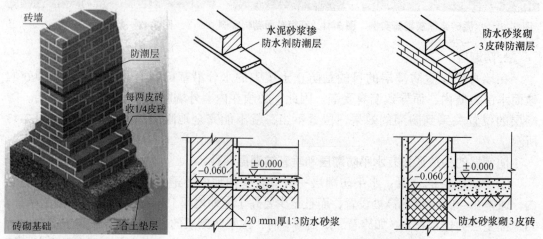

图3-45　墙身水平防潮层实例　　**图3-46　防水砂浆防潮层做法**

2）**细石混凝土防潮层**，采用 60 mm 厚的细石混凝土带，内配三根 $\phi6$ 钢筋，其防潮性能好，如图 3-47 所示。

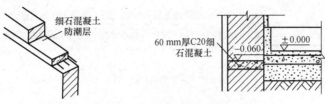

图 3-47　细石混凝土防潮层

3）**卷材防潮层**，先抹 20 mm 厚水泥砂浆找平层，然后干铺防水卷材一层，卷材的宽度应与墙厚一致或稍大些，卷材沿墙长度铺设，搭接长度大于等于 100 mm，如图 3-48 所示。此种做法防水效果好，但有卷材隔离，削弱了砖墙的整体性，不应在刚度要求高或地震区采用。

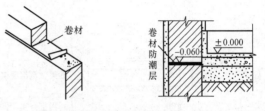

图 3-48　卷材防潮层

如果墙脚采用不透水的材料（如条石或混凝土等），或设有钢筋混凝土地圈梁，可以不设置防潮层。

（3）垂直防潮层的做法。垂直防潮层的做法可参考模块二单元三中地下室墙体垂直防潮层的做法，或参考图 3-49 所示的垂直防潮层的做法。

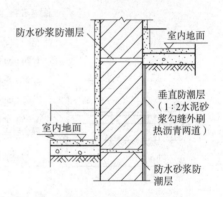

图 3-49　垂直防潮层

3. 散水与明沟

散水是沿建筑物外墙设置的倾斜坡面，坡度一般为 3% ～ 5%。散水又称散水坡或护坡。散水可用水泥砂浆、混凝土、砖、块石等材料做面层，其宽度一般为 600 ～ 1 000 mm，如图 3-50 所示。当屋面为自由落水时，散水宽度应比屋檐挑出宽度大 200 ～ 300 mm。由于建筑物的沉降和勒脚与散水施工时间的差异，在勒脚与散水交接处应留有缝隙，缝内填粗砂或碎石子，上嵌沥青胶盖缝，以防渗水，缝宽为 20 ～ 30 mm。散水和明沟均应设伸缩缝，纵向间距宜按 20 ～ 30 m 设置，缝宽为 20 ～ 30 mm，缝内采用柔性密封材料嵌缝，如图 3-51 所示。

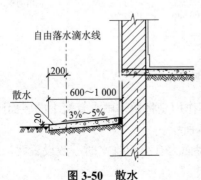

图 3-50　散水

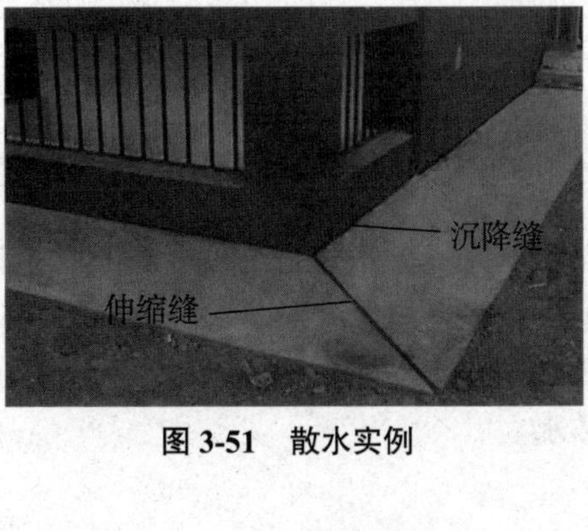

图 3-51　散水实例

散水的做法可参考图 3-52 ～ 图 3-55 中的做法。

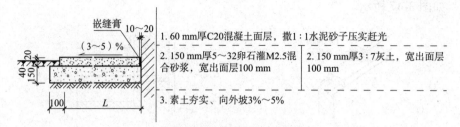

图 3-52 混凝土散水做法

1. 60 mm厚C20混凝土面层，撒1：1水泥砂子压实赶光
2. 150 mm厚5～32卵石灌M2.5混合砂浆，宽出面层100 mm
2. 150 mm厚3：7灰土，宽出面层100 mm
3. 素土夯实，向外坡3%～5%

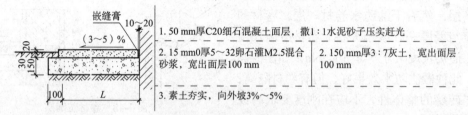

图 3-53 细石混凝土散水做法

1. 50 mm厚C20细石混凝土面层，撒1：1水泥砂子压实赶光
2. 150厚5～32卵石灌M2.5混合砂浆，宽出面层100 mm
2. 150 mm厚3：7灰土，宽出面层100 mm
3. 素土夯实，向外坡3%～5%

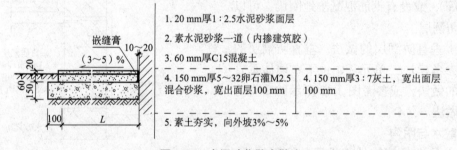

图 3-54 水泥砂浆散水做法

1. 20 mm厚1：2.5水泥砂浆面层
2. 素水泥砂浆一道（内掺建筑胶）
3. 60 mm厚C15混凝土
4. 150 mm厚5～32卵石灌M2.5混合砂浆，宽出面层100 mm
4. 150 mm厚3：7灰土，宽出面层100 mm
5. 素土夯实，向外坡3%～5%

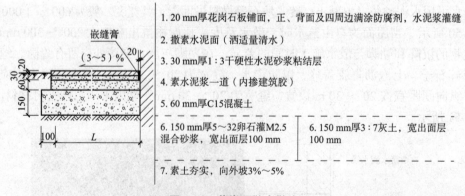

图 3-55 花岗石散水做法

1. 20 mm厚花岗石板铺面，正、背面及四周边满涂防腐剂，水泥浆灌缝
2. 撒素水泥面（洒适量清水）
3. 30 mm厚1：3干硬性水泥砂浆粘结层
4. 素水泥浆一道（内掺建筑胶）
5. 60 mm厚C15混凝土
6. 150 mm厚5～32卵石灌M2.5混合砂浆，宽出面层100 mm
6. 150 mm厚3：7灰土，宽出面层100 mm
7. 素土夯实，向外坡3%～5%

　　明沟又称阴沟，位于建筑物外墙的四周，其作用是将通过雨水管流下的屋面雨水有组织地导向地下排水集井而流入下水道，如图 3-56 所示。
　　房屋四周可采取散水或明沟排除雨水。当屋面为有组织排水时一般设置明沟或暗沟，也可设置散水。

明沟的构造做法可用砖砌、石砌、混凝土现浇，沟底应做纵坡，坡度不宜小于 0.5%，沟深最浅处 ≥ 130 mm，宽度为 200～350 mm。明沟的做法可参考图 3-57～图 3-59 的做法。

4. 变形缝

由于温度变化、地基不均匀沉降和地震因素的影响，使建筑物发生裂缝或破坏。故在设计时应事先将房屋划分成若干个独立的部分，使各部分能自由地变化，这种将建筑物垂直分开的预留缝称为变形缝。墙体结构通过变形缝的设置可分为各自独立的区段。变形缝包括温度伸缩缝、沉降缝和防震缝三种。变形缝的设置要求和构造详见模块八。

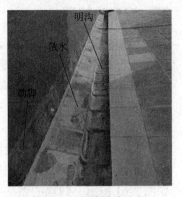

图 3-56　明沟散水实例

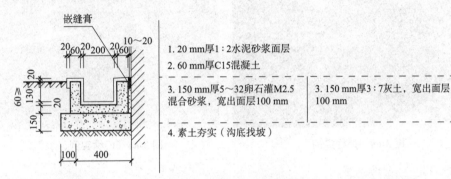

图 3-57　混凝土明沟做法

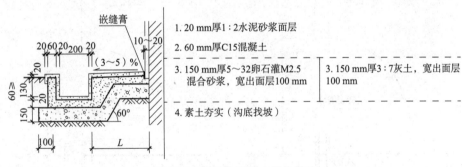

图 3-58　混凝土明沟、散水做法

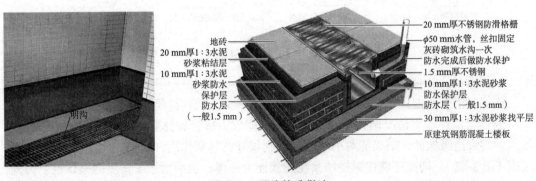

图 3-59　明沟构造做法

五、墙身的加固

1. 壁柱和门垛

当墙体的窗间墙上出现集中荷载，而墙厚又不足以承担其荷载，或当墙体的长度和高度超过一定限度并影响墙体稳定性时，常在墙身局部适当位置增设凸出墙面的壁柱以提高墙体刚度，如图 3-60 所示。壁柱凸出墙面的尺寸一般为 120 mm × 370 mm、240 mm × 370 mm、240 mm × 490 mm 或根据结构计算确定。

当在较薄的墙体上开设门洞时，为便于门框的安置和保证墙体的稳定，须在门靠墙转角处或丁字接头墙体的一边设置门垛，砖砌门垛凸出墙面不少于 120 mm，宽度同墙厚，如图 3-61 所示。门垛的做法可参考图 3-62 的做法。

图 3-60　壁柱实例

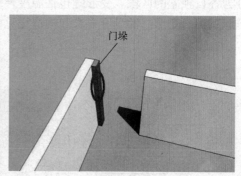

图 3-61　门垛实例

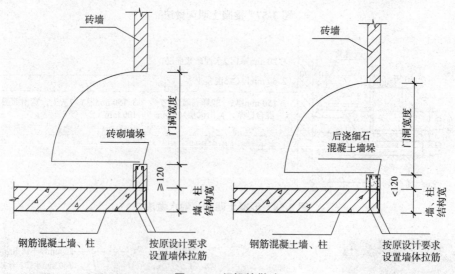

图 3-62　门垛的做法

2. 圈梁

圈梁是沿外墙四周及部分内墙设置在同一水平面上的连续闭合交圈的梁。

通过对以往震害情况调查表明，设置圈梁能大大减轻砌体房屋的破坏程度。作为楼、屋盖的约束边缘构件，圈梁能对单块楼板起到很好的约束作用，增强其刚度，类似水桶的腰箍（图 3-63）。圈梁还能使纵横墙及楼屋盖连为一体，从而增强了房屋的整体性。另外，设置圈梁能够减少墙体的竖向长度，增强了房屋的稳定性。同时，对于抵抗地基的不均匀沉降，圈梁也能起到很好的作用，如图 3-63 所示。

（1）圈梁的设置要求。圈梁在建筑物中设置的位置应结合建筑的高度、层数、地基情况和抗震设防要求等情况综合考虑。圈梁通常设置在建筑物的基础墙处、檐口处和楼板处，当屋面板或楼板与窗洞口间距较小，且抗震设防等级较低时，可以将圈梁设置在窗洞口上皮，兼作过梁使用。单层建筑至少设置一道圈梁，多层建筑一般隔层设置一道圈梁，在地震设防地区，往往要层层设置圈梁。《建筑抗震设计规范（2024年版）》（GB/T 50011—2010）规定了多层砖砌体结构房屋现浇钢筋混凝土圈梁的设置要求和配筋要求，见表 3-2、表 3-3。

图 3-63 圈梁的作用类似腰箍

表 3-2 多层砖砌体房屋现浇钢筋混凝土圈梁设置要求

墙类	烈度		
	6、7	8	9
外墙和内纵墙	屋盖处及每层楼盖处	屋盖处及每层楼盖处	屋盖处及每层楼盖处
内横墙	屋盖处及每层楼盖处；屋盖处间距不应大于 4.5 m；楼盖处间距不应大于 7.2 m；构造柱对应部位	屋盖处及每层楼盖处；各层所有横墙，且间距不应大于 4.5 m；构造柱对应部位	屋盖处及每层楼盖处；各层所有横墙

表 3-3 多层砖砌体房屋圈梁配筋要求

配筋	烈度		
	6、7	8	9
最小纵筋 /mm	$4\phi10$	$4\phi12$	$4\phi14$
箍筋最大间 /mm	250	200	150

圈梁应该在同一水平面上连续、闭合，当被门窗洞口截断时，应就近在洞口上部或下部设置附加圈梁，其配筋和混凝土强度等级不变，如图 3-64 所示。

（2）圈梁的构造。圈梁有钢筋砖圈梁和钢筋混凝土圈梁两种。钢筋砖圈梁多用于非抗震区，结合钢筋砖过梁沿外墙形成。钢筋混凝土圈梁的高度应与砖的块数配合，以方便墙体的连续砌筑，一般不小于 120 mm；圈梁的宽度宜与墙厚相同，且不小于 180 mm，在寒冷地区可略小于墙厚，但不宜小于墙厚的 2/3。钢筋混凝土圈梁在墙身上的位置，外墙圈梁顶一般与楼板持平，铺预制楼板的内承重墙的圈梁一般设置在楼板之下，如图 3-65、图 3-66 所示。

圈梁最好与门窗过梁合一，在特殊情况下当圈梁被门窗洞口截断时，应在洞口上部增设相同截面的附加圈梁，附加圈梁与圈梁搭接长度不应小于其垂直间距的 2 倍，且不得小于 1.0 m，

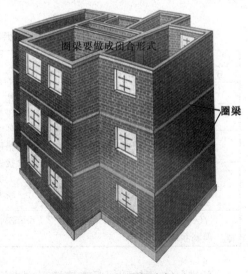

图 3-64 圈梁实例

其配筋和混凝土强度等级均不变，但对有抗震要求的建筑物，圈梁不宜被洞口截断，如图 3-67 所示。

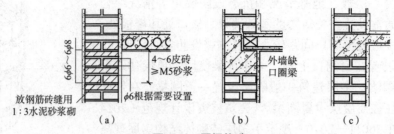

图 3-65 圈梁构造

（a）钢筋砖圈梁；（b），（c）钢筋混凝土圈梁

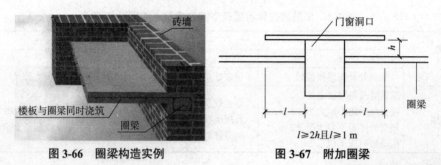

图 3-66 圈梁构造实例

图 3-67 附加圈梁

3. 构造柱

构造柱是设置在墙体内的钢筋混凝土现浇柱，主要作用是与圈梁共同形成空间骨架，以增加房屋的整体刚度，提高抗震能力，如图 3-68 所示。钢筋混凝土构造柱一般设在外墙转角处、内外墙交接处、较大洞口两侧及楼梯间和电梯间四角、错层部位横墙与外纵墙的交接处等位置。由于房屋的层数和地震烈度不同，构造柱的设置要求也有所不同。具体设置要求见表 3-4。

图 3-68 构造柱实例

表 3-4 多层砖砌体房屋构造柱设置要求

房屋层数				设置部位	
6 度	7 度	8 度	9 度		
四、五	三、四	二、三		楼、电梯间四角，楼梯斜梯段上下端对应的墙体处；外墙四角和对应转角处；错层部位横墙与外纵墙交接处；大房间内外墙交接处；较大洞口两侧	隔 12 m 或单元横墙与外纵墙交接处；楼梯间对应的另一侧内横墙与外纵墙交接处
六	五	四	二		隔开间横墙（轴线）与外墙交接处；山墙与内纵墙交接处
七	≥六	≥五	≥三		内墙（轴线）与外墙交接处；内墙的局部较小墙垛处；内纵墙与横墙（轴线）交接处

注：较大洞口，内墙指不小于 2.1 m 的洞口；外墙在内外墙交接处已设置构造柱时应允许适当放宽，但洞侧墙体应加强

构造柱必须与圈梁紧密连接形成空间骨架，以增强房屋的整体刚度，提高墙体抵抗变

形的能力，并使砖墙在受震开裂后也能"裂而不倒"，如图 3-69 所示。

多层砖砌体房屋构造柱的最小截面尺寸可采用 180 mm×240 mm（墙厚 190 mm 时为 180 mm×190 mm），构造柱的最小配筋量：纵向钢筋宜为 4φ12，箍筋间距不宜大于 250 mm 且在柱上下端宜适当加密；6、7 度时超过六层、8 度时超过五层和 9 度时，箍筋间距不应大于 200 mm；房屋四角的构造柱应适当加大截面及配筋。

构造柱与墙连接处应砌成马牙槎，沿墙高每隔 500 mm 设 2φ6 水平钢筋和 φ4 分布短筋平面内点焊组成的拉结网片或 φ4 点焊钢筋网片，每边伸入墙内不宜小于 1 m。6、7 度时底部 1/3 楼层，8 度时底部 1/2 楼层，9 度时全部楼层，上述拉结钢筋网片应沿墙体水平通长设置。构造柱与圈梁连接处，构造柱的纵筋应在圈梁纵筋内侧穿过，保证构造柱纵筋上下贯通，如图 3-70 所示。

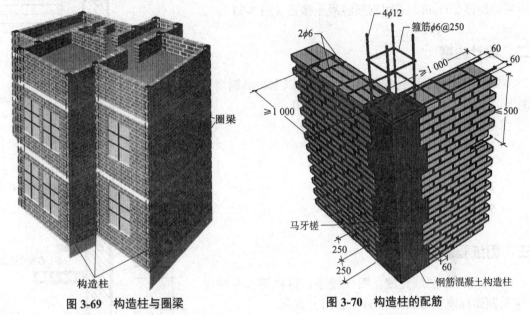

图 3-69　构造柱与圈梁　　　　　　图 3-70　构造柱的配筋

构造柱可不单独设置基础，但应伸入室外地面下 500 mm 或与埋深小于 500 mm 的基础圈梁相连，如图 3-71 所示。

施工时，应先放置构造柱钢筋骨架后砌墙，随着墙体的升高而逐段浇筑混凝土构造柱身，如图 3-72 所示。由于女儿墙的上部是自由端而且位于建筑的顶部，在地震时易受破坏。一般情况下，构造柱应当通至女儿墙顶部，并与钢筋混凝土压顶相连，而且女儿墙内的构造柱间距应当加密。

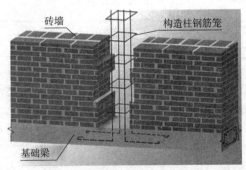
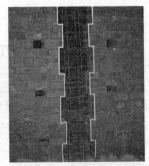

图 3-71　构造柱与基础梁的连接　　　图 3-72　构造柱马牙槎实例

单元三 墙身构造设计

一、设计条件

某两层建筑物，外墙采用砖墙（墙厚由学生根据各地区的特点自定），墙上有窗。室内外高差为 450 mm。室内地坪层次分别为素土夯实，3∶7 灰土厚 100 mm，C10 素混凝土层厚 80 mm，水泥砂浆面层厚 20 mm。采用钢筋混凝土楼板（图 3-73）。

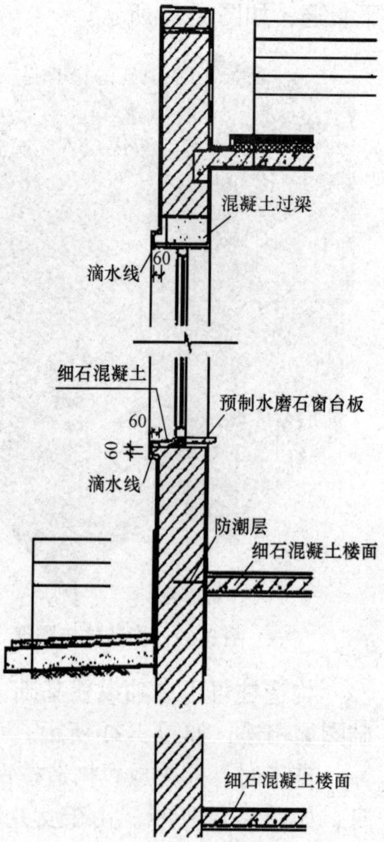

二、设计内容

要求沿外墙窗部位纵剖，直至基础以上，绘制墙身剖面。重点绘制以下大样，比例为 1∶10。

（1）楼板与砖墙结合节点；

（2）过梁；

（3）窗台；

（4）勒脚及其防潮处理；

（5）明沟或散水。

三、图纸要求

用一张 A2 图纸完成。图中线条、材料等，一律按《建筑制图标准》(GB/T 50104—2010) 表示。

四、说明

（1）如果图纸尺寸不够，可在节点与节点之间用折断线断开，也可将五个节点分为两部分布图；

（2）图中必须注明具体尺寸，注明所用材料；

（3）要求字体工整，线条粗细分明。

图 3-73 外墙

单元四 隔墙构造

在建筑中用于分隔室内空间的非承重内墙统称为隔墙。隔墙布置灵活，可以适应建筑使用功能的变化，在现代建筑中应用广泛。由于隔墙为非承重墙，其自身质量由楼板或墙下小梁承受，因此，设计时要求隔墙应符合下列要求，以满足建筑的使用功能：

（1）自重轻，有利于减轻楼板的荷载；

（2）厚度薄，增加建筑的有效空间；

（3）便于安装和拆卸，能随使用要求的改变而变化；

（4）有一定的隔声能力，使各使用房间互不干扰；

（5）满足不同使用部位的要求，如卫生间的隔墙要求防水、防潮，厨房的隔墙要求防潮、防火等。

常见的隔墙可分为块材隔墙、轻隔墙和板材隔墙。

一、块材隔墙

块材隔墙是用烧结普通砖、空心砖、加气混凝土等块材砌筑而成，常采用烧结普通砖隔墙和砌块隔墙两种。目前，框架结构中大量采用的框架填充墙，也是一种非承重块材隔墙，既作为外围护墙，也作为内隔墙使用。

1. 烧结普通砖隔墙

烧结普通砖隔墙有 1/2 砖（120 mm）隔墙和 1/4 砖（60 mm）隔墙两种。1/2 砖隔墙采用全顺式砌筑而成（图 3-74）；1/4 砖隔墙是由烧结普通砖侧砌而成。砌筑砂浆强度等级均不应低于 M5。

由于隔墙的厚度较小，为确保墙体稳定，应控制墙体的长度和高度。当墙体的长度超过 5 m 或高度超过 3 m 时，应采取加固措施；长度超过 6 m 时应设置砖壁柱，高度超过 5 m 时应在门过梁处设通长钢筋混凝土带。为了使隔墙与两端的承重墙或柱固接，隔墙两端的承重墙须预留

图 3-74　烧结普通砖隔墙实例

出马牙槎，并沿墙高每隔 500 ～ 800 mm 埋入 $2\phi6$ 拉结钢筋，伸入隔墙不小于 500 mm。在门窗洞口处，应预埋混凝土块，安装窗框时打孔旋入膨胀螺栓，或预埋带有木楔的混凝土块，用圆钉固定门窗框。为了使隔墙的上端与楼板结合紧密，隔墙顶部采用斜砌立砖或每隔 1 m，用大楔打紧。卫生间、厨房、浴室等处，墙底部宜现浇混凝土坎台，其宽度为墙宽，其高度宜为 200 mm。当设计无要求时，可按构造配筋。

1/2 砖隔墙坚固耐久，有一定的隔声能力，但自重大，湿作业多，施工麻烦；1/4 砖隔墙是用标准砖侧砌而成的，标志尺寸为 60 mm，砌筑砂浆的强度不应低于 M5。其高度不应大于 2.8 m，长度不应大于 3.0 m，如图 3-75 所示。它多用于建筑内部的一些小房间的墙体，如厕所、卫生间的隔墙。1/4 砖隔墙上最好不开设门窗洞口，而且应当采用强度较高的砂浆抹面。

2. 砌块隔墙

目前，我国广泛采用的砌块材料有混凝土、加气混凝土、各种工业废料、粉煤灰、煤矸石、石碴等。最常用的是加气混凝土砌块、粉煤灰硅酸盐砌块、水泥炉渣空心砖等，如图 3-76 所示。我国各地生产的砌块，其规格、类型极不统一，但从使用情况看，以中、小型砌块居多。中型砌块目前在我国采用的有空心砌块和实心砌块之分，其尺寸由各地区使用材料的力学性能和成型工艺确定。

砌块的尺寸一般比较大，砌筑不够灵活。因此，在设计时，应做出砌块的排列，并给出砌块排列组合图，如图 3-77 所示，施工时按图进料和安装。砌筑砌块时，上下皮应

错缝，蒸压加气混凝土砌块搭砌长度不应小于砌块长度的1/3；轻集料混凝土小型空心砌块搭砌长度不应小于90 mm；竖向通缝不应大于2皮。当无法满足搭接长度要求时，应在水平灰缝内设置2φ6钢筋或φ4的钢筋网片加强，加强筋从砌块搭接的错缝部位起，每侧搭接长度不宜小于700 mm。纵横墙交接和外墙转角处均应咬接搭砌。砌块不够整块时宜采用烧结普显砖填补。砌块墙的灰缝宽度一般为10～15 mm，用M5砂浆砌筑，当垂直灰缝大于30 mm时，则需要采用C10细石混凝土灌实。砌块大多具有质轻、孔隙率大、隔热性能好等优点；但吸水性强，因此，砌筑时应在墙下先砌3～5皮烧结普通砖，如图3-78所示。宽度超过300 mm的洞口上部应按规范要求设置过梁，过梁的搁置长度不小于300 mm，如图3-79所示。

图 3-75　1/4 砖隔墙实例　　　　图 3-76　混凝土砌块实例

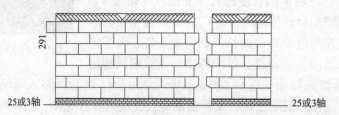

图 3-77　砌体排列组合图

当墙长度大于5 m或大于2倍墙高时，应增设间距不大于3 m的构造柱。不同材料交接处、内外墙交接处、砌体无约束端时、洞口宽度大于2 m处均应设置钢筋混凝土构造柱。顶层外墙或高度超过4 m的墙体，在墙体半高处应设置与墙同宽且与柱或剪力墙连接并沿墙全长贯通的钢筋混凝土水平系梁（腰梁），如图3-80所示。无设计要求时，腰梁高度不小于120 mm，纵筋不少于2φ8，并用φ6钢筋进行拉结。当外墙有门窗时，腰梁应与窗台板（或门窗过梁）同高且连通，腰梁之间的间距不大于2 m。

图 3-78　砌体墙砌筑实例

砌体工程的顶层和底层应设置通长现浇钢筋混凝土窗台梁，高度不宜小于120 mm，纵筋不少于4φ10，箍筋φ6@200；其他层在窗台标高处，应设置通长现浇钢筋混凝土板带，板带的厚度不小于60 mm，混凝土强度等级不应小于C20，纵向配筋不宜少于3φ8，如图3-81所示。

图 3-79　砌体墙过梁实例　　　图 3-80　砌体墙砌筑实例　　　图 3-81　混凝土窗台梁实例
（腰梁、构造柱）

二、轻骨架隔墙

轻骨架隔墙由骨架和面板层两部分组成。骨架有木骨架和金属骨架之分；面板有板条抹灰、钢丝网板条抹灰、胶合板、纤维板、石膏板等。由于先立墙筋（骨架），再做面层，故又称为立筋式隔墙。轻骨架隔墙具有自重小、占地面积小、表面装饰方便的特点。

1. 骨架

骨架有木骨架、轻钢骨架、石膏骨架、石棉水泥骨架和铝合金骨架等。

（1）木骨架是由上槛、下槛、墙筋、横撑或斜撑组成的，上、下槛截面尺寸一般为（40～50）mm×（70～100）mm，墙筋之间沿高度方向每隔 1.2 m 左右设置一道横撑或斜撑。墙筋间距为 400～600 mm，当饰面为抹灰时，取 400 mm，饰面为板材时取 500 mm 或 600 mm，如图 3-82、图 3-83 所示。木骨架具有自重轻、构造简单、便于拆装等优点，但防水、防潮、防火、隔声性能较差，并且耗费大量木材。

（2）轻钢骨架是由各种形式的薄壁型钢加工制成的，也称为轻钢龙骨。轻钢骨架常采用 0.8～1.0 mm 厚的槽钢或工字钢，截面尺寸一般为 50 mm×（50～150）mm×（0.63～0.8）mm。轻钢骨架与木骨架一样，也是由上下槛、墙筋、横撑或斜撑组成，如图 3-84、图 3-85 所示。它具有强度高、刚度大、质量轻、整体性好、易于加工和大批量生产，且防火、防潮性能好等优点。

（3）石膏骨架、石棉水泥骨架和铝合金骨架，是利用工业废料和地方材料及轻金属制成的，具有良好的使用性能，同时可以节约木材和钢材，应推广采用。

图 3-82　木龙骨隔墙构造

（镀锌螺钉　上层楼面　上槛　横档　水踢脚板　壁纸或刷浆　石膏板　楼（地）面　下槛）

图 3-83　木龙骨实例

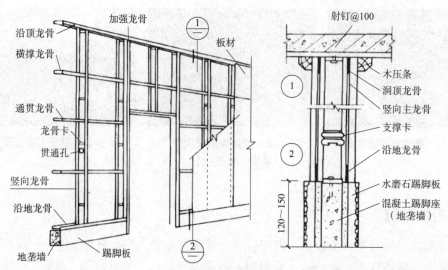

图 3-84 轻钢龙骨构造

骨架的安装过程是先用射钉将上、下槛固定在楼板上，然后安装木龙骨或轻钢龙骨（墙筋和横撑），竖龙骨（墙筋）的间距为 400～600 mm。

2. 面层

饰面层常用的类型有胶合板、硬质纤维板、石膏板等。根据不同的面板和骨架材料可分别采用钉子、自攻螺钉、膨胀铆钉或金属夹子等，将面板固定于立筋骨架上。隔墙的名称是依据不同的面层材料而定的，如板条

图 3-85 轻钢龙骨实例

抹灰隔墙和人造板面层骨架隔墙等。

（1）板条抹灰隔墙。板条抹灰隔墙是先在木骨架的两侧钉灰板条，然后抹灰。灰板条的尺寸一般为 1 200 mm×24 mm×6 mm，板条间留缝 7～10 mm，以便让底灰挤入板条间缝背面咬住板条。有时为了使抹灰与板条更好地连接，常将板条间距加大，然后钉上钢丝网，再做抹灰面层，形成钢丝网板条抹灰隔墙。由于钢丝网变形小，强度高，与砂浆的黏结力大，因而抹灰层不易开裂和脱落，有利于防潮和防火。

（2）人造板材面层骨架隔墙。人造板材面层骨架隔墙是在骨架两侧镶钉胶合板、纤维板、石膏板或其他轻质薄板构成的隔墙，面板可用镀锌螺钉、自攻螺钉或金属夹子固定在骨架上。为提高隔墙的隔声能力，可在面板间填充岩棉等轻质有弹性的材料。

三、板材隔墙

板材隔墙是指各种轻质板材的高度相当于房间净高，不依赖骨架可直接装配而成的墙体，目前多采用条板，如碳化石灰板、蒸压加气混凝土条板（图 3-86）、多孔石膏条板、纸蜂窝板、水泥刨花板、复合板等，且为减轻自重常做成空心板。条板厚度大多为 60～100 mm，宽度为 600～1 000 mm，长度略小于房间净高。安装

图 3-86 蒸压加气轻质混凝土板
隔墙安装实例

时，条板下部先用小木楔顶紧，然后用细石混凝土堵严，板缝用胶粘剂粘接，并用胶泥刮缝，平整后再做表面装修。由于板材隔墙采用的是轻质大型板材，施工中直接拼装而不依赖骨架，因此，轻质隔墙板已在建筑工程中广泛应用。它具有诸多优点：自重轻、强度高、抗冲击性能好、防水、隔声、隔热、表面平整、尺寸准确工整、便于机械化生产、生产效率高、施工速度快、尺寸大、整体性好，又可装配式施工，且施工效率高等优势。轻质隔墙板的质量通病是墙面容易产生裂缝。

单元五　墙面装修

一、墙面装修的作用

1. 保护墙面

保护墙体，使墙体不直接受到风、霜、雨、雪的侵蚀，提高墙体防潮、抗风化的能力，增强墙体的坚固性、耐久性，延长墙体的使用年限。

2. 改善物理性能

对墙面进行装修处理，增加墙厚，用装修材料堵塞孔隙，可改善墙体的热工性能，提高墙体的保温、隔热和隔声能力，平整、光滑、色浅的内墙装修，可增加光线的反射，提高室内照度和采光均匀度，改善室内卫生条件。利用不同材料的室内装修，会产生对声音的吸收或反射作用，改善室内音质效果。

3. 美观

墙面装修可以提高建筑物立面的艺术效果，往往是通过材料的质感、色彩和线型等的表现，丰富建筑的艺术形象。

二、墙面装修的分类

墙体表面的饰面装修因其位置不同有外墙面装修和内墙面装修两大类型。又因其饰面材料和做法不同，外墙面装修可分为抹灰类、贴面类、涂料类、玻璃（或金属）幕墙等类型；内面装修则可分为抹灰类、贴面类、涂料类和裱糊类等类型。外墙面装修要求采用强度高、抗冻性强、耐水性好及具有抗腐蚀性的材料；内墙面装修材料则因室内使用功能不同，要求有一定的强度、耐水及耐火性。

三、墙面装修的构造做法

（一）清水砖墙

清水砖墙是不做抹灰和饰面的墙面，如图 3-87 所示，即在墙体砌成后，只利用原结构砖墙或混凝土墙的表面进行勾缝或模纹处理的一种墙体装饰装修方法。为防止雨水浸入墙身和整齐美观，可用 1:1 或 1:2 水泥细砂浆勾缝。勾缝的形式有平缝、平凹缝、斜缝、弧形缝等。

图 3-87　清水砖墙实例

（二）抹灰类墙面

抹灰类墙面是以水泥、石灰膏为胶结材料，加入砂或石碴与水拌和成砂浆或石碴浆，如石灰砂浆、混合砂浆、水泥砂浆，以及纸筋灰、麻刀灰等作为饰面材料抹到墙面上的一种操作工艺，如图 3-88 所示。抹灰类墙面是我国传统的饰面做法，其材料来源广泛、施工简便、造价低。通过工艺的改变可以获得多种装饰效果，因此，在建筑墙体装饰中应用广泛。

微课：抹灰

根据面层所用材料的不同，抹灰可分为一般抹灰和装饰抹灰两类。一般抹灰有石灰砂浆抹灰、混合砂浆抹灰、水泥砂浆抹灰、聚合物水泥砂浆抹灰等。装饰抹灰有水刷石面、水磨石面、斩假石（剁斧石）面、干粘石面、拉毛灰、洒毛灰、喷砂、喷涂、滚涂、弹涂等。

图 3-88　墙面抹灰实例

1. 一般抹灰

外墙抹灰的总厚度一般为 20 ~ 25 mm；内墙抹灰的总厚度一般为 15 ~ 20 mm；顶棚抹灰的总厚度一般为 12 ~ 15 mm。为保证抹灰质量，做到表面平整、黏结牢固、色彩均匀、不开裂，施工时须分层操作。抹灰一般分为三层，即底灰（层）、中灰（层）、面灰（层），如图 3-89 所示。

底灰又称刮糙，主要起与基层墙体黏结和初步找平作用，其厚度一般为 10 ~ 15 mm。这一层用料和施工对整个抹灰质量有较大影响，其用料视基层情况而定。当墙体基层为砖、石时，可

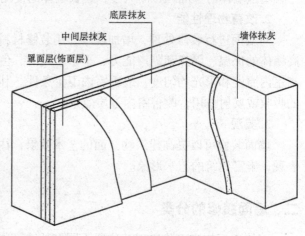

图 3-89　抹灰层构造

采用水泥砂浆或混合砂浆打底；当基层为骨架板条基层时，应采用石灰砂浆做底灰，并在砂浆中掺入适量麻刀（纸筋）或其他纤维，施工时将底灰挤入板条缝隙，以加强拉结，避免开裂、脱落。中层抹灰主要起进一步找平的作用，以减少打底砂浆层干缩后可能出现的裂纹，其厚度一般为 5 ~ 12 mm。面层抹灰主要起装饰美观作用，要求平整、均匀、无裂痕。面层不包括在面层上的刷浆、喷浆或涂料，其厚度一般为 3 ~ 5 mm。

抹灰按质量要求和主要工序划分为三种标准，具体见表 3-5。

表 3-5　抹灰的标准

标准 层次	底灰	中灰	面灰	总厚度 /mm
普通抹灰	1 层	—	1 层	≤ 18
中级抹灰	1 层	1 层	1 层	≤ 20
高级抹灰	1 层	数层	1 层	≤ 25

高级抹灰适用于公共建筑、纪念性建筑，如剧院、宾馆、展览馆等；中级抹灰适用于住宅、办公楼、学校、旅馆，以及高标准建筑物中的附属房间；普通抹灰适用于简易宿舍、仓库等。

2. 装饰抹灰

装饰抹灰常用的有水刷石面（图3-90）、水磨石面（图3-91）、斩假石面、干粘石面、弹涂面等。装饰抹灰多采用石碴类饰面材料，以水泥为胶结材料，以石碴为集料做成水泥石碴浆作为抹灰面层，然后用水洗、斧剁、水磨等方法除去表面水泥浆皮，或者在水泥砂浆面上甩粘小粒径石碴，使饰面显露出石碴的颜色、质感，具有丰富的装饰效果。

图3-90　水刷石墙面实例　　　　图3-91　水磨石墙面实例

（三）贴面类墙面

贴面类墙面是指在内外墙面上粘贴各种天然石板、人造石板、陶瓷面砖等。它具有装饰性强、耐久性好、施工方便、容易清洗等优点；但造价较高，一般用于装修要求较高的建筑。由于材料的形状、质量、适用部位不同，装饰的构造方法也有一定的差异，轻而小的块材可以直接镶贴，大而厚的块材则必须采用挂贴的方式，以保证它们与主体结构连接牢固。

1. 面砖饰面做法

贴面类装修做法可分为外墙做法和内墙做法两种，主要可分为打底找平、敷设黏结层及铺贴饰面三个构造层次，如图3-92、图3-93所示。面砖在粘贴前应先放入水中浸泡，安装前取出晾干或擦干净，具体做法及构造层次参考表3-6、表3-7。

图3-92　外墙饰面砖实例　　　　图3-93　内墙饰面砖实例

名称		用料做法	参考指标
面砖外墙	砖墙	1. 9 mm 厚 1：3 水泥砂浆 2. 6 mm 厚 1：2.5 水泥砂浆找平 3. 5 mm 厚干粉类聚合物水泥防水砂浆，中间压入一层热镀锌电焊网 4. 配套专用胶粘剂黏结 5. 5～7 mm 厚外墙面砖，填缝剂填缝	总厚度：27
	混凝土墙 混凝土砌块墙	1. 刷专用界面剂一道 2. 9 mm 厚 1：3 水泥砂浆 3. 6 mm 厚 1：2.5 水泥砂浆找平 4. 5 mm 厚干粉类聚合物水泥防水砂浆、中间压入一层热镀锌电焊网 5. 配套专用胶粘剂黏结 6. 5～7 mm 厚外墙面砖，填缝剂填缝	总厚度：27
	蒸压加气混凝土砌块墙	1. 2 mm 厚配套专用界面砂浆批刮 2. 9 mm 厚 2：1：8 水泥石灰砂浆 3. 6 mm 厚 1：2.5 水泥砂浆找平 4. 5 mm 厚干粉类聚合物水泥防水砂浆，中间压入一层热镀锌电焊网 5. 配套专用胶粘剂黏结 6. 5～7 mm 厚外墙面砖，填缝剂填缝	总厚度：29

名称		用料做法	参考指标
面砖内墙	砖墙	1. 9 mm 厚 1：3 水泥砂浆 2. 素水泥浆一道（用专用胶粘剂粘贴时无此道工序） 3. 4～5 mm 厚 1：1 水泥砂浆加水重 20% 建筑胶（或配套专用胶粘剂）黏结层 4. 5～7 mm 厚面砖，白水泥擦缝或填缝剂填缝	总厚度：18～21
	混凝土墙 混凝土砌块墙	1. 刷专用界面剂一遍 2. 9 mm 厚 1：3 水泥砂浆 3. 素水泥浆一道（用专用胶粘剂粘贴时无此道工序） 4. 4～5 mm 厚 1：1 水泥砂浆加水重 20% 建筑胶（或配套专用胶粘剂）黏结层 5. 5～7 mm 厚面砖，白水泥擦缝或填缝剂填缝	总厚度：18～21
	蒸压加气混凝土砌块墙	1. 2 mm 厚配套专用界面砂浆批刮 7 mm 厚 1：1：6 水泥石灰砂浆 2. 6 mm 厚 1：0.5：2.5 水泥石灰砂浆 3. 素水泥浆一道（用专用胶粘剂粘贴时无此道工序）4～5 mm 厚，1：1 水泥砂浆加水重 20% 建筑胶（或配套专用胶粘剂）黏结层 4. 5～7 mm 厚面砖，白水泥擦缝或填缝剂填缝	总厚度：24～27

2. 陶瓷马赛克饰面做法

马赛克有陶瓷马赛克和玻璃马赛克之分，如图 3-94 所示。它的尺寸较小，根据其花色品种，可拼成各种花纹图案。它具有造价低、耐腐蚀、耐磨、不吸水、美观、易清洗等特点。铺贴时，先按设计的图案将小块材正面向下贴在（500×500）mm 大小的牛皮纸上，然后牛皮纸面向外将马赛克贴于饰面基层上，待半凝后将纸洗掉，同时修整饰面。马赛克做法可参考表 3-8。

图 3-94　马赛克墙面实例

表 3-8　陶瓷锦砖（马赛克）做法　　　　　　　　　　mm

	名称	用料做法	参考指标
陶瓷锦砖墙面	砖墙	1. 9 mm 厚 1：3 水泥砂浆 2. 素水泥浆一道（用专用胶粘剂粘贴时无此道工序） 3. 3～4 mm 厚 1：1 水泥砂浆加水重 20% 建筑胶（或配套专用胶粘剂）黏结层 4. 4～5 mm 厚釉面砖（陶瓷马赛克），白水泥擦缝或填缝剂填缝	总厚度： 16～18
	混凝土墙 混凝土砌块墙	1. 刷专用界面剂一遍 9 mm 厚 1：3 水泥砂浆 2. 素水泥浆一道（用专用胶粘剂粘贴时无此道工序） 3. 3～4 mm 厚 1：1 水泥砂浆加水重 20% 建筑胶（或配套专用胶粘剂）黏结层 4. 4～5 mm 厚釉面砖（陶瓷马赛克），白水泥擦缝或填缝剂填缝	总厚度： 16～18
	蒸压加气混凝土砌块墙	1. 2 mm 厚配套专用界面砂浆批刮 7 mm 厚 1：1：6 水泥石灰砂浆 6 mm 厚 1：0.5：2.5 水泥石灰砂浆 2. 素水泥浆一道（用专用胶粘剂粘贴时无此道工序）， 3. 3～4 mm 厚 1：1 水泥砂浆加水重 20% 建筑胶（或配套专用胶粘剂）黏结层 4. 4～5 mm 厚釉面砖（陶瓷马赛克），白水泥擦缝或填缝剂填缝	总厚度： 22～24
	轻质隔墙	1. 板面清理干净 2. 素水泥浆一道（用专用胶粘剂粘贴时无此道工序） 3. 3～4 mm 厚 1：1 水泥砂浆加水重 20% 建筑胶（或配套专用胶粘剂）黏结层 4. 4～5 mm 厚釉面砖（陶瓷马赛克），白水泥擦缝或填缝剂填缝	总厚度： 7～9

（四）天然石材和人造石材饰面

石材按其厚度分有两种，通常厚度为 30～40 mm 的称为板材，厚度为 40～130 mm 以上称为块材。常见的天然板材饰面有花岗石、大理石和青石板等，具有强度高、耐久性好等特点，多作高级装饰用。常见人造石板有预制水磨石板、人造大理石板等。对于石材的安装方式主要有干挂、湿贴、湿挂、干贴四种做法。

1. 石材干挂

干挂石材的施工方法是用一组高强度、耐腐蚀的金属连接件做骨架，将饰面石材与结构可靠地连接，其间形成空气间层不做灌浆处理。当石材板材单件质量大于 40 kg 或单块板材面积超过 1 m² 或室内建筑高度在 3.5 m 以上时，墙面和柱面应设计成干挂安装法，如图 3-95 所示。

（1）干挂石材外墙面（无保温）的做法可参考：

1）15 mm 厚 1：3 水泥砂浆找平层；

2）刷 1.5 mm 厚聚合物水泥防水涂料；

3）墙体固定连接件及竖向龙骨；

4）按石材板高度安装配套不锈钢挂件；

5）25～30 mm 厚石材板，用硅酮密封胶填缝。

（2）干挂石材外墙面（带岩棉板保温层）的做法可参考：

1）15 mm 厚 1：3 水泥砂浆找平层；

2）墙体固定连接件及竖向龙骨；

3）岩棉板板两表面及侧面涂刷界面剂，配套胶粘剂粘贴；

4）锚栓锚固岩棉板；

5）抹面胶浆分遍抹压，压入耐碱玻璃纤维网布；

6）刮柔性耐水腻子；

图 3-95　石材干挂现场安装实例

7）按石材高度安装配套不锈钢挂件；

8）25～30 mm厚石材板，用硅酮密封胶填缝。

（3）干挂的优点如下：

1）安全性高：因为是物理固定不是化学固定，所以安全性更高；

2）不返碱：整个石材的固定是通过钢架固定，因此不会出现返碱的情况；

3）抗震强：整个结构是钢骨架受力，所以抗震性也能得到保证。

（4）干挂的缺点如下：

1）成本高：烧钢架的成本特别高，人工费高；

2）施工慢；

3）占空间：钢骨架非常占空间，如果装饰完成面只有5 cm，是无法用干挂工艺来完成的，至少要预留80 mm的空间才能使用干挂工艺。

2. 石材湿挂

湿挂是国标图集里的常见做法，但很少用于室内石材的安装，反而是建筑外墙用这种工艺比较多，如图3-96所示。天然石材和人造石材的安装方法相同，先在墙内或柱内预埋 ϕ6铁箍，间距依石材规格而定，而铁箍内立 ϕ6～ϕ10竖筋，在竖筋上绑扎横筋，形成钢筋网。在石板上下边钻小孔，用双股16号钢丝绑扎固定在钢筋网上。上下两块石板用不锈钢卡销固定。板与墙面之间预留20～30 mm缝隙，上部用定位活动木楔做临时固定，校正无误后，在板与墙之间浇筑1∶3水泥砂浆，待砂浆初凝后，取掉定位活动木楔，继续上层石板的安装。

（1）湿挂的优点。安全性高：通过挂钢丝和灌浆来固定石材，是四种工艺中安全性最高、最稳定的做法。

（2）湿挂的缺点。

1）施工慢：相对来说施工慢，3 m的高度会浇筑3次，每一次至少需要养护24 h，工期较长。

2）成本高：绑钢丝和墙面固定需要人工费，因此需要更多的成本。

3）易空鼓、返碱：通过灌浆的形式来做，容易出现空鼓的情况，而且使用水泥砂浆作为粘接材料，也会出现返碱。

3. 石材干粘

在基层不能沾水的情况下或需要控制成本加快工期时，可以采用结构胶直接粘接石材，如图3-97所示。这种形式在固定家具和小面积空间用得最多。只要基层做平整，结构胶的稳定性是非常好的。

图3-96　石材湿挂现场安装实例　　图3-97　石材干粘实例

（1）干粘的优点：

1）施工快；

2）不占空间；

3）不返碱：相对于水泥砂浆而言，不会返碱；

4）不易空鼓：结构胶的附着力更强，不易空鼓。

（2）干粘的缺点：

1）抗震性差；

2）成本高：干粘的石材胶粘剂都是用结构胶，成本高；

3）对安装高度有要求：干粘对空间的高度也是有要求的，要求在空间高度 ≤ 3.5 m 时使用。

综上所述，在小面积墙面或固定家具面上需要使用石材或瓷砖饰面时，从安全性和性价比方面来考虑，干粘的做法无疑是最优选。

4. 石材湿贴

湿贴就是通过抹灰层找平，再用水泥砂浆或胶泥作为胶粘剂，把石材粘在抹灰层上固定，如图 3-98 所示。常见的用于湿贴的粘接材料主要有胶泥和水泥砂浆这两大类。现在的项目中用水泥砂浆来贴石材或者瓷砖的情况很少了，因为水泥砂浆会出现较多问题，如对温度的适应性差，容易让石材返碱等。而胶泥更牢固，强度更高，胶泥完成面也更薄。所以，现在大多数的实际施工项目，都是以胶泥作为胶粘剂材料。

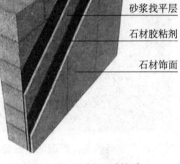

界面剂

砂浆找平层

石材胶粘剂

石材饰面

图 3-98　石材湿贴构造

（五）幕墙类墙面

建筑幕墙指的是建筑物不承重的外墙围护，通常由面板（玻璃、金属板、石板、陶瓷板等）和后面的支承结构（铝横梁立柱、钢结构、玻璃肋等）组成。幕墙不承重但要承受风荷载，并通过连接件将自重和风荷载传递给主体结构。它像幕布一样挂上去，故又称为悬挂墙，是现代大型和高层建筑常用的带有装饰效果的轻质墙体。

幕墙按所用材料可分为玻璃幕墙、金属幕墙和石材幕墙等。其中，应用最广泛的是玻璃幕墙。

玻璃幕墙主要是应用玻璃饰面材料覆盖建筑物的表面。玻璃幕墙的自重及受到的风荷载通过连接件传递到建筑物的结构上。玻璃幕墙自重轻、用材单一、更换性强、效果独特。但考虑到能源损耗、光污染等问题，故不能滥用。

玻璃幕墙所用的材料有幕墙玻璃、骨架材料和填缝材料三种。幕墙玻璃主要有热反射玻璃（镜面玻璃）、吸热玻璃（染色玻璃）、双层中空玻璃及夹层玻璃、夹丝玻璃、钢化玻璃等品种。骨架主要由构成骨架的各种型材，以及连接与固定用的各种连接件、紧固件组成。骨架可以采用型钢骨架、铝合金骨架、不锈钢骨架等。填缝材料一般是由填充材料、密封材料与防水材料组成的。

玻璃幕墙按照连接杆件系统的类型及与幕墙面板的相对位置关系，可分为有框式玻璃幕墙、点式玻璃幕墙和全玻式玻璃幕墙。

1. 有框式玻璃幕墙

幕墙与主体建筑之间的连接杆件系统通常会做成框格的形式。如果框格全部暴露出来，就称为明框幕墙；如果垂直或水平两个方向的框格杆件只有一个方向的暴露出来，就称为半隐框幕墙（包括竖框式和横框式）；如果框格全部隐藏在面板之下，就称为隐框幕墙。

有框式幕墙的安装可分为现场组装式和组装单元式（单元板块式）两种。现场组装式是先将连接杆件系统固定在建筑物主体结构的柱、承重墙、边梁或楼板的预埋铁上，再将面板用螺栓或卡具逐一安装到连接杆上，如图 3-99 所示；组装单元式是在工厂预先将幕墙面板和连接杆件组装成较小的标准单元或较大的整体单元，如层间单元等，然后运送到现场直接安装就位，如图 3-100 所示。

（1）明框玻璃幕墙。明框玻璃幕墙的特点是玻璃镶嵌在铝框内，成为四边有铝框的幕墙构件，幕墙构件固定在横梁上，形成横梁立柱外露、铝框分格明显的立面。明框玻璃幕墙因工作性能可靠，应用最广泛，相对于隐框玻璃幕墙，它更易满足施工技术水平要求，如图 3-101 所示。

图 3-99　现场组装式玻璃幕墙安装　　图 3-100　组装单元式玻璃　　图 3-101　明框玻璃幕墙实例
幕墙安装

（2）半隐框玻璃幕墙。半隐框玻璃幕墙可分为横隐竖不隐或竖隐横不隐两种。其特点是：一对应边采用结构胶黏结成玻璃装配组件，而另一对应边采用铝合金镶嵌槽玻璃装配的方法。玻璃所受的各种荷载，总有一对应边负责通过结构胶传递给铝合金框架，而另一对应边由铝合金型材镶嵌槽传递给铝合金框架，从而避免形成一对应边承受玻璃全部荷载，如图 3-102 所示。

（3）隐框玻璃幕墙。隐框玻璃幕墙的特点是依靠结构胶，将热反射镀膜玻璃黏结在铝型材框架上，外面看不到型材框架。结构胶要承受玻璃的自重、所承受的风荷载和地震作用及温度变化的影响。因此，结构胶是隐框幕墙安全性的关键环节。结构胶必须能有效地黏结所有与之接触的材料（玻璃、铝材、耐候胶、垫块等），这称为相容性，如图 3-103 所示。

图 3-102　半隐框玻璃幕墙实例

2. 点式玻璃幕墙

点式玻璃幕墙不像有框玻璃幕墙那样，面板与框格之间为条状连接。点式玻璃幕墙采用在面板上穿孔的方法，用金属"爪"来固定幕墙玻璃。这种方法多用于需要有大片通透效果的玻璃幕墙上。每片玻璃通常开孔 4～6 个。金属爪可以安装在连接杆件上，也可以安装在具有柔韧性的钢索上。一切连接构件与主体结构之间均为铰接，玻璃之间留出不小于 10 mm 的缝来打胶。这样，在使用过程中有可能产生的变形应力就可以消耗在各个层次的柔性节点上，而不会招致玻璃本身的破坏，如图 3-104 所示。

3. 全玻式玻璃幕墙

全玻式玻璃幕墙是由玻璃肋和玻璃面板构成的玻璃幕墙。玻璃肋垂直于面玻璃设置，并且悬挂在主体结构的受力构件上，特别是较高大的全玻式玻璃幕墙，目的是不使玻璃肋受压。玻璃肋可以落地，也可以不落地，但落地时应该与楼地面及楼地面的装修材料之间留有缝隙，以确保玻璃肋不成为受压构件。玻璃肋与面板之间可以用结构胶黏结，也可以通过其他连接件连接，例如可以用钢爪来连接。为了安全起见，全玻式玻璃幕墙的高度必须控制在相关规范所规定的范围内，如图 3-105 所示。

图 3-103　隐框玻璃幕墙实例　　　图 3-104　点式玻璃幕墙实例　　　图 3-105　全玻璃幕墙实例

（六）涂料类墙面

涂料是建筑市场上各类产品以"涂料"和"油漆"命名的总称谓。涂料类墙面装修是指喷涂、刷于基层表面后，能与基层形成完整而牢固的保护膜的涂层饰面装修。其优点是造价低、装饰性好、工期短、工效高、自重轻、操作简单、维修方便、涂料可以配制成绝大多数需要的颜色，因而在建筑上应用广泛；缺点是耐久性差。涂料的施涂方法有刷涂、滚涂、喷涂和弹涂几种。

建筑涂料的种类很多，按成膜物质可分为有机类涂料、无机类涂料和有机无机复合涂料；按建筑涂料分散介质可分为溶剂型涂料、水溶性涂料和水乳型涂料（乳液型）；按建筑涂料的功能可分为装饰涂料、防火涂料、防水涂料、防腐涂料、防霉涂料和防结露涂料等；按涂料的厚度和质感可分为薄质涂料、厚质涂料和复层涂料等。

1. 无机涂料

常用的无机涂料有石灰浆、大白浆、可赛银浆等水质涂料，适用于一般标准的室内装修。还有无机高分子涂料，它具有耐水、耐酸碱、耐冻融、装饰效果好、价格较高等特点，主要用于外墙面装饰和有耐擦洗要求的内墙面装饰。

2. 有机涂料

有机合成涂料依其主要成膜物质和稀释剂的不同，可分为水溶性涂料、乳液型涂料和溶剂型涂料三种。

（1）水溶性涂料。水溶性涂料有聚乙烯醇水玻璃内墙涂料、聚乙烯醇缩甲醛内墙涂料等。聚乙烯醇涂料是以聚乙烯醇树脂为主要成膜物质的涂料。这类涂料的优点是不掉粉、造价低，施工方便，使用较为普遍，主要用于内墙饰面。由丙烯酸树脂、彩色砂粒、各类辅助剂组成的真石漆涂料是一种具有较高装饰性的水溶性涂料，其膜层质感与天然石材相似，色彩丰富，具有不燃、防水、耐久性好等优点，且施工简便，对基层的限制较少，适用于宾馆、剧场、办公楼等场所的内外墙饰面装饰。

（2）乳液型涂料。乳液型涂料是以各种有机物单体经乳液聚合反应后生成的聚合物，它以非常细小的颗粒分散在水中，形成非均相的乳状液。将这种乳状液作为主要成膜物质配成的涂料称为乳液涂料。当填充料为细小粉末时，所配制的涂料能形成类似油漆漆膜的平滑涂层，故习惯上称为"乳胶漆"。乳液涂料以水为分散介质，无毒、不污染环境。由于涂膜多孔而透气，可在初步干燥的抹灰基层上涂刷。涂膜干燥快，对加快施工进度、缩短工期十分有利。另外，所涂饰面可以擦洗、易清洁、装饰效果好。乳液涂料施工须按所用涂料品种性能及要求（如基层平整、光洁、无裂纹等）进行，方能达到预期的效果。乳液涂料品种较多，可用于内外墙饰面。若掺有类似云母粉、粗砂粒等粗填料所配得的涂料，能形成有一定粗糙质感的涂层，称为乳液厚质涂料，通常用于外墙饰面。

（3）溶剂型涂料。溶剂型涂料是以高分子合成树脂为主要成膜物质，以有机溶剂为稀释剂，加入一定量颜料、填料及辅料，经辊轧塑化，研磨搅拌溶解配制而成的一种挥发性涂料。这类涂料一般有较好的硬度、光泽、耐水性、耐蚀性及耐老化性。但施工时有机溶剂挥发会污染环境，施工时要求基层干燥，除个别品种外，在潮湿基层上施工易产生起皮、脱落。这类涂料主要用于外墙饰面。

建筑涂料的品种繁多，应结合使用环境与不同装饰部位合理选用，如外墙涂料应具有足够的耐水性、耐候性、耐污染性、耐久性；内墙涂料应具有一定硬度，以及耐干擦与耐湿擦性能，以满足人们需要的颜色等装饰效果，潮湿房间的内墙涂料应具有很好的耐水性和耐清洗、耐摩擦性能；用于水泥砂浆和混凝土等基层的涂料，要有很好的耐碱性，以防止基层的碱析出涂膜表面。

涂料由于覆盖性好，一般刷两遍或三遍。油漆一般做一底二面三遍漆或一底三面四遍漆，如图3-106所示。部分涂料类饰面的做法可参考表3-9。

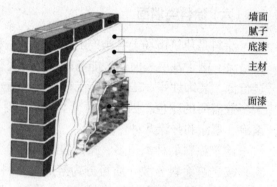

图3-106　涂料类墙面构造

墙面
腻子
底漆
主材
面漆

表3-9　部分涂料类饰面施工做法

编号	名称	用料做法	附注
浆1	石灰浆	1. 清理基层 2. 局部刮腻子，砂纸磨平 3. 石灰浆两遍（质量配合比：石灰：食盐＝100：5）	

编号	名称	用料做法	附注
浆2	大白浆	1. 清理基层 2. 局部刮腻子，砂纸磨平 3. 大白浆二遍（质量配合比：大白粉：龙须菜：胶＝100：2.4：4.4）	大白浆配合比也可为大白粉：建筑胶＝100：（15～20）
浆3	白水泥浆	1. 清理基层 2. 局部刮腻子，砂纸磨平 3. 白水泥浆二遍（质量配合比：白水泥：建筑胶＝100：20）	可用于室内或室外

混凝土或抹灰基层在涂饰涂料前应涂刷抗碱封闭底漆。涂刷溶型剂涂料时基层含水率不得大于 8%，涂刷乳液型涂料时基层含水率不得大于 10%，基层的 pH 值不得大于 10。木材基层的含水率不得大于 12%。

钢结构表面的除锈应满足相关规定，钢木防火涂料品种及厚度应根据耐火极限要求选用。

在纸面石膏板上涂刷涂料或刷浆前，应对石膏板护面纸进行防潮处理。

设计选用材料应是经过国家认证的检测部门检验合格的产品，同时应符合室内环境污染控制指标的要求。对中、高档装修及儿童房用内墙涂料的有害物质限量应有更高技术要求。

涂料有外用和内用之分。外用型涂料应满足高耐候性（含保色性及光泽保持率）、高耐沾污性、高耐洗刷性和低毒性的要求。

（七）裱糊类墙面

裱糊类墙面是将各种装饰性的墙纸、墙布、织锦等饰面材料裱糊在内墙面上的一种装修饰面。饰面材料品种很多，目前国内使用较多的有纯纸壁纸、无纺布壁纸、PVC 壁纸、金属壁纸、树脂类壁纸、硅藻泥壁纸、天然材料壁纸、云母片类壁纸、织物壁纸、玻璃纤维墙布、无纺贴墙布、丝绒和锦缎等，如图 3-107 所示。壁纸在色彩、纹理、图案等方面丰富多样，选择性很大，可形成绚丽多彩、质感温暖、古雅精致、色泽自然逼真等多种装饰效果，且造价较经济、施工简捷高效、材料更新方便，在曲面与墙面转折等处可连续粘贴，获得连续的饰面效果，因此，经常被用于餐厅、会议室、高级宾馆客房和居住建筑的内墙装饰。

裱糊类墙面装饰的做法是墙纸、墙布均可直接粘贴在墙面的抹灰层上。粘贴前先清扫墙面，在基层满刮腻子，待干燥后用砂纸打磨光滑，以使裱糊墙纸的基层表面达到平整光滑，然后用专用胶粘剂将壁纸或墙布粘贴在墙面上。

裱糊的原则为先垂直面，后水平面；先细部，后大面；先保证垂直，后对花拼缝；

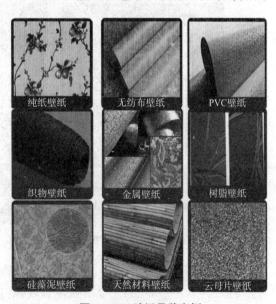

图 3-107 壁纸品种实例

垂直面是先上后下，先长墙面后短墙面；水平面是先高后低。粘贴时，要防止出现气泡，并对拼缝处压实。

（八）铺钉类墙面装修

铺钉类装修是指采用天然木板或各种人造薄板借助于镶钉胶等固定方式对墙面进行装饰处理。其特点是可进行无湿作业，饰面耐久性好，采用不同的饰面板，具有不同的装饰效果，在墙面装饰中应用广泛。常用的面板有细木工板、铝塑板、杉木集成板、防火板、亚克力板、三合板、密度板、石膏板、刨花板等各种装饰面板和近年来应用日益广泛的金属面板，如图 3-108 所示。

常见的构造方法如下：

1. 木质板墙面

木质板墙面是用各种硬木板、胶合板、纤维板及各种装饰面板等做的装修，

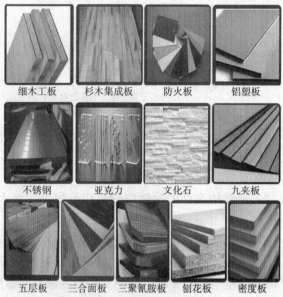

图 3-108　饰面板实例

如图 3-109 所示。其具有美观大方、装饰效果好，且安装方便等优点，但防火、防潮性能欠佳，一般多用作宾馆、大型公共建筑的门厅及大厅面的装修。木质板墙面装修构造是先立墙筋，然后外钉面板。

2. 金属薄板墙面

金属薄板墙面是指利用薄钢板、不锈钢钢板、铝板或铝合金板作为墙面装修材料，以其精密、轻盈，体现着新时代的审美情趣，如图 3-110 所示。

图 3-109　木质板墙面实例

图 3-110　金属薄板墙面实例

金属薄板墙面装修构造，也是先立墙筋，然后外钉面板。墙筋用膨胀铆钉固定在墙上，间距为 60～90 mm。金属板用自攻螺钉或膨胀铆钉固定，也可先用电钻打孔后用木螺钉固定。

单元六　外墙的保温与隔热

适宜的室内温度和湿度状况是人们生活与工作的基本要求。对于建筑物的外墙来说，由于在大多数情况下，建筑物室内外都会存在温差，特别是处于寒冷地区冬季需要采暖的建筑物和处于夏季炎热地区而需要在室内使用空调制冷的建筑物，其外墙两侧的温差在这样的情况下甚至可以达到数十摄氏度之多。因此，在外墙设计中，根据各地的气候条件和建筑物的使用要求，合理解决建筑物外墙的保温与隔热问题，是建筑构造设计的重要内容。

一、建筑物外围护结构热工构造基本知识

热量从高温处向低温处转移的过程中，存在热传导、热对流和热辐射三种方式。其中，热传导是指物体内部高温处的分子向低温处的分子连续不断地传送热能的过程；热对流是指流体（如空气）中温度不同的各部分相对运动而使热量发生转移；热辐射是指温度较高的物质的分子在振动激烈时释放出辐射波，热能按电磁波的形态传递。

建筑物室内外存在温差，尤其是较大温差的情况下，如果要维持建筑物室内的热稳定性，使室内温度在设定的舒适范围内不做大幅度的波动，而且要节省能耗，就必须尽量减少通过建筑物外围护结构传递的热流量。其中，减少外围护结构的表面积及选用导热系数较小，即用传热阻较大的材料来作建筑物的外围护构件，是减少热量通过外围护结构传递的重要途径。

二、外墙的保温措施

为了提高外墙的保温能力减少热损失，可以从以下几个方面采取措施：

1. 通过对材料的选择，提高外墙保温能力，减少热损失

（1）增加墙体厚度，使传热过程延缓，达到保温的目的。例如，在我国北方曾将低层或多层住宅的实心黏土砖墙都做到了 370 mm 或 490 mm 的厚度，这是很不经济的。如今实行墙体改革，禁止使用实心黏土砖，但许多外墙材料的导热系数都比实心黏土砖的导热系数要大。例如，为了达到新颁采暖居住建筑节能设计的标准，若使用烧结多孔砖，其厚度在西安地区就需 370 mm，在北京地区需 490 mm，在沈阳地区需 760 mm，在哈尔滨地区甚至需高达 1 020 mm。普通钢筋混凝土墙体的热工性能就更不行了。因此，加大构件厚度并不是好方法。

（2）选用孔隙率高的轻质材料做外墙，如加气混凝土等。这些材料导热系数小，保温效果好，但导热系数小的材料一般都是孔隙多、密度小的轻质材料，大部分没有足够的强度，当外围护结构兼有承重结构的作用时，不适用于直接用作外墙的基材。

（3）采用多种材料的组合墙，形成保温构造系统，解决保温与承重双重问题。外墙保温系统根据保温材料与承重材料的位置关系，有外墙外保温、外墙内保温和夹芯保温三种方式。

1）外墙内保温构造。做在外墙内侧的保温层，一般有以下两种构造方法：

①外墙硬质保温板内贴。具体做法是在外墙内侧用胶粘剂粘贴增强石膏聚苯复合保温板等硬质建筑保温制品，然后在其表面抹粉刷石膏，并在里面压入中碱玻纤涂塑网格布（满铺），最后用腻子嵌平，做涂料。由于石膏的防水性能较差，因此在卫生间、厨房等较潮湿的房间内不宜使用增强聚苯石膏板。

②保温层挂装。保温层可以采用半硬质矿（岩）棉板、矿（岩）棉毡、半硬质玻璃棉板等具有耐火、环保功能的天然纤维材料。护面层可以采用纸面石膏板、无石棉硅酸钙板等材料。具体做法：首先在外墙内侧固定衬有保温材料的保温龙骨，在龙骨的间隙中填入岩棉等保温材料，然后在龙骨表面安装面板。

外墙内保温的优点是不影响外墙外饰面及防水等构造的做法，但需要占据较多的室内空间，减少了建筑物的使用面积，而且用在居住建筑物中，会给用户的自主装修造成一定的麻烦。由于外墙受到的温差大，直接影响墙体内表面应力变化，这种变化一般比外保温墙体大得多。昼夜和四季的更替易引起内表面保温层的开裂，特别是保温板之间的裂缝尤为明显。另外，在热桥处保温困难，容易出现"结露"现象。

2）外墙外保温构造。外墙外保温比起外墙内保温，其优点是可以不占用室内使用面积，而且可以使整个外墙墙体处于保温层的保护之下，冬季不至于产生冻融破坏，延长建筑物寿命，还有利于旧建筑物进行节能改造。同时，基本消除了"热桥"现象，较好地发挥了材料的保温节能功能。但因为外墙的整个外表面是连续的，不像内墙面那样可以被楼板隔开。同时，外墙面又会直接受到阳光照射和雨、雪的侵袭，所以，外墙外保温构造在对抗变形因素的影响和防止材料脱落及防火等安全方面的要求更高。

常用外墙外保温构造有以下三种：

①保温浆料外粉刷。具体做法是先在外墙外表面做一道界面砂浆，然后粉刷胶粉聚苯颗粒保温浆料等保温砂浆。如果保温砂浆的厚度较大，则应在里面钉入镀锌钢丝网，以防止开裂（但满铺金属网时应有防雷措施）。保护层及饰面用聚合物砂浆加上耐碱玻纤布，最后用柔性耐水腻子嵌平，涂刷表面涂料。

②外墙外贴保温板材，如图 3-111 所示。外墙外保温做法主要有在承重墙体的外侧粘贴（钉、挂）膨胀型聚苯乙烯板（EPS）、挤塑型聚苯乙烯板（XPS）、聚氨酯硬泡喷涂（PUR）和粉刷胶粉聚苯颗粒保温砂浆等。挤塑型聚苯乙烯板（XPS）和聚氨酯硬泡喷涂（PUR）的价格稍高，目前应用最多的是膨胀型聚苯乙烯板（EPS）外保温。用于外墙外保温的板材最好是自防水及阻燃型的，如阻燃性挤塑型聚苯板和聚氨酯外墙保温板等，可以省去做隔蒸汽层及防水层等的麻烦，又较安全。此外，出于高层建筑物进一步的防火方面的需要，在高层建筑 60 m 以上高度的墙面上，窗口以上的一段应用矿棉板来保温。

外贴保温板材的外墙外保温构造的基本做法是用胶粘剂与辅助机械锚固方法一起固定保温板材，保护层用聚合物砂浆加上耐碱玻纤布，饰面用柔性耐水腻子嵌平，涂刷表面涂料，如图 3-112 所示。

图 3-111 外墙保温层施工实例

对于砌体墙上的圈梁、构造柱等热桥部位，可以利用砌块厚度与圈梁、构造柱的最小允许截面厚度尺寸之间的差，将圈梁、构造柱与外墙的某一侧做平，然后在其另一侧圈梁、构造柱部位墙面的凹陷处填入一道加强保温材料，如聚苯保温板等，其厚度以与墙面做平为宜。当加强保温材料做在外墙外侧时，考虑适应变形及安全的因素，聚苯保温板等应采用铆钉加固。

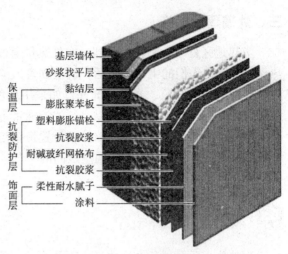

基层墙体
砂浆找平层
黏结层
膨胀聚苯板
塑料膨胀锚栓
抗裂胶浆
耐碱玻纤网格布
抗裂胶浆
柔性耐水腻子
涂料

保温层 抗裂防护层 饰面层

图 3-112 外墙保温构造

③外墙夹芯保温构造。在按照不同的使用功能设置多道墙板或做双层砌体墙的建筑物中，外墙保温材料可以放置在这些墙板或砌体墙的夹层中，或并不放入保温材料，只是封闭夹层空间形成静止的空气间层，并在里面设置具有较强反射功能的铝箔等，起到阻挡热量外流的作用。

2. 防止外墙出现凝结水

空气中含有水蒸气，处于不同温度下的空气，其中所含的水蒸气的质量是不同的。温度越低，空气中含水蒸气的量就越少。因此，当空气的温度下降时，如果其中水蒸气的含量达到了相对饱和，多余的水蒸气就会从空气中析出，在温度较低的物体表面凝结成冷凝水，这种现象称为结露。结露时的临界温度称为露点温度。

由于建筑物外围护结构的两侧存在温差，当室内外空气中的水蒸气含量不相等时，水蒸气分子会从压力高的一侧通过围护结构向压力低的一侧渗透。在这一过程中，如果温度达到了露点温度，在外墙中就有可能出现结露现象，这时材料就受潮。结露现象若发生在保温层中，因为水的导热系数远比干燥的空气要高，这样就会降低材料的保温效果。如果水汽不能够被及时排出，就可能使材料发生霉变，影响其使用寿命。在冬季室外温度较低的情况下，如果水汽进而受冻结冰，体积膨胀，就会使材料的内部结构遭到破坏，称为"冻融性破坏"。

因此，在对建筑物的外墙进行热工设计时，不能不考虑水汽的影响。其基本原则如下：

（1）阻止水汽进入保温材料；

（2）安排通道以使进入建筑物外墙中的水汽能够及时排出。其具体做法视材料的内部结构而定。如果材料内部的孔隙相互之间不连通，或表面具有自防水的功能可以阻止水或水汽进入，就可以不做任何处理。否则应在温度较高的一侧先设置隔汽层，阻止水汽进入墙体，同时，将受阻隔的水汽排到围护结构外。隔汽层常用卷材、防水涂料或薄膜等材料。

3. 防止外墙出现空气渗透

墙体材料一般都不够密实，有许多微小孔洞。墙体上设置的门窗等构件，因安装不严密或材料收缩等，会产生一些贯通性缝隙。由于这些孔洞和缝隙的存在，外墙就会出现空气渗透，为了防止外墙出现空气渗透，一般采取的措施有选择密实度高的墙体材料、墙体内外加抹灰层、加强构件之间的密缝处理等。

三、外墙隔热措施

炎热地区夏季太阳辐射强烈，室外热量通过外墙传入室内，使室内温度升高，产生过热现象，影响人们的工作和生活，甚至损害人的健康。外墙应有足够的隔热能力，具体措施有外墙表面做浅色、光滑的饰面，如采用浅色粉刷、涂层或面砖，以反射太阳辐射热；设置通风间层，形成通风墙，以空气的流通带走大量的热；采用多排孔混凝土或轻集料混凝土空心砌块墙，或采用复合墙体；设置带铝箔的封闭空气间层，利用空气间层隔热。当为单面贴铝箔时，铝箔宜贴在温度较高的一侧。

模块小结

1. 墙体上承屋顶，中搁楼板，下接基础，是组成建筑空间的竖向构件，起着承重、围护、分隔、装饰等作用。墙体必须具有足够的强度和稳定性，要满足隔热、隔声、防火、防水、防潮等方面的要求。

2. 墙体的承重方案有横墙承重、纵墙承重、纵横墙承重及墙与柱混合承重四种类型。

3. 砖墙由砖和砂浆两种材料组成。为了保证墙体的强度，砖墙的组砌原则是砖缝必须横平竖直、错缝搭接，砖缝砂浆饱满、厚薄均匀。

4. 墙体细部构造包括墙身防潮、勒脚、散水、窗台、门窗过梁、圈梁和构造柱等。在墙身中设置防潮层的目的是防止墙身受潮，构造形式上有水平防潮层和垂直防潮层；过梁有砖拱过梁、钢筋砖过梁、钢筋混凝土过梁等形式；圈梁是沿外墙四周及部分内墙的水平方向设置的连续闭合的梁；钢筋混凝土构造柱是从抗震角度考虑设置的，构造柱必须与圈梁紧密连接形成空间骨架，使砖墙在受震开裂后也能"裂而不倒"。

5. 砌块墙在设计时，应做出砌块的排列，并给出砌块排列组合图，施工时按图进料和安装。

6. 在建筑中用于分隔室内空间的非承重内墙统称为隔墙。常见的隔墙可分为块材隔墙、骨架隔墙和板材隔墙。

7. 常见的墙面装修可分为抹灰类、贴面类、涂料类、裱糊类和铺钉类五大类。

知识拓展

女儿墙的由来

在建筑上有一种建筑形式叫作女儿墙。古代对于这种建筑结构有着许许多多富有诗意的描述。

官舍已空秋草没，女墙犹在夜乌啼。 ——刘长卿《登余干城》

淮水东边旧时月，夜深还过女墙来。 ——刘禹锡《石头城》

月落大堤上，女垣栖乌起。 ——李贺《石城晓》

但是为什么给这种结构起名"女儿墙"，女儿墙究竟有什么作用呢？下面做简要介绍。

1. 什么是女儿墙

女儿墙是建筑物屋顶四周围的矮墙。它是建筑墙体中的一种形式，最早叫作女墙，又叫作女垣，实际名称为压檐墙，民间称为城垛子。女儿墙包含窥视之义，是仿照女子"睥睨"形态，在城墙上筑起的墙垛，所以后来便演变成一种建筑专用术语，特指房屋外墙高出屋面的矮墙，在现存的明清古建筑物中我们还能看到，如图3-113所示。

图3-113　古代女儿墙实例

2. 女儿墙的作用

女儿墙的作用除围护、安全外，也会在底处施作防水压砖收头，以避免防水层渗水或屋顶雨水漫流。上人屋顶的女儿墙的作用是保护人员的安全，并对建筑立面起装饰作用。不上人屋顶的女儿墙的作用除起立面装饰作用外，还起固定防水卷材的作用，如图3-114所示。

图3-114　现代建筑女儿墙实例

砌体女儿墙顶部应采用现浇的通长钢筋混凝土压顶。女儿墙压顶主要是为了保持女儿墙的整体性和稳定性，因为砖砌的女儿墙属于竖向悬臂构件，如果端部没有整体性比较好的钢筋混凝土进行约束，就会容易遭到破坏，特别是在外力的作用下，有混凝土压顶的时候，按照楼板顶面算至压顶底面为准。

3. 女儿墙的由来

女儿墙的由来有下面几种说法：

一个古代的砌匠，忙于工作，不得不把年幼的女儿带在左右，一日在屋顶砌筑时，小女不慎坠屋身亡。匠人伤心欲绝，为了防止悲剧再次发生，之后就在屋顶砌筑一圈矮墙，后来人们就起名"女儿墙"。

《辞源》里是这么说的，城墙上面呈凹凸形的小墙；《释名释官室》："城上垣，曰睥睨，……亦曰女墙，言其卑小比之于城。"意思就是因为古代的女子，是卑小的，没有地位的，所以就用来形容城墙上面呈凹凸形的小墙，这就是女儿墙这个名字的由来。

宋《营造法式》上讲"言其卑小，比之于城若女子之于丈夫"就是城墙边上部升起的部分。《三国演义》第五十一回写道："只见女墙边虚所搠旌旗，无人守护。"这里的"女墙"一词，就是指城墙顶部筑于外侧的连续凹凸的齿形矮墙，以在反击敌人来犯时，掩护守城士兵之用。有的垛口上部有瞭望孔，用来瞭望来犯之敌，下部有通风孔。

后来，女儿墙又叫"睥睨"，是指城墙顶上的小墙，建于城墙顶的内侧，一般比垛口低，起拦护作用，是在城墙壁上再设的另一道墙，是"城墙壁的女儿也"。《古今论》记载："女墙者，城上小墙也，一名睥睨，言于城上窥人也。"由此可见，女儿墙不仅与窥人有关，而且还另有一个直露的名字，只是"睥睨"一词太过于生僻，不如"女墙"含蓄，所以后来"女儿墙"叫法流行较广。

刘禹锡在《石头城》一首诗中写道："山围故国周遭在，潮打空城寂寞回。淮水东边旧时月，夜深还过女墙来。"。李渔在《闲情偶记·居室部》中写道："予以私意释之，此名以内之及肩小墙，……，岂妇人女子之事哉？"按照李渔的书中记载的，"女墙"则应是用来防止户内妇人、少女与外界接触的小墙。原来，古时候的女子大多久锁深闺，不能出三门四户。但是小墙高不过肩，又可以窥视墙外之春光美景，况且墙是死的，可人是活的，所以女儿墙又成就了许多才子佳人的故事。后来女儿墙这种建筑形式既成全了古代女子窥视心理的需要，又可以避免被人耻笑的尴尬。女子往往会在一瞥之间，便能一见钟情，发现自己的意中人。

4. 女儿墙的规格

女儿墙的高度取决于是否上人，上人屋面女儿墙高度不应该小于 1.3 m。依建筑技术规则的规定，女儿墙被视作栏杆，如建筑物在 10 层楼以上，高度不得小于 1.2 m，而为避免业主刻意加高女儿墙，方便以后搭盖违建，也规定高度最高不得超过 1.5 m。根据《非结构构件抗震设计规范》（JGJ 339—2015）的规定，女儿墙高度超过 0.5 m 时、人流出入口、通道处或抗震设防烈度 9 度时，出屋面砌体女儿墙应设置构造柱与主体结构锚固，构造柱间距宜取 2.0 ~ 2.5 m；抗震设防烈度为 9 度及高层建筑的女儿墙，不得采用砌体女儿墙。非出入口无锚固砌体女儿墙高度的限值应符合表 3-10 的规定。

表 3-10　非出入口无锚固砌体女儿墙高度限值表

高度限值	设防烈度			
	6 度	7 度	8 度	
			0.20g	0.30g
h/mm	500	500	500	400

若砌体女儿墙高度超过表 3-10 限值，人流出入口及通道处，应设置构造柱，构造柱间距不应大于 2.0 m，且女儿墙高度不应大于 900 mm。

女儿墙的高度有混凝土压顶时，按楼板顶面算至压顶底面为准；无混凝土压顶时，按楼板顶面算至女儿墙顶面为准。女儿墙的构造可参考图 3-115。

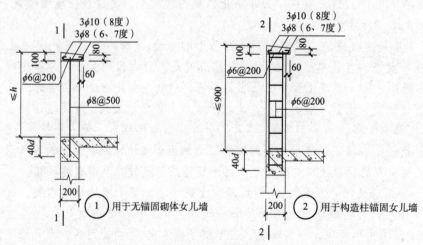

图 3-115　女儿墙构造

d—钢筋直径

复习思考题

一、填空题

1. 当设计最高地下水水位高于地下室地坪时，地下室的外墙和地坪都浸泡在水中，此时地下室应做_____处理。

2. 钢筋混凝土构造柱是从_____角度考虑设置的，其最小截面尺寸为_____。

3. 隔墙按其构造方式不同常分为_____、_____和_____。

4. 在框架结构中，墙是____构件，柱是____构件。

5. 我国标准烧结普通砖的规格_____。

6. 为加强建筑物空间刚度，提高抗震性能，在砖混结构建筑中应设置_____和_____。

7. 墙身水平防潮层一般可分为防水砂浆防潮层、_____、_____三种做法。

8. 一般民用建筑窗台的高度为____。

9. 抹灰墙面装修是由_____、_____和_____三个层次组成。

二、单项选择题

1. 墙体按材料可分为（　　　）。
   A. 砖墙、石墙、钢筋混凝土墙　　　　　B. 砖墙、非承重墙
   C. 实体墙、复合墙、空体墙　　　　　　D. 外墙、内墙

2. 墙体按受力状况可分为（　　　）。
   A. 承重墙、空体墙　　　　　　　　　　B. 内墙、外墙
   C. 实体墙、空体墙、复合墙　　　　　　D. 承重墙、非承重墙

3. 横墙承重方案适用于房间（　　　）的建筑。
   A. 进深尺寸不大　　　　　　　　　　　B. 大空间
   C. 开间尺寸不大　　　　　　　　　　　D. 开间大小变化较多

4. 当室内地面垫层为碎砖或灰土等透水性材料时，其水平防潮层的位置应设置在（　　　）。
   A. 室内地面标高 ±0.00 处　　　　　　B. 室内地面以下 –0.06 m 处
   C. 室内地面以上 +0.06 m 处　　　　　D. 室外地面以下 –0.06 m 处

5. 为防止雨水污染外墙墙身，应采取的构造措施称为（　　　）。
   A. 散水　　　　　　B. 踢脚　　　　　　C. 勒脚　　　　　　D. 墙裙

6. 通常称呼的 37 墙，其实际尺寸为（　　　）mm。
   A. 365　　　　　　B. 370　　　　　　C. 360　　　　　　D. 375

7. 承重墙的最小厚度为（　　　）mm。
   A. 370　　　　　　B. 240　　　　　　C. 180　　　　　　D. 120

8. 钢筋混凝土过梁在洞口两侧伸入墙内的长度，应不小于（　　　）mm。
   A. 120　　　　　　B. 180　　　　　　C. 200　　　　　　D. 240

9. 构造柱的最小截面尺寸为（　　　）。
   A. 240 mm×240 mm　　　　　　　　　B. 370 mm×370 mm
   C. 240 mm×180 mm　　　　　　　　　D. 180 mm×120 mm

10. 对砖混结构建筑，下面做法不能够提高结构抗震性能的是（　　　）。
    A. 钢筋混凝土过梁　　B. 钢筋混凝土圈梁　　C. 构造柱　　　　　　D. 空心楼板

11. 为增强建筑物的整体刚度，可采取（　　　）等措施。
    Ⅰ. 构造柱　　　　　Ⅱ. 变形缝　　　　　Ⅲ. 预制楼板　　　　Ⅳ. 圈梁
    A. Ⅰ、Ⅳ　　　　　B. Ⅱ、Ⅲ　　　　　C. Ⅰ、Ⅱ、Ⅲ、Ⅳ　　D. Ⅲ、Ⅳ

12. 钢筋混凝土构造柱的作用是（　　　　）。
　　A. 使墙角竖直　　　　　　　　　　　　B. 加快施工速度
　　C. 增强建筑物整体刚度　　　　　　　　D. 承受上部荷载

13. 隔墙的主要作用是（　　　　）。
　　A. 承受荷载　　　　B. 分隔空间　　　　C. 保温隔热　　　　D. 遮风避雨

14. 下列做法不属于墙体的加固做法的是（　　　　）。
　　A. 当墙体长度超过一定限度时，在墙体局部位置增设壁柱
　　B. 设置圈梁
　　C. 设置钢筋混凝土构造柱
　　D. 在墙体适当位置用砌块砌筑

15. 散水的构造做法，下列不正确的是（　　　　）。
　　A. 在素土夯实上做 60～100 mm 厚混凝土，其上再做 5% 的水泥砂浆抹面
　　B. 散水宽度一般为 600～1 000 mm
　　C. 散水与墙体之间应整体连接，防止开裂
　　D. 散水宽度比采用自由落水的屋顶檐口多出 200 mm 左右

三、多项选择题

1. 墙体是建筑物的重要组成部分，主要起（　　　　）作用。
　　A. 装饰　　　　　　B. 承重　　　　　　C. 围护　　　　　　D. 分割
　　E. 美观

2. 纵墙承重的优点是（　　　　）。
　　A. 空间组合较灵活　　　　　　　　　　B. 纵墙上开门、窗限制较少
　　C. 整体刚度好　　　　　　　　　　　　D. 楼板所用材料较横墙承重少
　　E. 抗震好

3. 天然大理石墙面的装饰效果较好，通常用于（　　　　）。
　　A. 外墙面　　　　　B. 办公室内墙面　　　C. 门厅内墙面　　　D. 卧室内墙面
　　E. 卫生间内墙面

四、简答题

1. 简述墙体类型的分类方式及类别。
2. 简述砖混结构墙体的几种结构布置方案及特点。
3. 提高外墙的保温能力有哪些措施？
4. 墙体设计在使用功能上应考虑哪些设计要求？
5. 简述砖墙的优点和缺点。
6. 砖墙组砌的要点是什么？
7. 简述勒脚水平防潮层的设置位置、方式及特点。
8. 墙身加固措施有哪些？
9. 砌块墙的组砌要求有哪些？
10. 简述墙面装修的基层处理原则。
11. 简述墙面装修的种类及特点。
12. 举例说明散水与勒脚间的做法（作图表示即可）。

13. 简述标准较高的抹灰类墙面装修中，抹灰层的组成及各层作用。

五、实训任务

1. 写出图 3-116 中墙体各部分细部构造的名称。

图 3-116　墙体各部分细部构造

2. 找出图 3-117 中构造柱的位置并圈出。

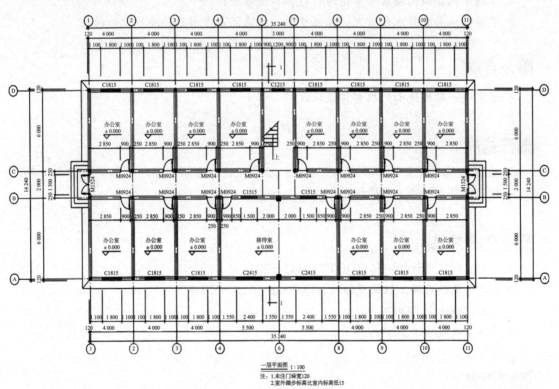

图 3-117　某建筑一层平面图

3. 以校内多层砖混结构的学生公寓为学习对象：

（1）分析各部分墙体的名称、作用及特点；

（2）分析可能采取的承重方案及特点；

（3）分析外纵墙墙身的构造组成并动手绘制墙身构造详图；

（4）观察外墙采用的装修做法；

（5）观察有无变形缝及变形缝处的构造处理。

模块四　楼地层

模块导读

我们每天都接触地面、楼面，已直接感受到楼、地面有各式各样的不同面层，如木地面、水磨石地面、大理石地面、水泥地面、瓷砖地面及塑料地面等，除面层的不同外，地坪层、楼板层还有哪些构造层次？还有哪些不同的楼板类型？顶棚的形式、阳台雨篷的构造又如何？这些都是要认识和了解的。

单元一　认识楼地层

楼地层是楼板层和地坪层的统称，是建筑物中分隔上下楼层的水平构件。楼板层是水平方向的分隔构件，同时也是承重构件，它承受自重和其上的使用荷载，并将其传递给墙或柱，再传递给基础；地坪层是建筑物底层与土壤相接的构件，与楼板层一样承受着作用在其上的全部荷载，并将它们均匀地传递给地基。

一、楼地层的设计要求

1. 具有足够的强度和刚度

强度要求是指楼板层应保证在自重和活荷载作用下安全可靠，不发生任何破坏。这主要是通过结构设计来满足要求。刚度要求是指楼板层在一定荷载作用下不发生过大的变形，以保证正常使用状况。结构规范规定楼板的允许挠度不大于跨度的 1/250，可用板的最小厚度（$1/40L \sim 1/35L$）来保证其刚度。

2. 具有一定的隔声能力

不同使用性质的房间对隔声的要求不同，楼层的隔声量一般为 40 ~ 50 dB。对一些特殊性质的房间（如广播室、录音室、演播室等），隔声要求更高。楼板主要是隔绝固体传声，如人的脚步声、拖动家具、敲击楼板等都属于固体传声。防止固体传声可采取以下措施：

（1）在楼板表面铺设地毯、橡胶、塑料毡等柔性材料。

（2）在楼板与面层之间加弹性垫层，以降低楼板的振动。

（3）在楼板下加设吊顶，使固体噪声不直接传入下层空间。

3. 具有一定的防火能力

楼地层应根据建筑物的等级、对防火的要求等进行设计，保证在火灾发生时，在一定时间内不致因楼板塌陷而给生命和财产带来损失。

4. 具有防潮、防水能力

对有厨房、卫生间等易产生积水的房间或房间长期处于潮湿环境，应处理好楼地层的防潮、防水问题。

5. 满足各种管线的设置

在现代建筑中，各种功能日趋完善，同时必须有更多管线借助楼板层敷设，为使室内平面布置灵活，空间使用完整，在楼板层设计中应充分考虑各种管线的布置要求。

6. 满足建筑经济的要求

选用楼板时应结合当地实际选择合适的结构材料和类型，提高装配化的程度。一般多层建筑中楼板层造价占建筑物总造价的 20% ~ 30%，要合理选配，降低造价。

二、楼地层的组成

1. 楼板层的组成

楼板层主要由面层、结构层和顶棚三部分组成。根据使用的实际需要可在楼板层中设置附加层，如图 4-1 所示。

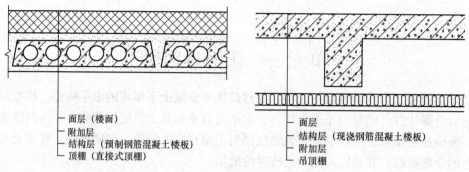

图 4-1 楼板层的组成

（1）面层。面层又称楼面（地面），是人、家具、设备等直接接触的部分，起着保护楼板和室内装饰作用。

（2）结构层。结构层的主要功能在于承受楼板层上的全部荷载并将这些荷载传递给墙或柱；同时，还对墙身起水平支撑作用，以加强建筑物的整体刚度。根据所用材料不同可分为木楼板、砖拱楼板、钢筋混凝土楼板、压型钢板组合楼板等多种类型，如图 4-2 所示。

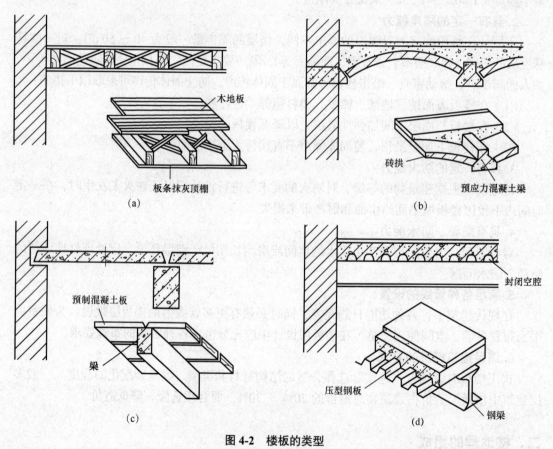

图 4-2 楼板的类型

（a）木楼板；（b）砖拱楼板；（c）钢筋混凝土楼板；（d）压型钢板组合楼板

（3）附加层。附加层又称功能层，根据楼板层的具体要求而设置，主要作用是隔声、隔热、保温、防水、防潮、防腐蚀、防静电等。根据需要，有时和面层合二为一，有时又和吊顶合为一体。

（4）顶棚层。顶棚层位于楼板层最下层，主要作用是保护楼板、安装灯具、遮挡各种水平管线、改善使用功能、装饰美化室内空间。

2. 地坪层的组成

地坪层的基本组成部分有面层、垫层和基层，对特殊要求的，常在面层和垫层之间加附加层，如图 4-3 所示。

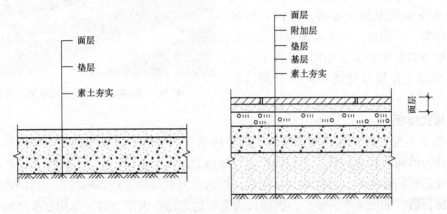

图 4-3　地坪层的组成

（1）面层。面层是人们生活、工作、学习时直接接触的地面层，是地面直接经受摩擦承受各种作用的表面层。根据使用要求，面层应具有耐磨、不起尘、平整、防水、吸热少等性能。

（2）垫层。垫层是指面层和基层之间的填充层，起承上启下的作用，即承受面层传来的荷载和自重并将其均匀地传递给下部的基层。垫层一般采用 60 ～ 100 mm 的 C10 素混凝土，也可用柔性垫层，如砂、粉煤灰等。

（3）基层。基层为地面的承重层，一般为土壤。对土壤条件较好、地层上荷载不大时，一般采用原土夯实或填土分层夯实；当地层上荷载较大时，需要进行换土或夯入碎砖、砾石等，如 100 ～ 150 mm 厚 2∶8 灰土，或碎砖、炉渣、三合土等。

（4）附加层。附加层是为满足某些特殊使用功能要求设置，一般位于面层与垫层之间，如防潮层、保温层、防水层等。

单元二　钢筋混凝土楼板

钢筋混凝土楼板按其施工方法不同，可分为现浇式、装配式和装配整体式三种。现浇钢筋混凝土楼板的整体性好，刚度大，有利于梁板灵活布置，能适应各种不规则形状和需要预留孔洞等特殊要求的建筑物；但模板材料的消耗大，施工速度慢。装配式钢筋混凝土楼板能节省模板，并能改善构件制作时工人的劳动条件，有利于提高劳动生产率和加快施工进度，但楼板的整体性较差，房屋的刚度也不如现浇式的房屋刚度好。一些房屋为节省模板，加快施工进度和增强楼板的整体性，常做成装配整体式楼板。

一、现浇钢筋混凝土楼板

现浇钢筋混凝土楼板整体性好，特别适用于有抗震设防要求的多层房屋和对整体性要求较高的其他建筑，对有管道穿过的房间、平面形状不规整的房间、尺度不符合模数要求的房间和防水要求较高的房间，都适合采用现浇钢筋混凝土楼板，但模板用量大、工序多、工期长，工人劳动强度大，并且施工受季节影响较大，如图4-4所示。现浇钢筋混凝土楼板按构造不同可分为以下五种：

图 4-4　现浇钢筋混凝土楼板施工现场

1. 板式楼板

楼板下不设置梁，直接搁置在墙上的板称为板式楼板。楼板根据受力特点和支承情况，可分为单向板和双向板。当板的长边与短边之比大于2时，由于作用于板上的荷载主要是沿板的短向传递的，因此称为单向板，板内受力钢筋沿短边方向设置，板的长边承担板的全部荷载，如图4-5所示；当板的长边与短边之比不大于2时，作用在板上的荷载是沿板的双向传递的，此时板的四边均发挥作用，因此称为双向板。单向板的代号如B/80，其中B代表板，80代表板厚为80 mm；双向板的代号如图4-6所示，B代表板，100代表板厚为100 mm，双向箭头表示双向板。

板式楼板底面平整、美观、施工方便。其适用于小跨度房间，如走廊、厕所和厨房等。板式楼板厚度一般不超过120 mm，经济跨度在3 000 mm之内。

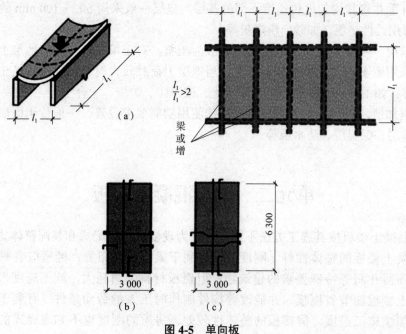

图 4-5　单向板

(a) 单向板；(b) 分离式；(c) 弓起式

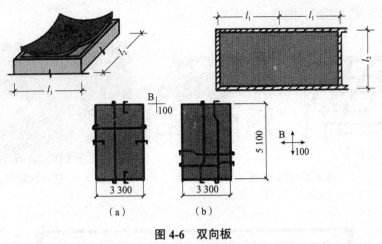

图 4-6 双向板

(a) 分离式；(b) 弓起式

2. 肋梁楼板

肋梁楼板由板、次梁和主梁组成。其荷载传递路线为板→次梁→主梁→柱（或墙），如图 4-7 所示。主梁的经济跨度为 6 ~ 8 m，最大可达 12 m，主梁高为主梁跨度的 1/14 ~ 1/8；主梁宽为高的 1/3 ~ 1/2；次梁的经济跨度为 4 ~ 6 m，次梁高为次梁跨度的 1/18 ~ 1/12，宽度为梁高的 1/3 ~ 1/2，次梁跨度即主梁间距；板厚度的确定同板式楼板，由于板的混凝土用量占整个肋梁楼板混凝土用量的 50% ~ 70%，因此板宜取薄些。板的经济跨度为 1.5 ~ 3 m，单向板板厚一般取板跨的 1/35 ~ 1/30，常取 60 ~ 80 mm；双向板板厚一般取板跨的 1/40 ~ 1/35，常取 80 ~ 160 mm。

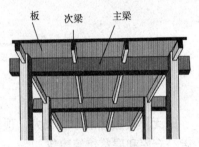

图 4-7 肋梁楼板

3. 井式楼板

井式楼板是肋梁楼板的一种特殊形式。当房间尺寸较大（一般跨度在 10 m 以上），并接近正方形时，常沿两个方向布置等距离、等截面高度的梁（不分主、次梁），板为双向板，形成井格形的梁板结构，纵梁和横梁同时承担着由板传递的荷载。当双向板肋梁楼板的板跨相同，且两个方向的梁截面也相同时，就形成了井式楼板，分为正井式和斜井式，如图 4-8 所示。井式楼板适用于长宽比不大于 1.5 的矩形平面，井式楼板中板的跨度在 3.5 ~ 6 m，梁的跨度可达 20 ~ 30 m，梁截面高度不小于梁跨的 1/15，宽度为梁高的 1/4 ~ 1/2，且不少于 120 mm。井式楼板可以用于较大的无柱空间，利用结构本身形成较美观的顶棚，而且楼板底部的井格整齐划一，很有韵律，具有装饰效果，但需要现浇，且造价较高，多用于公共建筑物的门厅、大厅或跨度较大的房间，如图 4-9 所示。梁跨一般在 10 m 左右，根据需要也可以增加至 20 ~ 30 m。如北京政协礼堂井式楼板跨度达 28.5 m。

4. 无梁楼板

无梁楼板为等厚的平板直接支承在柱上，分为有柱帽和无柱帽两种。当楼面荷载比较小时，可采用无柱帽楼板；当楼面荷载较大时，必须在柱顶加设柱帽，如图 4-10 所示。无梁楼板的柱可设计成方形、矩形、多边形和圆形；柱帽可根据室内空间要求和柱截面形式进行设计；板的最小厚度不小于 120 mm 且不小于板跨的 1/35 ~ 1/32。无梁楼板的柱网一般布置为正方形或矩形，间跨一般不超过 6 m。

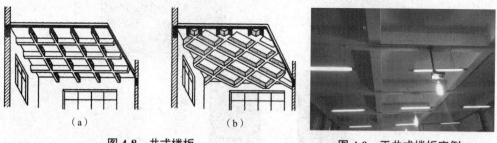

图 4-8　井式楼板

（a）正井式；（b）斜井式

图 4-9　正井式楼板实例

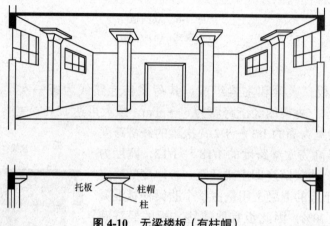

图 4-10　无梁楼板（有柱帽）

无梁楼板楼层净空较大，顶棚平整，采光通风和卫生条件较好，适于活荷载较大的商店、仓库和展览馆等建筑。

5. 压型钢板组合楼板

压型钢板组合楼板是利用截面为凹凸相间的压型钢板（图 4-11）做衬板与现浇混凝土面层浇筑在一起支承在钢梁上成为整体性很强的一种楼板。这种楼板主要由楼面层、组合板（包括现浇混凝土与钢衬板）及钢梁等若干部分组成，如图 4-12、图 4-13 所示。

图 4-11　压型钢板实例

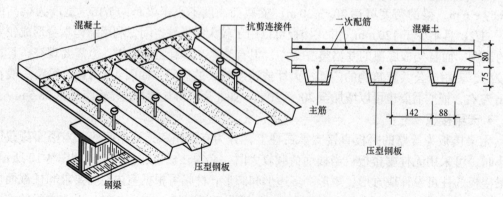

图 4-12　压型钢板组合楼板构造

压型钢板组合楼板的特点是压型钢板起到了现浇混凝土的永久性模板和受拉钢筋的双重作用，同时，又是施工的台板，简化了施工程序，加快了施工进度。另外，还可以利用压型钢板肋间的空间敷设电力管线或通风管道。

图 4-13　压型钢板实例

二、预制装配式钢筋混凝土楼板

预制装配式钢筋混凝土楼板是指在构件预制加工厂或施工现场外预先制作，然后运输到工地现场进行安装的钢筋混凝土楼板。预制装配式钢筋混凝土楼板具有节省模板，便于机械化施工，施工速度快，劳动强度低，生产率高，工期大大缩短的优点，但其整体性差。由于有利于建筑工业化水平的提高，故应大力推广。预制板的长度一般与房屋的开间或进深一致，为 3M 的倍数；板的宽度一般为 1M 的倍数；板的截面尺寸须经结构计算确定。

1. 板的类型

预制钢筋混凝土楼板有预应力和非预应力两种。**预制钢筋混凝土楼板常用类型有实心平板、槽形板、空心板三种。**

（1）实心平板。预制实心平板规格较小，厚度一般为 50～80 mm，板的跨度一般小于 2.4 m，板宽度为 500～900 mm。预制实心平板具有板面上、下平整，制作简单等优点；但由于板跨小，隔声效果差，若板跨增加，板也较厚，故经济性差。其适用于小跨度铺板，多用于建筑物内的走道、厨房、卫生间、阳台等处，也常用作架空隔板和管沟盖板，如图 4-14 所示。

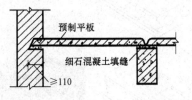
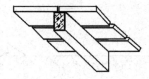

图 4-14　预制钢筋混凝土实心平板

（2）槽形板。槽形板是一种肋、板结合的预制构件，即在实心板的两侧设有边肋，作用在板上的荷载都由边肋来承担，板宽为 500～1 200 mm，非预应力槽形板跨长通常为 3～6 m，板肋高为 120～240 mm，板厚一般为 30～35 mm。槽形板减轻了板的自重，具有省材料、便于在板上开洞等优点；但隔声效果差，不够美观，常用于实验室、厨房、厕所、屋顶等位置，如图 4-15 所示。

图 4-15　预制槽形板实例

槽形形板依板的槽口向下和向上分别称为正槽板（正置）和反槽板（倒置），如图 4-16 所示。正置是指肋向下搁置，板受力合理，板底不平，不利于室内采光，一般装修时需要设置吊顶棚；倒置是指肋向上搁置，板底平整，但需做面板，板受力不合理，考虑到楼板的隔声和保温，需要在槽内填充轻质多孔材料。

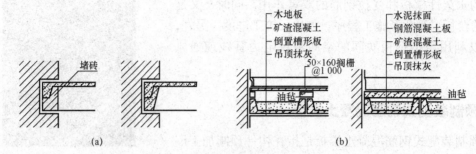

图 4-16　槽形板构造

(a) 正槽板板端支承在墙上；(b) 反槽板的楼面及顶棚构造

（3）空心板。空心板是将板沿纵向抽孔而成。空心板是一种梁、板结合的预制构件，其结构计算理论与槽形板相似，两者的材料消耗也相近。根据板内抽孔方式的不同，有矩形孔板、圆孔板、椭圆孔板等，如图 4-17 所示。矩形孔板能节约一定量的混凝土，但脱模困难且易出现板面开裂，很少采用；椭圆孔和圆孔增大了板肋的截面面积，使板的刚度增强对受力有利，但相比之下圆孔抽芯脱模更省事，故目前预制多孔板绝大多数采用圆孔板，如图 4-18 所示。空心板具有板面上下平整，且隔声效果优于槽形板，便于施加预应力，故板跨度大的优点，是目前广泛采用的一种形式。但不能在板上任意开洞，若需要开孔，应在板制作时就预留出孔洞的位置。

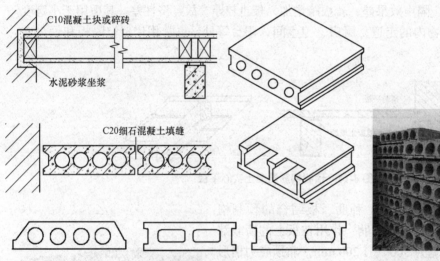

图 4-17　空心板　　　　　　　图 4-18　预制混凝土空心楼板实例

目前，我国预应力空心板的跨度为 2.4 ～ 7.2 m，板的厚度一般为 120 ～ 300 mm，板的宽度为 500 ～ 1 200 mm。空心板在安装前，应在板端的圆孔内填塞混凝土短圆柱（堵头），以避免板端被压坏。

2. 板的结构布置方式

在进行楼板结构布置时，应先根据房间开间、进深的尺寸确定构件的支承方式，然后选择板的规格进行合理的安排。结构布置时应注意以下几点原则：

（1）尽量减少板的规格、类型。板的规格过多，不仅给板的制作增加麻烦，而且施工也较复杂，甚至容易搞错。

（2）为减少板缝的现浇混凝土量，应优先选用宽板，窄板用于调剂。

（3）板的布置应避免出现三面支承情况，即楼板的长边不得搁置在梁或砖墙内，否则，在荷载作用下，板会产生裂缝。

（4）按支承楼板的墙或梁的净尺寸计算楼板的块数，不够整块数的尺寸可通过调整板缝或于墙边挑砖或增加局部现浇板等办法来解决。当缝差超过 200 mm 时，应考虑重新选板或采用调缝板。

（5）遇有上下管线、烟道、通风道穿过楼板时，为防止圆孔板开洞过多，应尽量将该处楼板现浇。

板的结构布置方式可采用墙承重系统和框架承重系统。根据房间的开间、进深大小确定板的支承方式，板沿短向布置较为经济，一般有两种搁置方式：一种是预制板直接搁置在墙上，称为板式结构布置；另一种是预制板搁置在梁上，称为梁板式结构布置。

3. 板的搁置要求

（1）预制板直接搁置在墙上的称为板式布置；若楼板支承在梁上，梁再搁置在墙上的称为梁板式布置。支承楼板的墙或梁表面应平整，其上用厚度为 20 mm 的 M5 水泥砂浆坐浆，以保证安装后的楼板平正、不错动，避免楼板层在板缝处开裂。

（2）为满足荷载传递、墙体抗压要求，预制楼板搁置在钢筋混凝土梁上时，其搁置长度应不小于 80 mm；搁置在内墙上时其搁置长度应不小于 100 mm，搁置在外墙上时其搁置长度应不小于 120 mm。铺板前，先在墙或梁上用 10～20 mm 厚 M5 水泥砂浆找平（坐浆），然后铺板，使板与墙或梁有较好的连接，同时，也使墙体受力均匀，如图 4-19 所示。

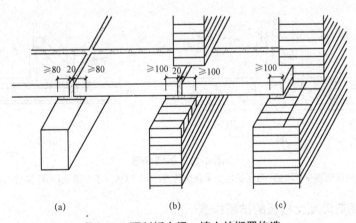

图 4-19　预制板在梁、墙上的搁置构造
（a）梁上搁置；（b）内墙上搁置；（c）外墙上搁置

4. 板缝处理

预制板板缝起着连接相邻两块板协同工作的作用，使楼板成为一个整体。板缝有端缝和侧缝两种。板端缝一般需将板缝内灌以砂浆或细石混凝土，并可以将板端露出的钢筋交错搭接在一起或加钢筋网片，然后用细石混凝土灌缝。板缝一般有 V 形缝、U 形缝和凹槽缝，如图 4-20 所示。在具体布置楼板时，往往出现缝隙，当缝隙小于 60 mm 时，可调节板缝（使其≤30 mm，灌注 C20 细石混凝土）；当缝隙为 60～120 mm 时，可在灌缝的混凝土中加配 2ϕ6 通长钢筋；当缝隙为 120～200 mm 时，设现浇钢筋混凝土板带，且将板带设在墙边或有穿管的部位；当缝隙大于 200 mm 时，需要重新调整板的规格。

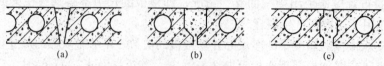

图 4-20　板缝的形式

（a）V 形缝；（b）U 形缝；（c）凹槽缝

5. 楼板上隔墙的处理

预制钢筋混凝土楼板上设置隔墙时，宜采用轻质隔墙，可搁置在楼板的任何位置。当隔墙自重较大时，如采用砖隔墙、砌块隔墙等，应避免将隔墙搁置在一块板上，通常将隔墙设置在两块板的接缝处。当采用槽形板或小梁隔板的楼板时，隔墙可直接搁置在板的纵肋或小梁上；当采用空心板时，须在隔墙下的板缝处设置现浇板带或梁支承隔墙，如图 4-21 所示。

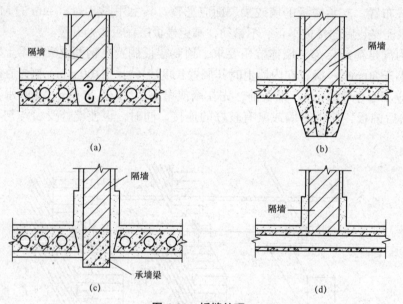

图 4-21　板缝处理

（a）板缝内配钢筋支承隔墙；（b）隔墙支承在纵肋上；（c）隔墙支承在梁上；（d）隔墙与板跨垂直

6. 装配式钢筋混凝土楼板的抗震构造

圈梁应紧贴预制楼板板底设置，外墙则应设置缺口圈梁（L形梁），将预制板箍在圈梁内。当板的跨度大于 4.8 m，并与外墙平行时，靠外墙的预制板边应设置拉结筋与圈梁拉结。

三、装配整体式钢筋混凝土楼板

装配整体式钢筋混凝土楼板是先将楼板中的部分构件预制，现场安装后，再浇筑混凝土面层而形成的整体楼板。这种楼板的特点是整体性好、省模板、施工快，集中了现浇和预制的优点。装配式钢筋混凝土楼板的类型主要包括以下几种。

1. 密肋楼盖

密肋楼盖（密肋楼板）一般是指肋距 ≤ 1.5 m 的单向或双向肋形楼板，由薄板和间距较小的肋梁组成，如图 4-22 所示。双向密肋楼盖由于双向共同承受荷载作用，受力性能较好，楼盖自重小，钢材用量省，技术经济合理，适用于大空间的多层和高层建筑的需要。而且密肋楼盖比较美观，一般不需要另设吊顶。当采用普通钢筋混凝土时，其跨度宜为 12 ~ 15 m。

密肋楼盖的模板一般采用定型模板，即模壳。20 世纪 60 年代前后，国内外工程中就已经出现了钢筋混凝土模壳。20 世纪 60 年代后期又发展了价格较低、质量轻并可重复使用的塑料模壳。后来随着工艺、材质的发展，出现了玻璃钢模壳，这种模壳易于制作成型，并可加工成各种形状，强度较高，刚度大。到了 20 世纪 70 年代中期，又发展了以聚丙烯为原料的新型塑料模壳，如图 4-23 所示。

图 4-22　密肋楼盖实例　　　　　　图 4-23　塑料膜壳实例

近年来，密肋楼板的模板形式、材料又有了新的发展，出现了很多新型模壳、模盒、箱体等产品，尺寸规格多种多样，施工工艺、外观效果也各不相同，设计选用更加灵活，满足了不同建筑功能的需求。

密肋楼盖的特点如下：

（1）适用范围广：适用于跨度和荷载较大的、大空间的多层和高层建筑，如商业写字楼、图书馆、展览馆、教学楼、候机楼、多层工业厂房等大中型建筑，也适用于地下人防工程和地下车库等。

（2）材料省：与一般传统梁板体系相比，可节约钢材和混凝土 30% ~ 40%。

（3）造价低：可降低楼板造价 1/3 左右。

（4）性能好：与一般的平板、无梁楼板等相比，密肋楼板的刚度大、变形小、抗震性能好。

（5）外形新颖美观：当密肋楼盖的肋距大于 1.0 m 时，外形新颖，可满足建筑的美观要求，可以不吊顶，并可相应降低层高，从而可较多地节约材料和降低造价。对多层和高层建筑则更为有利。

（6）施工简便、速度快：密肋模壳是定型模板，配上工具式支承系统，支模很方便，工人易于掌握，可不需专门的木模技术工人。浇灌混凝土后，不必拆除模壳，楼板施工速度较快，可以 5 天左右完成一层混凝土密肋楼板。

（7）降低层高和建筑自重：由于减少了楼板的混凝土量，楼板自重大为降低，也节省了吊顶、降低了层高，建筑自重也减少较多。又由于支承楼板建筑物的梁、柱、墙和基础荷载也相应减少，这样又可减少构件截面、减少配筋，节约混凝土和钢材，降低造价。在地下人防和车库的工程中由于层高的降低，可以减少土方工作量，特别是在高地下水水位的地方，可以有效降低地下水的浮力，从而达到不需要或减少抗浮措施所需的工程建设成本。

2. 叠合楼板

现浇钢筋混凝土楼板的整体性好但施工速度慢、耗费模板、不经济。装配式钢筋混凝土楼板的整体性差但施工速度快、省模板。预制薄板与现浇混凝土面层叠合而成的装配整体式楼板也称叠合式楼板是一种模板、结构混合的楼板形式，属于半预制构件，如图 4-24 所示。叠合式楼板的预制钢筋混凝土薄板既是永久性模板承受施工荷载，也是整个楼板结构的一个组成部分，在工地安装到位后要进行二次浇筑，从而成为整体实心楼板。二次浇筑完成的混凝土楼板总厚度为 12～30 cm，实际厚度取决于跨度与荷载。伸出预制混凝土层的桁架钢筋和粗糙

图 4-24　预制叠合楼板实例

的混凝土表面保证了叠合楼板预制部分与现浇部分能有效结合成整体。叠合楼板既省模板，整体性又较好，但施工麻烦。预应力钢筋混凝土薄板内配以高强度钢丝作为预应力筋，同时也是楼板的跨中受力钢筋，板面现浇混凝土叠合层，只需配置少量的支座负弯矩钢筋。所有楼板层中的管线均事先埋在叠合层内，现浇层内预制薄板底面平整，作为顶棚可直接喷浆或粘贴装饰顶棚壁纸。预制薄板叠合楼板目前已在住宅、宾馆、学校、办公楼、医院及仓库等建筑中应用。

叠合楼板应按《混凝土结构设计标准（2024 年版）》（GB/T 50010—2010）进行设计，叠合板的预制板厚度不宜小于 60 mm，后浇混凝土层厚度不应小于 60 mm，以保证楼板整体性要求并考虑管线预埋、面筋铺设、施工误差等因素。自可靠的构造措施的情况下，如预设桁架钢筋增加其预制板刚度等，可以考虑将其厚度适当减少。当板跨度较大时，为了增加预制板的整体刚度和水平界面抗剪性能，可在预制板内设置桁架钢筋。钢筋桁架可作为楼板下部的受力钢筋使用。

叠合单向板楼盖构造简单、施工方便，被广泛地应用于装配式建筑中；而叠合双向板虽然施工较单向板复杂，但受力性能更为合理、板整体刚度也较高。叠合楼板跨度一般为 4～6 m，最大可达 9 m，通常以 5.4 m 以内较为经济。预应力薄板厚度一般为 60～70 mm，板宽为 1.1～1.8 m。为了保证预制薄板与叠合层有较好的连接，薄板上表面需做处理，在薄板表面露出较规则的三角形的结合钢筋。现浇叠合层的混凝土强度等级为 C20，厚度一般为 70～120 mm。叠合楼板的总厚度取决于板的跨度，一般为 150～250 mm，楼板厚度以薄板厚度的 2 倍为宜。

单元三　楼地面构造

楼板层的面层和地坪层的面层统称为地面，区别只是下面的基层有所不同，底层面层通常做在垫层上，楼板层则做在结构层上。

一、地面设计要求

1. 具有足够的坚固性

地面应保证在各种外力作用下不易被磨损且表面平整光洁、宜清扫、不起灰,并对楼地层的结构层起保护作用。

2. 保温性能好

从人们使用的角度考虑,地面选用的装修材料导热系数宜小,以免冬季时走在上面感到寒冷。

3. 具有一定的弹性

考虑到人行走的感受,面层材料不宜过硬。同时,有弹性的地面对防噪声、撞击均有利。

4. 具有良好的防潮、防火和耐腐蚀性

对于一些特别潮湿的房间,如浴室、卫生间、厨房等,要求抗潮湿、不透水并适当做找坡;有火源的房间,地面应防火、耐燃;有酸碱腐蚀的房间,对地面应采取有防腐蚀措施。

5. 具有经济性

地面在满足使用要求的前提下,应选择经济的构造方案,尽量就地取材,以降低整个房屋的造价。

综上所述,在进行地面和楼面的设计或施工时,应根据房间的使用功能和装修标准,选择适宜的面层和附加层,从构造设计到施工质量确保地面具有坚固、耐磨、平整、不起灰、易清洁、有弹性、隔声、防火、保温、防潮、防腐蚀等特点。

二、地面的构造做法

地面的类型经常是以面层所用材料和做法命名的,由于材料品种繁多,因此地面的种类也很多。根据构造特点,地面可分为四大类型,即现浇整体地面、块材地面、卷材地面和涂料地面。

1. 现浇整体地面

现浇整体地面是指用砂浆、混凝土或其他材料的拌合物在现场浇筑而成的地面。常用的有以水泥为胶凝材料的水泥地面、水磨石地面、混凝土地面,以沥青为胶凝材料的沥青地面等。其中,水泥类现浇整体地面因具有坚固、耐磨、防火、易清洁等优点而得到广泛应用。

(1)水泥砂浆地面。水泥砂浆地面通常用于对地面要求不高的房间或进行二次装饰的商品房的地面,是一种广为采用的低档地面。其原因是水泥砂浆地面构造简单、坚固、能防潮防水,而造价又较低,但水泥地面蓄热系数大,冬天感觉冷,空气湿度大时容易产生凝结水,而且表面无弹性、易起灰、不易清洁,如图 4-25 所示。

水泥砂浆地面通常有单层和双层两种做法。单层做法只抹一层 20 mm 厚 1:2 水泥砂浆压实抹光;双层做法是先以 15 ~ 20 mm 厚 1:3 水泥砂浆打底、找平,再以 5 ~ 10 mm 厚 1:2 或 1:2.5 水泥砂浆抹面,如图 4-26 所示。分层构造虽增加了施工程序,但能保证质量,减少了表面干缩时产生裂纹的可能。

图 4-25　水泥砂浆地面实例

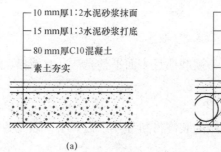
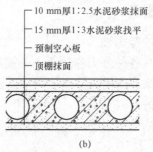

(a) (b)

图 4-26 水泥砂浆地面双层做法

(a) 底层地面；(b) 楼板层地面

（2）细石混凝土地面。细石混凝土地面一般做法是在混凝土垫层或钢筋混凝土楼板上直接做 30～40 mm 厚强度等级不小于 C20 的细石混凝土，待混凝土初凝后，用铁辊滚压出浆，待终凝前撒少量干水泥用铁抹子不少于二次压光，其效果同水泥砂浆地面。

对防水要求高的房间，还可以在楼面中加做一层找平层，而后在其上做防水层，再做细石混凝土面层。

（3）水磨石地面。水磨石地面是用水泥做胶结材料、大理石或白云石等中等硬度石料的石屑做集料而形成的水泥石屑浆浇抹，硬结后，经过磨光打蜡而成。其性能与水泥砂浆地面相似，但耐磨性好、表面光洁、不易起灰、可根据设计要求制成各种图案、装饰效果好。由于造价较高，故常用于卫生间、公共建筑的门厅、走廊楼梯间及标准较高的房间，如图 4-27 所示。

图 4-27 水磨石地面实例

水磨石地面按装饰效果可分为普通水磨石和美术水磨石两种；按施工方法可分为预制和现浇两种。

水磨石地面为分层构造，做法是在基层上刷素水泥浆一道，底层为 20 mm 厚 1∶3 水泥砂浆打底、找平；干燥后用 1∶1 水泥砂浆固定分格条（玻璃条、铜条等），分格条高度为 10 mm；再用 15 mm 厚 1∶2 或 1∶2.5 水泥彩色石子抹面，浇水养护约一周后用磨石机磨光，再用草酸清洗，打蜡保护。水磨石地面分格的作用是可将地面划分成面积较小的区格，减少开裂的可能；分格条形成的图案增加了地面的美观，同时也方便维修，如图 4-28 所示。

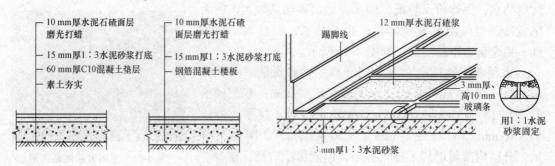

图 4-28 水磨石地面构造

2. 块材地面

块材地面是利用各种人造的和天然的预制块材、板材镶铺在基层上面。

（1）铺砖地面。铺砖地面有烧结普通砖地面、水泥砖地面、预制混凝土块地面等。铺设方式有干铺和湿铺两种。干铺是在基层上铺一层 20～40 mm 厚砂子，将砖块等直接铺设在砂上，板块之间用砂或砂浆填缝；湿铺是在基层上铺 12～20 mm 厚 1∶3 水泥砂浆，用 1∶1 水泥砂浆灌缝，如图 4-29 所示。

（2）缸砖、地面砖及陶瓷马赛克地面。

1）缸砖是陶土加矿物颜料烧制而成的一种无釉砖块，主要有红棕色和深米黄色两种。缸砖质地细密坚硬，强度较高，耐磨、耐水、耐油、耐酸碱，易于清洁，不起灰，施工简单，因此广泛应用于卫生间、盥洗室、浴室、厨房、实验室及有腐蚀性液体的房间地面，如图 4-30 所示。

2）地面砖的种类主要有釉面砖（图 4-31）、无釉砖、抛光砖、玻化砖、渗花砖（微晶石）、仿古砖、陶瓷马赛克等。地面砖的各项性能都优于缸砖且色彩图案丰富，装饰效果好，造价也较高，多用于装修标准较高的建筑物地面。其构造做法可参考图 4-32。

图 4-29　铺砖施工

图 4-30　缸砖实例

图 4-31　釉面砖地面实例

3）陶瓷马赛克一般是由数十块小块的砖组成一个相对的大砖，如图 4-33 所示。马赛克的种类有陶瓷马赛克、石材马赛克、金属马赛克、玻璃马赛克、亚克力马赛克等。它以小巧玲珑、色彩斑斓的特点被广泛使用于室内小面积地面、墙面和室外大小幅墙面与地面。马赛克由于体积较小，故可以做一些拼图产生渐变效果，装饰效果好。陶瓷马赛克质地坚硬，经久耐用，色泽多样，耐磨、防水、耐腐蚀、易清洁，适用于有水、有腐蚀的地面。陶瓷马赛克地面做法：先在基层上刷素水泥浆一道，然后用 20 mm 厚干硬性 1∶3 水泥砂浆找平；最后用 5 mm 厚陶瓷马赛克铺实拍平，用白水泥浆擦缝。

（3）石板地面。石板地面包括天然石材地面和人造石材地面。常用的

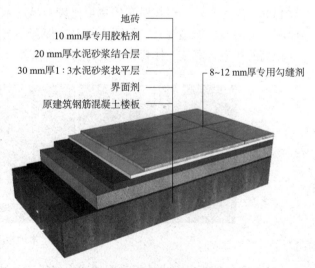

地砖
10 mm厚专用胶粘剂
20 mm厚水泥砂浆结合层
30 mm厚1∶3水泥砂浆找平层
界面剂
原建筑钢筋混凝土楼板
8~12 mm厚专用勾缝剂

图 4-32　地面砖构造做法

天然石板是指大理石和花岗石板，由于它们质地坚硬，色泽丰富艳丽，属于高档地面装饰材料，一般多用于高级宾馆、会堂、公共建筑的大厅、门厅等处，如图4-34所示。

图4-33　陶瓷马赛克地面实例　　　图4-34　天然大理石地面实例

1）大理石：以各类碳酸盐或镁质碳酸盐为主，其质地较软，颜色纯净，花纹变化大，如紫罗红、啡网纹、黑白根等。它富有装饰性，吸水性较好。

2）花岗石：是以岩浆和硅酸盐矿物为主的变质岩开采、加工出来的饰面石材，它的特点是硬度大，耐磨，耐酸碱腐蚀，花纹变化小，可拼性强，吸水性较小，如图4-35所示。

石板地面做法是：先在基层上刷素水泥浆一道后用30 mm厚1∶3干硬性水泥砂浆找平，再用20 mm厚1∶1水泥砂浆铺贴大理石（花岗石）石板，缝中灌注稀水泥浆或彩色水泥浆擦缝。

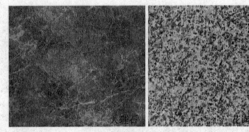

图4-35　大理石、花岗石实例

（4）木地面。普通地板包括实木地板、实木复合地板、强化复合地板、竹地板和软木地板几类，如图4-36所示。不同类地板的铺设工作大同小异，其中又以实木地板的施工难度最大，一般由专业施工人员施工；复合木地板则采取拼装式施工办法，相对方便一点，不是专业人员也可以施工。木地板需要定时打蜡保养，并且要注意防开裂、防潮、防拱起等，较为麻烦，但相对瓷砖更换比较容易。木地面的主要特点是有弹性、不起灰、不返潮、易清洁、保温性好，但耐火性差，保养不善时易腐朽且造价较高，一般用于装修标准较高的住宅、宾馆、体育馆、健身房、剧院舞台等建筑。

图4-36　木地板实例

1）实木地板。实木地板是天然木材经烘干、加工后形成的地面装饰材料，又称原木地板，是用实木直接加工成的地板，如图4-37所示。它具有木材自然生长的纹理，是热的不良导体，能起到冬暖夏凉的作用，具有脚感舒适、使用安全的特点，是卧室、客厅、书房等地面装修的理想材料。目前市场上供应的实木地板规格尺寸均偏长、偏宽，如900 mm×90 mm×18 mm，其实，木地板宜短不宜长，

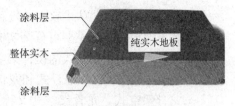

图4-37　实木地板实例

宜窄不宜宽，应选用小于600 mm×75 mm×18 mm的地板，一般厚度是8～12 mm。

2）实木复合地板。实木复合地板是由不同树种的板材交错层压而成的，一定程度上克服了实木地板湿胀干缩的缺点，干缩湿胀率小，具有较好的尺寸稳定性，并保留了实木地板的自然木纹和舒适的脚感。实木复合地板兼具强化地板的稳定性与实木地板的美观性，而且具有环保优势，如图4-38所示。

3）强化复合地板。强化复合地板也称复合木地板、强化地板，由于一些企业出于一些不同的目的，往往会命一些名字，如超强木地板、钻石型木地板等，无论其名称多么复杂、多么不同，这些板材都属于复合地板，国家对于此类地板的标准名称是浸渍纸层压木地板。强化地板又称"金刚板"，如图4-39所示。

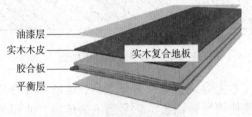

图4-38　实木复合地板实例

图4-39　强化复合地板实例

4）竹地板。竹板拼接采用胶粘剂，施以高温高压而成。地板无毒，牢固稳定，不开胶，不变形。经过脱去糖分、淀粉、脂肪、蛋白质等特殊无害处理后的竹材，具有超强的防虫蛀功能。地板表面采用优质进口耐磨漆密封，阻燃，耐磨，防霉变。地板表面光洁柔和，几何尺寸好，品质稳定，是住宅、宾馆和写字楼等的高级装饰材料，如图4-40所示。

图4-40　竹地板实例

5）软木地板。软木地板被称为"地板的金字塔尖上的消费"，软木主要生长在地中海沿岸及同一纬度的我国秦岭地区，而软木制品的原料就是栓皮栎橡树的树皮（该树皮可再生，地中海沿岸工业化种植的栓皮栎橡树一般7～9年可采摘一次树皮），与实木地板相比更具环保性（全程从原料的采集开始直到生产出成品的全过程）、隔声性，防潮效果也会更好些，带给人极佳的脚感。软木地板柔软、安静、舒适、耐磨，对老人和小孩的意外摔倒，可提供极大的缓冲作用，其独有的隔声效果和保温性能也非常适用于卧室、会议室、图书馆、录音棚等场所，如图4-41所

图4-41　软木地板实例

示。软木地板可分为粘贴式软木地板和锁扣式软木地板。

安装木地板的方式主要可分为实铺式和架空式两种类型。实铺式比较主流的铺设方式是采取悬浮式铺设和胶粘式铺设；架空式比较主流的铺设方式是采取龙骨架空铺设和毛地板架空铺设。其中，又以悬浮式和龙骨架空铺设更为常见。

①龙骨架空式。龙骨架空式又称为木格栅式或木框架式，是用骨架材料来隔开地板与地面，用射钉或木钉固定成纵横交错、间距相等的网格状支架，形状似龙骨，按一定距离铺设的方式，如图4-42、图4-43所示。骨架既起到调平的作用，又起到防潮的作用。龙骨的原材料有很多，其中使用最广泛的是木龙骨，其他还有塑料龙骨、铝合金龙骨、钢筋龙骨等。选材时，还需要考虑功能空间对应的防火要求。

图4-42 架空式木地板安装实例

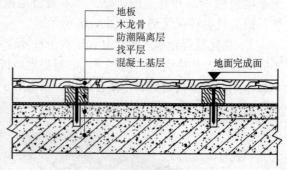

图4-43 架空式木地板构造

龙骨架空式铺装方法适用于实木地板、实木复合地板等，对于舞台、运动场等有弹性要求的地面，只要地板的抗弯强度足够，就能使用龙骨铺装。它是当下最传统、使用最广泛的一种铺设方式。

使用龙骨架空式铺装的优点如下：

a. 脚感舒适：铺装龙骨后的地板，其弹性和舒适度都会大大增加，脚感更舒适。

b. 稳定性强：天然木地板是有生命力的，存在湿涨干缩的特性，如果使用龙骨铺装且与实木地板的铺设方向垂直，实现井字形铺设，可以有效减少实木地板伸缩应力，提升使用稳定性。

c. 健康环保：龙骨铺装，不使用胶水，无甲醛释放，更健康。

d. 经久耐用：打龙骨可以使实木地板不直接接触地面，有一定的空气流通，避免地面潮气直接进入地板内部，起到一定的防潮作用，经久耐用。

实木架空式地板的构造做法如下：

a. 刷油漆（带油漆成品地板无此道工序）。

b. 18 mm厚（50～100 mm宽）实木企口地板。

c. 50 mm×50 mm木龙骨中距400 mm架空20 mm（架空用40 mm×40 mm×20 mm木垫块与木龙骨钉牢，垫块中距400 mm与基层固定）。

d. 现浇钢筋混凝土楼板。

②悬浮式。悬浮式铺设方法不将地板直接固定在地面上，而是在平整的地面上铺设地垫，而后在地垫上将带有锁扣、卡槽的地板拼接成一体的铺设方法。这种方法铺设简单，工期短，易维修保养，地板不易起拱、变形、出现局部损坏等情况，但唯一的缺点就是易受潮，是当前最流行的铺设方法，如图4-44、图4-45所示。

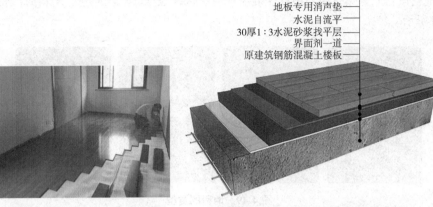

企口型复合木地板
地板专用消声垫
水泥自流平
30厚1:3水泥砂浆找平层
界面剂一道
原建筑钢筋混凝土楼板

图 4-44　悬浮式木地板安装实例　　　　图 4-45　悬浮式木地板构造做法

③胶粘式。胶粘式铺贴法是将地板直接黏结在地面上，这种安装方法快捷，施工时要求地面十分干燥、干净且平整。由于地面平整度有限，过长的地板铺设可能会产生起翘现象，因此这种方法一般安装快捷且美观，但对施工要求高，且易产生起翘现象，只适用于长度在 350 mm 以下的长条形实木及软木地板的铺设，如图 4-46 所示。需要注意的是，一些小块的柚木地板、拼花地板必须采用胶粘式铺贴法。

图 4-46　胶粘式木地板实例

3. 卷材地面

卷材地面常用的有聚氯乙烯塑料地毡和地毯等。

（1）聚氯乙烯塑料地毡（又称 PVC 地板革）是软质卷材，可直接干铺在地面上，如图 4-47 所示。它具有质轻、环保、高弹、抗冲击、防滑、防水、吸声、花色繁多、施工安装简便、性价比高等优点。

（2）地毯是以棉、麻、毛、丝、草等天然纤维或化学合成纤维类原料，经手工或机械工艺进行编结、栽绒或纺织而成的地面敷设物，如图 4-48 所示。它是世界范围内具有悠久历史传统的工艺美术品类之一，也是室内地面家装建材的常用材料之一。与木地板和地砖相比，它可以吸收及隔绝声波，具有良好的吸声和隔声效果，能保持自身居室内的舒适宁静之余，也防止声音太吵而打扰到楼下住户。除此之外，地毯的装饰效果也非常好。地毯地面施工简便，但是最难打理的一种地面材料，需要经常除尘，不易清洗，容易生虫等。地毯常用于住宅、宾馆、体育馆、展览厅、车辆、船舶、飞机等的地面。

图 4-47　PVC 地板革地面施工　　　　图 4-48　地毯地面实例

1）地毯按材质分类有纯毛地毯、混纺地毯、化纤地毯、真丝地毯、塑料或橡胶地毯等，如图4-49所示。

纯毛地毯　　　　化纤地毯　　　　真丝地毯　　　塑料或橡胶地毯

图4-49　地毯的类型

①纯毛地毯。中国的纯毛地毯是以土种绵羊毛为原料，其纤维长，拉力大，弹性好，有光泽，纤维稍粗而且有力，是世界上编织地毯的最好优质原料。

②化纤地毯。化纤地毯又称为合成地毯，可分为尼龙、丙纶、涤纶和腈纶四种。最常见、最常用的是尼龙地毯，它最大特点的是耐磨性强，同时克服了纯毛地毯易腐蚀、易霉变的缺点。它的图案、花色近似纯毛，其中尼龙材质的地毯价格高于其他化纤地毯。

③塑料或橡胶地毯。塑料或橡胶地毯又称为疏水毯，也是极为常见常用的一种。它具有防水、防滑、易清理的特点，通常适用于商场、宾馆、住房大门口及卫浴间。

2）地毯按编制工艺可分为手工地毯和机织地毯。

①手工地毯选用上等羊毛采用人工编织，织毯工作要在地毯的每一根经线上绕两圈打一个结，因而编织出的地毯精致而结实。

②机织地毯也有编织地毯和簇绒地毯两种，各有其特点。编织地毯是把手工地毯工艺应用于机械化生产，使地毯结构比较牢固，且花色图案丰富；簇绒地毯是在底布上栽绒而成。

地毯铺设方式有固定和不固定两种。不固定铺设是将地毯浮搁在基层上，不需将地毯与基层固定。地毯固定铺设的方法又分为两种：一种是胶粘剂固定法；另一种是倒刺板固定法。胶粘剂固定法用于单层地毯，倒刺板固定法用于有衬垫地毯的做法。在铺地毯之前应在基层上刷素水泥浆一道，然后用20 mm厚1∶2.5水泥砂浆找平，最后铺设地毯。

4. 涂料地面

地坪涂料也称为地坪漆，是一种专门用于涂刷地面的涂料。与传统的水泥、地板砖等相比，用地坪涂装材料铺设的地面不仅色彩亮丽，而且整体无缝，可以改善地面环境，减少灰尘和潮湿问题。这种地坪涂料已经从过去厂房、仓库等人群稀少的工业场所广泛应用于现代大型商场、医院、儿童游乐场等人流密集的公共场所。涂料类地面耐磨性好、耐腐蚀、耐水防潮、整体性好、易清洁、不起灰，弥补了水泥砂浆和混凝土地面的缺陷，同时价格低，易于推广，如图4-50所示。

图4-50　涂料地面实例

地坪涂料按使用功能主要可分为装饰性地坪涂料、防腐地坪涂料、耐重载地坪涂料、耐高温等特殊功能地坪涂料等；按主要成膜物质可分为环氧树脂地坪涂料、聚氨酯地坪涂料、过氯乙烯地坪涂料、丙烯酸硅树脂地面涂料等。

（1）环氧树脂自流平地坪涂料可以达到 GMP 规范中对高洁净场所的严苛要求，其以 100% 固含量的特种环氧树脂为基料配制而成，具有绿色环保、光泽度高、一次性成膜厚、漆膜强韧耐磨等优良特性，是洁净度要求高的电子企业厂房、制药企业厂房、医院等场所理想的地坪涂装系统，如图 4-51 所示。

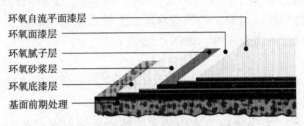

环氧自流平面漆层
环氧面漆层
环氧腻子层
环氧砂浆层
环氧底漆层
基面前期处理

图 4-51　环氧树脂自流平地坪构造做法

（2）聚氨酯地坪涂料属于高固体厚质涂料，它具有优良的防腐蚀性和绝缘性能，特别是有较全面的耐酸碱盐的性能，有较大的强度和弹性，对金属和非金属混凝土的基层表面有较好的黏结力。涂铺的地面光洁不滑，弹性好，耐磨、耐压、耐水，美观大方，行走舒适，不起尘、易清扫，不需要打蜡，可代替地毯使用。它适用于会议室、放映厅、图书馆等人流较多的场合的弹性装饰地面，工业厂房、车间和精密机房的耐磨、耐油、耐腐蚀地面及地下室、卫生间的防水装饰地面。

三、地面的细部构造

1. 踢脚与墙裙

对于地面与墙面交接处的垂直部位，在构造上通常按地面的延伸部分来处理，这部分被称为踢脚线，也称为踢脚板，如图 4-52 所示。它可以起到保护室内墙脚，避免扫地或拖地板时污染墙体；遮蔽电线、缝隙；装饰室内地面的作用。踢脚线的高度一般为 80 ~ 150 mm，所用材料有水泥砂浆、缸砖、瓷砖、水磨石、木材、石材、金属、塑料等，一般应与室内地坪材料一致或相适应。当采用多孔砖或空心砖砌筑墙体时，为保证室内踢脚质量，楼地面以上应改用三皮实心砖砌筑。

踢脚板的构造方式有与墙面相平、凸出、凹进三种，如图 4-53 所示。

图 4-52　踢脚线实例

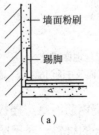

（a）

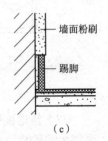

（b）　　　　（c）

图 4-53　踢脚板的构造方式
（a）相平；（b）凸出；（c）凹进

在墙体的内墙面所做的保护处理称为墙裙。一般居室内的墙裙主要起装饰作用，常用水泥砂浆、釉面砖、油漆、胶合板、薄石板、铝塑板等板材来做，高度一般为1.2～1.8 m，如图4-54所示。

2. 地面变形缝构造

地面变形缝包括楼板层与地坪层变形缝。对于一般民用建筑，楼板层、地坪层变形缝的位置和大小应与墙体及屋面变形缝一致，应贯通楼板层和地坪层。其构造特点为方便行走、防火和防止灰尘下落，卫生间等有水环境还应考虑防水处理。在构造上，面层变形缝宽度不应小于10 mm，混凝土垫层的缝宽不小于20 mm，楼板结构层的缝宽同墙体变形缝。缝内填塞有弹性的松软材料，如沥青麻丝，上铺活动盖板或橡皮条等，以防止灰尘下落，地面面层也可以用沥青胶嵌缝，如图4-55所示。

3. 防水构造

在用水频繁的房间，如厕所、盥洗室、浴室、实验室等地面容易积水，且易发生渗漏水现象，因此应做好楼地面的排水和防水。

（1）楼地面排水。为快速排除室内积水，减少地面积水的范围，地面应设置1%～1.5%坡度，不超过5%，具体数值看卫生间纵坡的长度而定。同时应设置地漏，使水有组织地排向地漏，如图4-56所示；为防止用水房间积水外溢，影响其他房间的使用，用水房间地面应比相邻房间的地面低20～30 mm；若不设此高差，即两房间地面等高时，则应在门口做20～30 mm高的门槛，如图4-57所示。

图4-54　墙裙实例

图4-55　地面变形缝实例

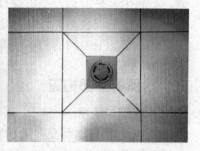

图4-56　楼地面地漏实例

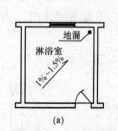

(a)

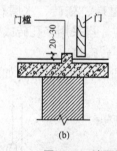

(b)

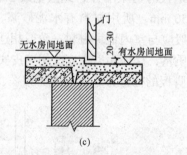

(c)

图4-57　地面排水

(a) 地面排水；(b) 与无水房间地面平齐设门槛；(c) 地面低于无水房间

（2）楼地面防水。有水房间楼板以现浇钢筋混凝土楼板为佳，面层材料通常采用整体现浇水泥砂浆、水磨石或瓷砖等防水性较好的材料。对于防水要求较高的房间，还应在楼板与面层之间设置一道防水层。常见的防水材料有防水卷材、防水砂浆和防水涂料。楼面浴厕、卫生间防水因为管道多、复杂部位多，宜采用涂膜防水，也可采用聚合物水泥防水砂浆或掺外加剂的防水砂浆，对于大面积的楼面防水可采用卷材防水。

防水涂料是一种薄膜，此薄膜是用涂料涂在建筑物上面，经过化学反应形成。通过这层薄膜，建筑物表面与水隔绝，从而起到防水的作用，如图4-58所示。目前市场上大体有两种防水涂料：一种是聚氨酯类防水涂料；另一种是聚合物水泥基防水涂料，最大的特点就是防水性能好。防水涂料耐高温、耐低温，高温可达170 ℃，低温到 –20 ℃不会破裂。这种涂料的黏结性很强，无论是对玻璃还是陶瓷、塑料等材料，都能很好地黏合。在外力作用下也不会分层，黏结力很强，可以形成整体的防水系统。

图4-58　楼地面防水涂料施工实例

厨房、卫生间、阳台等分隔墙或外墙如是砌体墙，墙底应做至少200 mm高的混凝土反坎。为防止房间四周墙脚受水，应将防水层沿周边向上泛起至少150 mm。当遇到门洞时，应将防水层向外延伸250 mm以上，如图4-59所示。

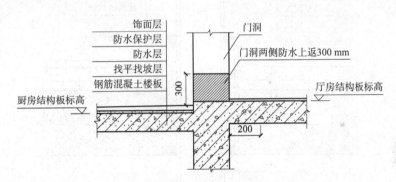

图4-59　厨房、卫生间地面防水构造

有淋浴的卫生间防水高度要做到1.8 m以上，因为一般卫生间的花洒和喷头安装的高度都是在1.8 m左右。在一般的卫生间防水处理中，墙面上也要做大约30 cm高的防水涂料，以防止积水洇透墙面。但如果卫生间的墙面是非承重的轻体墙，就要将整个墙面满涂防水涂料。卫生间里与洗面盆、洗衣机接触的墙面，防水层不低于1.2 m。墙与地面之间的接缝及上下水之间的管道地面接缝处，防水涂料一定要涂抹到位。

卫生间防水施工完毕后应做闭水试验。做法是将卫生间的所有下水堵住，并在门口砌一道25 cm高的"坎"，然后在卫生间中灌入20 cm高的水，保存至少24 h，观察无渗漏现象后方算合格。如有渗漏需重做。

（3）管道穿过楼板的防水构造。当竖向管道穿越楼地面时，也容易产生渗透，处理方法一般有以下两种：

1）对冷水管道的做法：将管道穿过的楼板孔洞用C20干硬性细石混凝土填实，再用涂料或卷材做密封处理，如图4-60所示。

2）当热力管道穿过楼板时：需增设防止温度变化引起混凝土开裂的热力套管，保证热力管自由伸缩，套管应高出楼地面面层30 mm左右，如图4-61、图4-62所示。

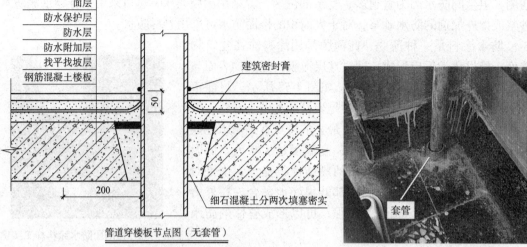

面层
防水保护层
防水层
防水附加层
找平找坡层
钢筋混凝土楼板

建筑密封膏

50

200

细石混凝土分两次填塞密实

管道穿楼板节点图（无套管）

图 4-60 冷水管道穿楼板防水构造

套管

图 4-61 热力套管实例

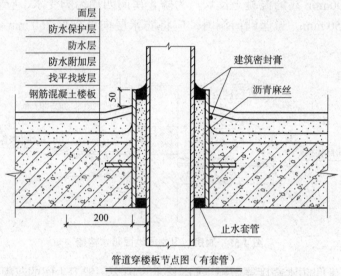

面层
防水保护层
防水层
防水附加层
找平找坡层
钢筋混凝土楼板

建筑密封膏

沥青麻丝

50

200

止水套管

管道穿楼板节点图（有套管）

图 4-62 热水管道穿楼板防水构造

单元四 顶棚构造

顶棚是楼板层下面的装修层，又称大棚，是建筑物室内主要饰面之一。对顶棚的要求是表面光洁、美观，能反射光线，改善室内照度以提高室内装饰效果；对某些有特殊要求的房间，还要求顶棚具有隔声、吸声或反射声音、保温、隔热、管道敷设、维护检修、防火等方面的功能，以满足使用要求。

顶棚的构造形式有直接式顶棚和悬吊式顶棚两种。设计时，应根据建筑物的使用功能、装修标准和经济条件来选择适宜的顶棚形式。

一、直接式顶棚

直接式顶棚是在屋面板或楼板结构底面直接做饰面材料的顶棚。直接式顶棚具有构造简单、构造层厚度小、施工方便、可以取得较高的室内净空，造价较低等特点。但直接式顶棚没有供隐蔽管线、设备的内部空间，故一般用于普通建筑物或空间高度受到限制的房间。

图 4-63　顶棚喷涂料施工

直接式顶棚按施工方法可分为直接喷刷顶棚、直接抹灰顶棚、直接粘贴顶棚（贴面顶棚）、直接固定装饰板顶棚及结构顶棚等。这类顶棚构造简单，施工方便，具体做法和构造与内墙面的抹灰类、涂刷类、裱糊类基本相同，常用于装饰要求不高的一般建筑。

1. 直接喷刷顶棚

当室内对装饰要求不高时，可在楼板的底面上直接用浆料喷刷，形成直接喷刷顶棚。楼板底面填缝刮平须先用 1∶3 水泥砂浆填缝抹平后，再喷刷涂料，如图 4-63 所示。

2. 直接抹灰顶棚

直接抹灰顶棚是在屋面板或楼板的底面上抹灰后再喷刷涂料的顶棚。顶棚抹灰一般采用的材料为水泥砂浆、混合砂浆、聚合物水泥抹灰砂浆或石膏抹灰砂浆等，潮湿房间应采用耐潮湿的材料。现浇混凝土顶棚不宜做抹灰层，其面层处理可用刮腻子、喷涂等便于施工又牢固的装饰做法；防空地下室的顶板不应抹灰。现浇混凝土板顶棚抹灰的平均厚度不宜大于 5 mm；条板、预制混凝土板顶棚抹灰的平均厚度不宜大于 10 mm。钢筋混凝土顶棚抹灰前应将板底表面清理平整干净，去除基面的油污或脱模剂，必要时可用 10% 浓度的火碱溶液清洗，涂刷混凝土界面处理剂或素水泥浆（内掺建筑胶），以增强黏结力，防止抹灰层脱落。凹凸处应用聚合物水泥砂浆修补平整或剔平。混凝土顶棚找平、抹灰，抹灰砂浆应与基体黏结牢固，表面平顺。水泥砂浆抹灰的做法是先将板底清扫干净，打毛或刷素水泥浆一道，用 5 mm 厚 1∶3 水泥砂浆打底，再用 5 mm 厚 1∶2.5 水泥砂浆抹平，最后喷刷涂料，抹灰的遍数按设计的抹灰质量等级确定，对要求较高的房间，可在底板下增加一层钢丝网，在钢丝网上再抹灰。这种做法强度高，抹灰层结合牢固，不易开裂脱落，如图 4-64 所示。

3. 贴面顶棚

贴面顶棚是在屋面板或楼板的底面用砂浆打底找平，然后用胶粘剂粘贴壁纸、泡沫塑料板、岩棉板、矿棉板、铝塑板、铝合金板、装饰吸声板、保温板等形成贴面顶棚。贴面类顶棚的构造做法可参考图 4-65。

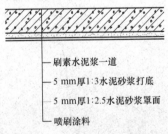

—刷素水泥浆一道
—5 mm 厚1∶3水泥砂浆打底
—5 mm 厚1∶2.5水泥砂浆罩面
—喷刷涂料

图 4-64　水泥砂浆抹灰构造做法

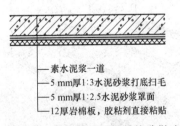

—素水泥浆一道
—5 mm 厚1∶3水泥砂浆打底扫毛
—5 mm 厚1∶2.5水泥砂浆罩面
—12厚岩棉板，胶粘剂直接粘贴

图 4-65　贴岩棉板顶棚的构造做法

二、悬吊式顶棚

悬吊式顶棚又称"吊顶"，它离开屋顶或楼板的下表面有一定的距离，通过悬挂物与主体结构连接在一起。悬吊式顶棚可以利用这段悬挂高度布置各种管道和设备，或对建筑物起到保温隔热、隔声的作用，同时，悬吊式顶棚的形式不必与结构形式相对应。但应注意：若无特殊要求，悬挂空间越小越有利于节约材料和工程造价。必要时应留设检修孔、铺设走道以便检修，防止破坏面层。饰面应根据设计留出相应灯具、空调等电器设备安装和送风口、回风口的位置。这类顶棚多适用于中高档次的建筑物顶棚装饰。

根据结构构造形式的不同，吊顶可分为整体式吊顶、活动式装配吊顶、隐蔽式装配吊顶和开敞式吊顶等；按骨架材料的不同，吊顶可分为木龙骨吊顶、轻钢龙骨吊顶、铝合金龙骨吊顶、型钢龙骨吊顶等；按施工工艺不同，吊顶可分为普通吊顶和集成吊顶两类。

1. 吊顶的设计要求

（1）吊顶应具有足够的净空高度，以便于各种设备管线的敷设；

（2）合理安排灯具、通风口的位置，符合照明通风要求；

（3）选择合适的材料和构造做法，使其燃烧性能和耐火极限满足防火规范的规定；

（4）便于安装和维修；

（5）对有些房间，应满足室内的隔热、隔声、保温等特殊要求；

（6）应满足美观和经济等方面的要求。

2. 吊顶的构造

吊顶一般由悬吊部分、顶棚骨架、饰面层和连接件组成，如图 4-66 所示。

（1）悬吊部分。悬吊部分包括吊点、吊杆和连接杆。吊杆与楼板或屋面板连接的节点为吊点。在荷载变化处和龙骨被截断处应增设吊点。吊杆（吊筋）是连接龙骨和承重结构的承重传力构件。吊杆的作用是承受整个吊顶的质量（如饰面层、龙骨以及检修人员），并将这些质量传递给屋面板、楼板、屋架或屋面梁，同时，还可以调整、确定吊顶的空间高度。

吊杆按其材料可分为钢筋吊杆、型钢吊杆、木吊杆等。钢筋吊杆的直径为 6 ～ 8 mm，用于一般悬吊式顶棚；型钢吊杆用于重型吊顶或整体刚度要求高的吊顶，其规格尺寸应通过结构计算确定，如图 4-67 所示；木吊杆用 40 mm × 40 mm 或 50 mm × 50 mm 的方木制作，一般用于木龙骨吊顶。

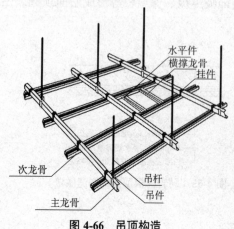

图 4-66　吊顶构造

图 4-67　吊杆实例

（2）顶棚骨架。顶棚骨架又称为顶棚基层，是由主龙骨、次龙骨、小龙骨（或称为主搁栅、次搁栅）所形成的网格骨架体系，如图 4-68 所示。其作用是承受饰面层的质量，并通过吊杆传递到楼板或屋面板上。主龙骨为吊顶的承重结构；次龙骨是吊顶的基层。主龙骨通过吊筋或吊件固定在楼板结构上，次龙骨用同样的方法固定在主龙骨上。龙骨可用木材、轻钢、铝合金等材料制作，其断面大小视其材料品种、是否上人和面层构造做法等因素而定。主龙骨断面比次龙骨大，间距应小于 2 m；主龙骨与墙体间距不得大于 300 mm；主龙骨连接处应增设吊杆加强。悬吊主龙骨的吊杆为 $\phi 8 \sim \phi 10$ 钢筋，吊点间距不超过 2 m。次龙骨间距视面层材料而定，一般不大于 600 mm，在潮湿地区和场所，间距宜为 300 ~ 400 mm，相邻的次龙骨应错开连接。

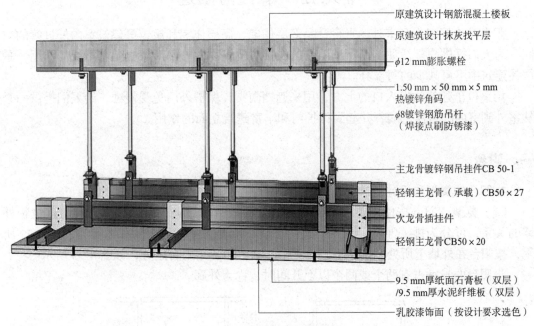

原建筑设计钢筋混凝土楼板
原建筑设计抹灰找平层
$\phi 12$ mm膨胀螺栓
1.50 mm × 50 mm × 5 mm 热镀锌角码
$\phi 8$ 镀锌钢筋吊杆 （焊接点刷防锈漆）
主龙骨镀锌钢吊挂件CB 50-1
轻钢主龙骨（承载）CB50 × 27
次龙骨插挂件
轻钢主龙骨CB50 × 20
9.5 mm厚纸面石膏板（双层） /9.5 mm厚水泥纤维板（双层）
乳胶漆饰面（按设计要求选色）

图 4-68　轻钢龙骨构造实例

　　龙骨的布置方式可分为两种：一种是龙骨外露的布置方式即明龙骨，如图 4-69 所示；另一种是不露龙骨的布置方式即暗龙骨，如图 4-70 所示。

图 4-69　明龙骨吊顶实例

图 4-70　暗龙骨吊顶实例

　　（3）饰面层。饰面层又称为面层，其主要作用是装饰室内空间，并且还兼有吸声、反射、隔热等特定功能。吊顶面层可分为抹灰面层和板材面层两大类。抹灰面层为湿作业施工，费工费时；板材面层，既可加快施工速度，又容易保证施工质量。板材吊顶有植物板材、矿物板材、金属板材、塑料板材、玻璃板材及复合板材等，如石膏板、矿棉板、硅钙板、PVC板、铝扣板、桑拿板等。

（4）连接部分。连接部分是指吊顶龙骨之间、吊顶龙骨与饰面层之间、龙骨与吊杆之间的连接件、紧固件，一般有吊挂件、插挂件、自攻螺钉、木螺钉、圆钢钉、特制卡具、胶粘剂等。

单元五　阳台与雨篷

阳台是连接室内和室外的平台，是多层住宅、高层住宅和旅馆等建筑室内外过渡的空间，为人们提供户外活动的场所。阳台的设置对建筑物的外部形象也起着重要的作用，是居住建筑中不可缺少的一部分。

雨篷位于建筑物出入口的上方，用来遮挡雨雪，保护外门免受侵蚀，给人们提供一个从室外到室内的过渡空间，并起到保护门和丰富建筑立面的作用。

一、阳台

1. 阳台的类型和设计要求

（1）类型。阳台按使用要求不同可分为生活阳台和服务阳台。根据阳台与建筑物外墙的关系，可分为挑（凸）阳台、凹阳台（凹廊）和半挑半凹阳台，如图4-71、图4-72所示；按阳台在外墙上所处的位置不同，有中间阳台和转角阳台之分，如图4-73所示。

当阳台的长度占有两个或两个以上开间时，称为外廊。

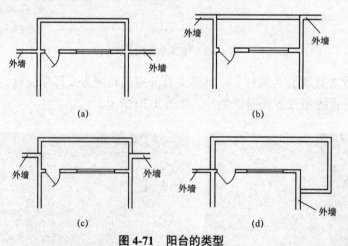

图 4-71　阳台的类型

(a) 挑阳台；(b) 凹阳台（中间组台）；(c) 半挑半凹阳台（中间组台）；(d) 挑阳台（转角阳台）

（2）设计要求。

1）安全适用。对于阳台的安全性来说，主要是要保证阳台底板及阳台栏板（或栏杆）的安全可靠。如果是凸阳台，一般是悬挑结构，应保证阳台上施加荷载的情况下不致发生倾覆。阳台的挑出长度应考虑结构的安全，但也应考虑适用。对于凹阳台或带两侧墙的阳台来说，阳台底板为简支结构，按一般现浇钢筋混凝土楼板考虑即可。

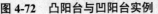

图 4-72　凸阳台与凹阳台实例　　　　图 4-73　转角阳台实例

悬挑阳台的挑出长度不宜过大，应保证在荷载作用下不发生倾覆现象，以 1.2～1.8 m 为宜。低层、多层住宅阳台栏杆净高不低于 1.05 m；中高层住宅阳台栏杆净高不低于 1.1 m，但也不大于 1.2 m。阳台栏杆形式应防坠落（垂直栏杆间净距不应大于 110 mm）、防攀爬（不设水平栏杆），以免造成恶果。放置花盆处，也应采取防坠落措施。

2）坚固耐久。阳台所用材料和构造措施应经久耐用，承重结构宜采用钢筋混凝土，金属构件应做防锈处理，表面装修应注意色彩的耐久性和抗污染性。

3）排水顺畅。为防止阳台上的雨水流入室内，设计时要求将阳台地面标高低于室内地面标高 60 mm 左右，并将地面抹出 1% 的排水坡将水导入排水孔，使雨水能顺利排出。

另外，还应考虑地区气候特点。南方地区宜采用有助于空气流通的空透式栏杆，而北方寒冷地区和中高层住宅应采用实体栏杆，并满足立面美观的要求，为建筑物的形象增添风采。

2. 阳台的结构布置方式

阳台承重结构通常是楼板的一部分，因此，阳台承重结构应与楼板的结构布置统一考虑，主要采用钢筋混凝土阳台板。钢筋混凝土阳台可采用现浇式、装配式或现浇与装配相结合的方式。

凹阳台实为楼板层的一部分，所以，它的承重结构布置可按楼板层的受力分析进行，采用搁板式布板方法。而凸阳台的受力构件为悬挑构件，涉及结构受力、倾覆等问题，构造上要特别重视。凸阳台的承重方案大体可分为以下几种类型：

（1）挑梁式。挑梁式即从横墙内向外伸挑梁，其上搁置预制楼板，这种结构布置简单、传力直接明确、阳台长度与房间开间一致。挑梁根部截面高度 H 为（1/6～1/5）L，L 为悬挑净长，截面宽度为（1/3～1/2）H。为美观起见，可在挑梁端头设置面梁，既可以遮挡挑梁头，又可以承受阳台栏杆质量，还可以加强阳台的整体性，如图 4-74 所示。

（2）挑板式。挑板式是利用阳台板所在的楼板向外悬挑一部分。当楼板为现浇混凝土楼板时，可选择挑板式，即从楼板外沿挑出平板，板底平整美观而且阳台平面形式可做成半圆形、弧形、梯形、斜三角等各种形状，如图 4-75 所示。挑板厚度不小于挑出长度的 1/12。这种阳台构造简单，造型轻巧，但阳台与室内楼板在同一标高，雨水易进入室内。当出挑长度在 1.2 m 以内时，可采用挑板式；当出挑长度大于 1.2 m 时，可采用挑梁式。

（3）压梁式。压梁式的阳台板与外墙上的梁浇在一起，常采用现浇式，外墙是非承重墙时阳台板靠墙梁与梁上墙的自重平衡；外墙是承重墙时阳台板靠墙梁和梁上支承的楼板荷载平衡。此外，也可以将梁和阳台板预制成一个构件，如图 4-76 所示。

3. 阳台的构造。

（1）阳台的栏杆。阳台栏杆是设置在阳台外围的保护设施，主要供人们倚扶之用，以保障人身安全。因而，栏杆的构造要求坚固和美观。栏杆的高度应高于人体的重心，多层建筑栏杆不应低于 1.05 m，高层建筑栏杆高度不应低于 1.1 m，但不宜超过 1.2 m。栏杆间净距不大于 120 mm。栏杆按立面形式有实心栏杆、空花栏杆和混合式；按材料可分为砖砌栏板、钢筋混凝土栏板、混凝土栏杆和金属栏杆。

图 4-74 挑梁式阳台实例

图 4-75 挑板式阳台实例

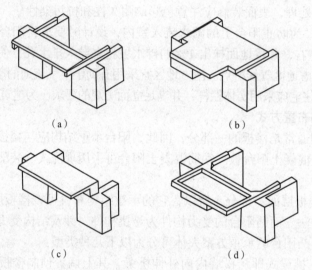

（a）
（b）
（c）
（d）

图 4-76 阳台结构布置示意
（a）挑梁预制板阳台；（b）挑板式阳台；（c）压梁式阳台；（d）预制梁板式阳台

1）砖砌栏板一般为 60 mm 或 120 mm 厚。由于砖砌栏板自重大，整体性差，为保证安全，常在栏板中设置通常钢筋或在外侧固定钢筋网，并采用现浇扶手增强其整体稳定性。

2）钢筋混凝土栏板可分为现浇和预制两种。现浇栏板厚为 60 ～ 80 mm，用 C20 细石混凝土现浇；预制栏杆下端预埋铁件连接，上端伸出钢筋可与面梁和扶手连接，因其耐久性和整体性较好，故应用较为广泛，如图 4-77 所示。

3）金属栏杆一般采用方钢、圆钢或扁钢焊接成各种形式的镂花，与阳台板中预埋件焊接或直接插入阳台板的预留孔洞中连接，如图 4-78 所示。

栏杆和栏板的构造做法可参考图 4-79 所示。

（2）阳台扶手。栏杆扶手是供人手扶使用的，有金属和钢筋混凝土两种。金属扶手一般为钢管与金属栏杆焊接。钢筋混凝土扶手应用广泛，形式多样，有不带花台、带花台、带花池等多种，如图 4-80 所示。一般直接用作栏杆压顶，其宽度有 80 mm、120 mm、160 mm。当扶手上需放置花盆时，需在外侧设置保护栏杆，一般高为 180 ～ 200 mm，花台净宽为 240 mm。

图 4-77　钢筋混凝土栏板实例

图 4-78　阳台金属栏杆实例

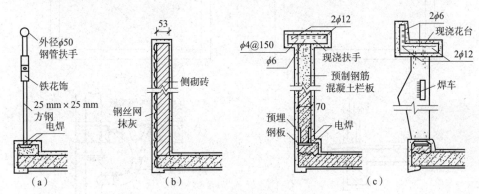
图 4-79　栏杆及扶手的构造

（a）金属栏杆；（b）砖砌栏杆；（c）预制混凝土栏杆

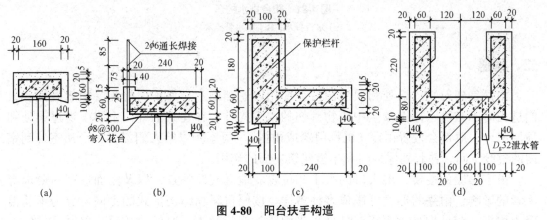
图 4-80　阳台扶手构造

（a）不带花台；（b）、（c）带花台；（d）带花池

　　（3）细部连接构造。阳台细部构造主要包括栏杆与扶手的连接、栏杆与面梁（或称止水带）的连接、栏杆与墙体的连接等。

　　1）栏杆与扶手的连接方式有焊接、现浇等方式。

　　2）栏杆与面梁或阳台板的连接方式有焊接、榫接坐浆、现浇等。

　　3）扶手与墙的连接，应将扶手或扶手中的钢筋伸入外墙的预留洞，用细石混凝土或水泥砂浆填实固牢；现浇钢筋混凝土栏杆与墙连接时，应在墙体内预埋 240 mm×240 mm×120 mm C20 细石混凝土块，从中伸出 2ϕ6 钢筋，长为 300 mm，与扶手中的钢筋绑扎后再进行现浇。

（4）阳台排水。为防止雨水倒灌入室内，必须采取一些排水措施。阳台排水有外排水和内排水两种。外排水适用于低层和多层建筑，即在阳台外侧设置泄水管将水排出。外排水的做法是在阳台一侧或两侧设置排水口，阳台地面向排水口做 1% ～ 2% 的坡，排水口内埋设 $\phi 40 \sim \phi 50$ mm 镀锌铁管或塑料管，外挑长度不少于 80 mm，以防止雨水溅到下层阳台。内排水适用于高层建筑和高标准建筑，即在阳台内侧设置排水立管和地漏，将雨水直接排入地下管网，保证建筑立面美观，如图 4-81 所示。

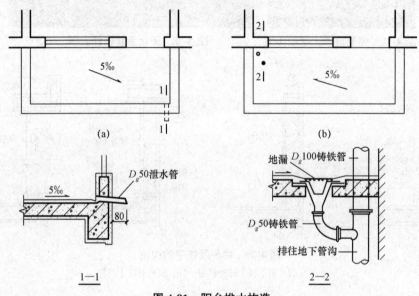

图 4-81　阳台排水构造
（a）水舌排水；（b）雨水管排水

二、雨篷

雨篷是建筑物入口处和顶层阳台上部用以遮挡雨水、保护门外免受雨水侵蚀和人们进出时不被滴水淋湿及空中落物砸伤的水平构件。在建筑的外门上方、窗过梁处和顶层阳台一般都会设置雨篷（也称门罩或雨搭）。雨篷所以给人们提供一个从室外到室内的过渡空间，并起到保护门和丰富建筑立面的作用。

由于房屋的性质、出入口的大小和位置、地区气候特点，以及立面造型的要求等因素的影响，雨篷的形式可做成多种多样。按照材料和结构形式的不同可分为钢筋混凝土雨篷、钢结构悬挑雨篷、玻璃采光雨篷、铝板雨篷、膜结构雨篷、PC 板雨篷等，如图 4-82 所示。

1. 雨篷的结构

雨篷的受力特点与阳台相似，均为悬臂构件，大型雨篷下常加立柱形成门廊。雨篷一般由雨篷板和雨篷梁组成。为防止雨篷倾覆，常将雨篷与过梁或圈梁浇筑在一起。雨篷板的悬挑长度由建筑要求决定，当悬挑长度较小时，可采用挑板式，一般挑出长度不大于 1.5 m。当需要挑出长度较大时，可采用挑梁式。因此，根据雨篷板的支承方式不同，有挑板式和梁板式两类。

（1）挑板式。当雨篷悬挑尺寸较小时，可做成挑板式，由门过梁和过梁上方的墙体平衡它的荷载。挑板式雨篷外挑长度一般为 0.6 ～ 1.5 m，板根部厚度不小于挑出长度的 1/12，雨篷宽度比门洞每边宽 250 mm。

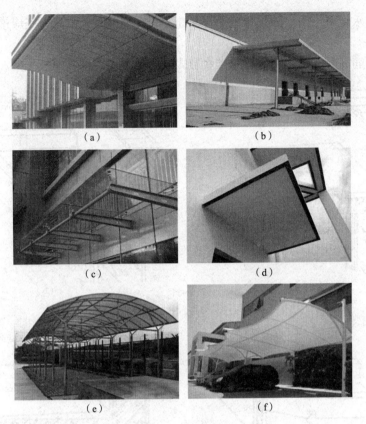

图 4-82　雨篷实例

(a) 铝板雨篷；(b) 钢结构悬挑雨篷；(c) 玻璃采光雨篷；(d) 钢筋混凝土雨篷；(e) PC 板雨篷；(f) 膜结构雨篷

（2）梁板式。当雨篷悬挑的尺寸较大时，则采用梁板式。梁板式雨篷多用在宽度较大的入口处，悬挑梁从建筑物的柱上挑出，为使板底平整，多做成倒梁式。

2. 雨篷的排水形式

雨篷的排水形式可采用无组织排水和有组织排水两种。

（1）无组织排水。又称自由落水，指屋面的雨水由檐口自由滴落到室外地面。这种排水方式不需要设置天沟、雨水管进行导流，而要求屋檐必须挑出外墙面，以防屋面雨水顺外墙面漫流而浇湿和污染墙体。

雨篷顶面距过梁顶面 250 mm 高，板底抹灰可抹 1 : 2 水泥砂浆内掺 5% 防水剂的防水砂浆 20 mm 厚，多用于次要出入口。这种做法构造简单、造价低廉，但屋顶雨水自由落下会溅湿墙面，外墙墙脚常被飞溅的雨水侵蚀，影响外墙的坚固耐久，并可能影响人行道的交通。无组织排水适用于少雨或高度较低、等级较低的建筑，为控制造价宜优先采用。积灰多的屋面也应采用无组织排水，防止排水管堵塞。

（2）有组织排水。在雨篷的外周边做成翻口，将雨水导至排水口，然后穿过水舌排出。大型雨篷要用雨水管排至地面。有组织排水可以防止雨水自由溅落打湿墙身，影响建筑美观。这种排水方式构造较复杂，造价相对较高，但是减少了雨水对建筑物的不利影响，因而在建筑工程中应用广泛。有组织排水可以用于当建筑物较高、年降水量较大或较为重要的建筑，寒冷地区的屋面排水以及有腐蚀性的工业建筑中，但它增加了建筑成本，构造复杂，极易渗漏，不易检修。

雨篷的防水层可用防水砂浆抹成不小于 1% 的排水坡，大型雨篷则应铺设防水卷材或防水涂料。

常见的钢筋混凝土雨篷的构造和排水形式可参考图 4-83。

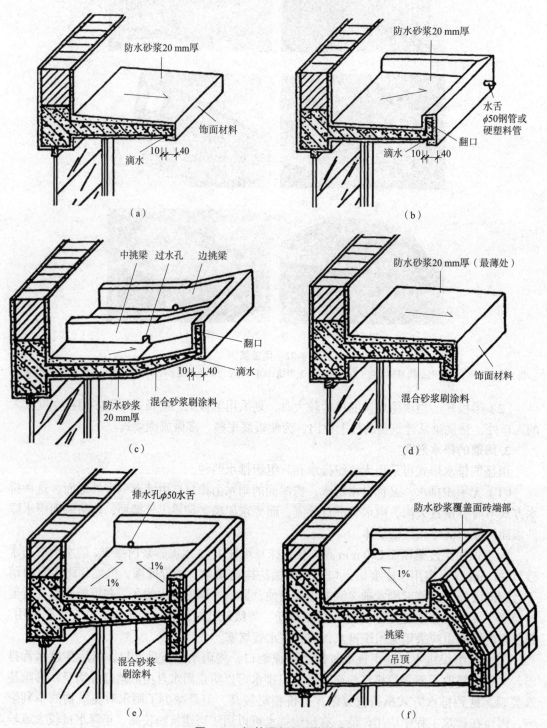

图 4-83　钢筋混凝土雨篷构造

(a) 自由落水雨篷；(b) 上翻口有组织排水雨篷；(c) 折挑梁有组织排水雨篷；(d) 下翻口自由落水雨篷；
(e) 上下翻口有组织排水雨篷；(f) 下挑梁有组织排水带吊顶雨篷

1.楼板层是建筑物中分隔上下楼层的水平承重构件，它不仅承受自重及其上的使用荷载，并将其传递给墙或柱，而且对墙体起着水平支撑的作用。楼板按所用材料不同可分为木楼板、砖拱楼板、钢筋混凝土楼板、压型钢板组合楼板等类型。

2.根据施工方法的不同，钢筋混凝土楼板可分为现浇式、装配式和装配整体式三种。现浇板常用的有板式楼板、梁板式楼板、无梁楼板及压型钢板组合楼板。预制板的类型主要有实心平板、槽形板、空心板等。在使用时应选择合理的承重方案，做好结构布置，处理好板与板的连接构造，板与墙、梁的连接构造，隔墙下楼板的构造等。常用的装配整体式楼板有密肋楼板和叠合式楼板两种。

3.地面主要由面层、垫层和基层三部分组成，对有特殊要求的地坪常在面层和垫层之间增设附加层。根据面层所用的材料及施工方法的不同，常用地面可分为整体式地面、块材地面、卷材地面和涂料地面四种类型。在用水频繁的房间，应做好楼地面的排水和防水。

4.凹阳台一般采用搁板式布置方法；凸阳台的承重方案大体可分为挑梁式和挑板式两种类型。

5.雨篷形式多样，按照材料和结构形式的不同可分为钢筋混凝土雨篷、钢结构悬挑雨篷、玻璃采光雨篷等。雨篷在构造上需解决好两个问题：一是防倾覆，保证雨篷梁上有足够的压重；二是板面上要做好排水和防水。

📖 ➤ 知识拓展

建筑细部——雨篷欣赏

各种雨篷如图 4-84 ～图 4-91 所示。

图 4-84　山东港口大厦　青岛

图 4-85　中国钻石交易中心　上海

图 4-86　重庆融创国宾壹号院

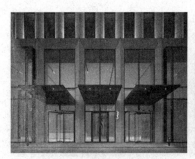
图 4-87 外滩 Soho 上海

图 4-88 杭州滨绿大厦

图 4-89 上海漕河泾科技绿洲四期
建筑事务所

图 4-90 嘉荷精品酒店 江阴

图 4-91 深圳农商银行总部大楼 深圳

复习思考题

一、填空题

1. 楼板层主要是由_____、_____和_____组成，根据建筑物的使用功能不同，还可在楼板中设置_____。

2. 现浇钢筋混凝土板式楼板，其梁有_____和_____之分。

3. 钢筋混凝土楼板根据施工方法的不同可分为_____、_____和_____三种类型。

4. 阳台地面一般比室内地面低____mm，往地漏找坡，坡度为____。

5. 地坪层的基本构造层次有_____、_____、_____和素土夯实层。

6. 现浇式钢筋混凝土楼板有 _____、_____、_____、_____。

7. 为增强楼板的隔声性能，可采取的措施有 _____、_____和_____。

8. 顶棚按饰面与基层的关系分为_____顶棚和_____顶棚两种。

9. 阳台按其与建筑物外墙的相对位置关系可分为_____、_____和_____。

二、单项选择题

1. 双向板的概念为（　　）。

    A. 板的长短边比值 > 2   B. 板的长短边比值 ≥ 2

    C. 板的长短边比值 < 2   D. 板的长短边比值 ≤ 2

2.钢筋混凝土肋梁楼板的传力路线为（ 　　）。

　　A.板→主梁→次梁→墙或柱　　　　　　　B.板→墙或柱

　　C.板→次梁→主梁→墙或柱　　　　　　　D.板→梁→墙或柱

3.现浇式钢筋混凝土楼板的特点是（ 　　）

　　A.施工简便　　　　　B.整体性好　　　　　C.工期短　　　　　D.无须湿作业

4.板在排列时受到板宽规格的限制，常出现较大的剩余板缝，当缝宽小于或等于120 mm时，可采用（ 　　）处理方法。

　　A.用水泥砂浆灌实

　　B.在墙体中加钢筋网片再灌细石混凝土

　　C.沿墙挑砖或挑梁填缝

　　D.重新选板

5.现浇水磨石地面常嵌玻璃条（铜条、铝条）分隔，其目的是（ 　　）。

　　A.增添美观　　　　　B.便于磨光　　　　　C.防止石层开裂　　　　　D.石层不起灰

6.空心板在安装前，孔的两端常用混凝土或碎砖块堵严，其目的是（ 　　）。

　　A.增加保温性　　　　B.避免板端被压坏　　　C.避免板端滑移　　　D.增加整体性

7.为排除地面积水，地面应有一定的坡度，一般为（ 　　）。

　　A.1% ～ 1.5%　　　　B.2% ～ 3%　　　　C.0.5% ～ 1%　　　　D.3% ～ 5%

8.高层建筑阳台栏杆竖向净高一般不小于（ 　　）m。

　　A.0.8　　　　　　　　B.0.9　　　　　　　　C.1.1　　　　　　　　D.1.3

9.楼板要有一定的隔声能力，以下的隔声措施中，效果不理想的是（ 　　）。

　　A.楼面铺地毯　　　　　　　　　　　　　　B.采用软木地砖

　　C.在楼板下加吊顶　　　　　　　　　　　　D.铺地砖地面

10.预制钢筋混凝土梁搁置在墙上时，常需要在梁与砌体间设置混凝土或钢筋混凝土垫块，其目的是（ 　　）。

　　A.扩大传力面积　　　B.简化施工　　　　　C.增大室内净高　　　D.保证稳定

三、多项选择题

1.地面的设计要求有（ 　　）。

　　A.足够的坚固性　　　B.美观　　　　　　　C.保温性能好　　　D.良好的弹性

　　E.满足某些特殊要求

2.以下属于整体类地面的有（ 　　）。

　　A.天然石板地面　　　　　　　　　　　　　B.铺砖地面

　　C.水泥砂浆地面　　　　　　　　　　　　　D.细石混凝土地面

　　E.水磨石地面

3.地坪层主要由（ 　　）构成。

　　A.面层　　　　　　　B.垫层　　　　　　　C.结构层　　　　　D.素土夯实层

　　E.找坡层

三、简答题

1.楼地层的设计要求有哪些?

2. 楼板层由哪些部分组成？各起哪些作用？

3. 装配整体式楼板有什么特点？叠合板有何优越性？

4. 简述水泥砂浆地面、水磨石地面和细石混凝土地面的优缺点及适用范围

5. 有水房间的楼地层如何防水？

6. 顶棚的作用是什么？有哪两种基本形式？

7. 吊顶有哪些设计要求？

8. 轻钢龙骨吊顶如何构造？面板有哪些形式？如何固定？

9. 阳台有哪些设计要求？

10. 阳台有哪些类型？阳台板的结构布置形式有哪些？

11. 阳台栏杆有哪些形式？各有何特点？

四、实训题

1. 观察分析校内办公楼、教学楼、学生公寓、学生食堂、实训中心、大学生活动中心等建筑物各自采用的楼板类型及其特点，并比较分析上述建筑物楼地面做法的异同。

2. 观察分析校内各类建筑物主要入口处雨篷的类型及构造特点。

模块五　楼　梯

知识目标

了解楼梯的组成、类型及设计要求；了解楼梯的踏步尺寸、梯段宽度、楼梯井宽度、平台宽度等细部尺寸的确定方法；熟悉平行双跑楼梯的设计方法和步骤；掌握钢筋混凝土楼梯、室外台阶与坡道的类型、设计要求及构造等知识。

能力目标

能够认识建筑物内外各种类型的楼梯；掌握楼梯各部分的尺度要求；能够独立进行平行双跑楼梯间设计；能够绘制并识读平行双跑楼梯建筑施工图。

素质目标

培养自主学习的意识，促进独立思考；培养理论联系实际举一反三的能力；培养严谨、细致、精益求精的工匠精神。

学习参考标准

1.《民用建筑设计统一标准》(GB 50352—2019)；

2.《建筑设计防火规范（2018年版）》(GB 50016—2014)；

3.《民用建筑通用规范》(GB 55031—2022)；

4.《建筑与市政工程无障碍通用规范》(GB 55019—2021)；

5.《"1+X"建筑信息模型（BIM）职业技能等级标准》；

6.《建筑制图标准》(GB/T 50104—2010)；

7.《房屋建筑制图统一标准》(GB/T 50001—2017)。

模块导读

建筑空间的竖向组合交通联系主要依靠楼梯、电梯、自动扶梯、台阶坡道及爬梯等竖向交通设施。楼梯的作用是建筑物联系上下层的垂直交通设施，也是解决建筑高差的措施。楼梯应满足人们正常时垂直交通、紧急时安全疏散的要求。楼梯应做到上下通行方便，有足够的通行宽度和疏散能力，包括人行及搬运家具、物品，还应满足坚固、耐久、安全、防火等要求；另外，楼梯造型应美观，增强建筑物内部空间的观瞻效果。

单元一　认识楼梯

一、楼梯的组成

楼梯一般由楼梯段、平台及栏杆（或栏板）三部分组成，如图 5-1 所示。

1. 楼梯段

楼梯段又称楼梯跑，是楼梯的主要使用和承重部分。它由若干个踏步组成。为减少人们上下楼梯时的疲劳和适应人行的习惯，公共楼梯每个梯段的踏步级数不应少于 2 级，且不应超过 18 级。

2. 平台

平台是指两楼梯段之间的水平板。平台的作用是供楼梯转折、连通某个楼层或供使用者在攀登了一定的距离后稍加休息。平台有楼层平台和中间平台之分。与楼层标高相一致的平台称为楼层平台，介于两个楼层之间的平台称为中间平台。中间平台的主要作用是缓解疲劳，让人们在连续上楼时可在平台上稍加休息，故又称休息平台。

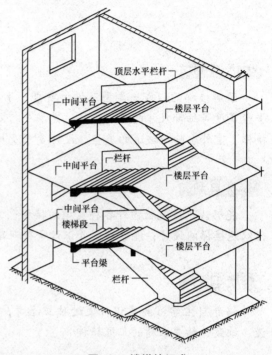

图 5-1　楼梯的组成

3. 栏杆扶手

为了保障在楼梯上行走的安全，在楼梯和平台的临空边缘应设置栏杆或栏板，一般设置在梯段的边缘和平台临空的边缘。栏杆（板）顶部设置倚扶用的连续构件，称为扶手。栏杆扶手必须坚固可靠，并保证有足够的安全高度。

二、楼梯的类型

建筑物中楼梯的类型很多，一般有以下几种分类：

（1）按楼梯在建筑物中所处的位置分，有室内楼梯与室外楼梯两种；

（2）按楼梯的使用性质分，室内有主要楼梯、辅助楼梯，室外有安全楼梯、消防楼梯等；

（3）按楼梯的主要材料分，有木楼梯（图 5-2）、钢筋混凝土楼梯（图 5-3）、钢楼梯（图 5-4）、混合式楼梯等；

（4）按楼梯间的平面形式分，有非封闭式楼梯、封闭式楼梯、防烟楼梯等，如图 5-5 所示；

（5）按楼梯的形式不同，可分为如下几种：

1）直行单跑楼梯。直行单跑楼梯无中间平台，由于单跑梯段踏步数一般不超过 18 级，故仅用于层高不大的建筑，如图 5-6 所示。

微课：楼梯

图 5-2　木楼梯实例

图 5-3　钢筋混凝土
楼梯实例

图 5-4　钢楼梯实例

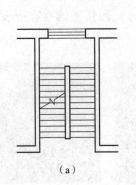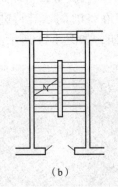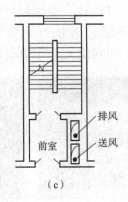

排风

前室　　送风

（a）　　　　　　　　（b）　　　　　　　　（c）

图 5-5　楼梯间的平面形式

（a）开敞式楼梯间；（b）封闭式楼梯间；（c）防烟楼梯间

2）直行多跑楼梯。直行多跑楼梯是直行单跑楼梯的延伸，仅增设了中间平台，将单梯段变为多梯段。一般为双跑梯段，适用于层高较大的建筑，如图 5-7 所示。

直行多跑楼梯给人以直接、顺畅的感觉，导向性强，在公共建筑中常用于人流较多的大厅。但是，由于其缺乏方位上回转上升的连续性，当用于需上多层楼面的建筑时，会增加交通面积并加长人流行走距离。

3）平行双跑楼梯。平行双跑楼梯由于上完一层楼刚好回到原起步方位，与楼梯上升的空间回转往复性吻合，比直跑楼梯节约面积并缩短人流行走距离，是最常用的楼梯形式之一，如图 5-8 所示。

图 5-6　直行单跑楼梯实例

图 5-7　直行多跑楼梯实例

图 5-8　平行双跑楼梯实例

4）平行双分双合楼梯。平行双分双合楼梯可分为平行双分楼梯和双合楼梯两种形式。

①平行双分楼梯，此种楼梯形式是在平行双跑楼梯基础上演变产生的。其梯段平行而行走方向相反，且第一跑在中部上行，然后其中间平台处往两边以第一跑的二分之一梯段宽，各上一跑到楼层面。通常在人流多、梯段宽度较大时采用。由于其造型的对称严谨性，故常用作办公类建筑的主要楼梯，如图5-9所示。

②平行双合楼梯，此种楼梯与平行双分楼梯类似，区别仅在于楼层平台起步第一跑梯段前者在中而后者在两边，如图5-10所示。

5）折行多跑楼梯。折行多跑楼梯可分为折行双跑楼梯、三跑楼梯、多跑楼梯等形式。

①折行双跑楼梯。此种楼梯人流导向较自由，折角可变，可为90°，也可大于或小于90°。当折角>90°时，由于其行进方向性类似直行双跑楼梯，故常用于仅上一层楼的影剧院、体育馆等建筑的门厅中。当折角<90°时，其行进方向回转延续性有所改观，形成三角形楼梯间，可用于上多层楼的建筑，如图5-11所示。

图 5-9　平行双分楼梯实例　　图 5-10　平行双合楼梯实例　　图 5-11　折行双跑楼梯实例

②折行三跑楼梯和多跑楼梯。此种楼梯中部形成较大梯井，在设有电梯的建筑中，可利用楼梯井作为电梯井的位置，但对视线有遮挡。由于有三跑梯段，常用于层高较大的公共建筑。当楼梯井未作为电梯井时，因楼梯井较大、不安全，供少年儿童使用的建筑不能采用此种楼梯，如图5-12、图5-13所示。

6）剪刀楼梯。剪刀楼梯也可称为交叉跑楼梯，它可认为是由两个直行单跑楼梯交叉并列布置而成，通行的人流量较大，且为上下楼层的人流提供了两个方向，对于空间开敞，楼层人流多方向进出有利，但仅适合层高小的建筑，如图5-14所示。

图 5-12　折行三跑楼梯实例　　图 5-13　折行多跑楼梯实例　　图 5-14　剪刀楼梯

当层高较大时，可设置中间平台，中间平台为人流变换行走方向提供了条件，适用于层高较大且有楼层人流多向性选择要求的建筑，如商场、多层食堂等，如图5-15所示。

7）螺旋形楼梯。螺旋形楼梯通常是围绕一根单柱布置，平面呈圆形。其平台和踏步均为扇形平面，踏步内侧宽度很小，并形成较陡的坡度，行走时不安全，且构造较复杂。这种楼梯不能作为主要人流交通和疏散楼梯，但由于其流线型造型美观，故常作为建筑小品布置在庭院或室内，如图 5-16 所示。

8）弧形楼梯。弧形楼梯与螺旋形楼梯的不同之处在于它围绕一较大的轴心空间旋转，未构成水平投影圆，仅为一段弧环，并且曲率半径较大。其扇形踏步的内侧宽度也较大（>220 mm），使坡度不至于过陡，可以用来通行较多的人流。弧形楼梯也是折行楼梯的演变形式，当布置在公共建筑的门厅时，具有明显的导向性和优美轻盈的造型。但其结构和施工难度较大，通常采用现浇钢筋混凝土结构，如图 5-17 所示。

图 5-15 剪刀楼梯实例　　　　图 5-16 螺旋形楼梯实例　　　　图 5-17 弧形楼梯实例

各种楼梯示意图可参考图 5-18。

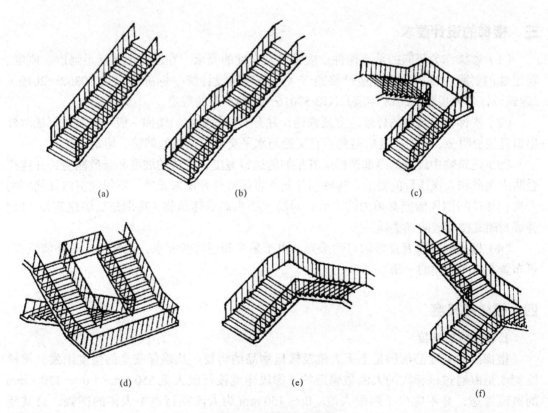

图 5-18 楼梯形式示意

（a）单跑直楼梯；（b）双跑直楼梯；（c）折角楼梯；（d）双分折角楼梯；（e）三跑楼梯；（f）双跑楼梯；

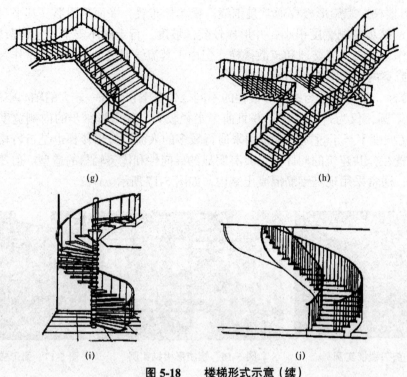

图 5-18　　楼梯形式示意（续）
(g) 双分平行楼梯；(h) 剪刀楼梯；(i) 螺旋形楼梯；(j) 弧形楼梯

三、楼梯的设计要求

（1）楼梯作为竖向的承重构件，应满足安全性的要求。在设计上要满足强度、刚度、稳定性的要求。楼梯的设计应严格遵守《民用建筑设计统一标准》（GB 50352—2019）、《建筑设计防火规范（2018 年版）》(GB 50016—2014）等的规定。

（2）楼梯在建筑中的位置应方便到达，并有明显的标志。楼梯一般均应设置直接对外出口且位置明显，同时，还应避免垂直交通与水平交通在交接处拥挤、堵塞。

（3）建筑物中设置的多部楼梯应有足够的通行宽度、合适的坡度和疏散能力，并应符合防火疏散和人流通行的要求。楼梯间除允许直接对外开窗采光外，不得向室内任何房间开窗；楼梯间四周墙壁必须为防火墙；对防火要求高的建筑物（特别是高层建筑），应设计成封闭式楼梯或防烟楼梯。

（4）楼梯间必须有良好的自然采光。由于采光和通风的要求，通常楼梯沿外墙设置，可布置在朝向较差的一侧。

四、楼梯的尺度

1. 楼梯段的宽度

楼梯段的宽度必须满足上下人流及搬运物品的需要。从确保安全的角度出发，楼梯段宽度是由通过该梯段的人流数确定的。梯段净宽按每股人流 550 mm+（0～150）mm 的宽度考虑，并不应少于两股人流。0～150 mm 为人流在行进中人体的摆幅，公共建筑人流众多的场所应取上限值。单人通行时 ≥ 900 mm（满足单人携物通过），双人通行时为 1 100～1 400 mm，三人通行时为 1 650～2 100 mm，其余类推，如图 5-19 所示。

同时，需要满足各类建筑设计规范中对梯段宽度的限定，如住宅 ≥ 1 100 mm，公共建筑 ≥ 1 300 mm 等。

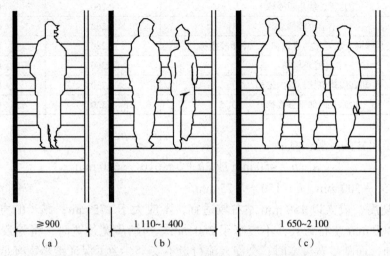

图 5-19　楼梯段宽度和人流股数的关系
（a）单人通过；（b）双人通过；（c）多人通过

2. 楼梯的坡度与踏步尺寸

楼梯的坡度是指楼梯段的坡度，即楼梯段的倾斜角度。楼梯的坡度有两种表示法，即角度法和比值法。角度法用楼梯斜面与水平面的夹角来表示，如 30°、45° 等；比值法用楼梯斜面的垂直投影高度与斜面的水平投影长度之比来表示，如 1∶12、1∶8 等。楼梯常见坡度为 20° ∼ 45°，其中 30° 左右较为通用。楼梯梯段的最大坡度不宜超过 38°；当坡度小于 20° 时，采用坡道；当坡度大于 45° 时，则采用爬梯，如图 5-20 所示。

楼梯坡度实质上与楼梯踏步密切相关，踏步高与宽之比即可构成楼梯坡度。踏步高常以 h 表示，踏步宽常以 b 表示。在民用建筑中，楼梯踏步的最小宽度与最大高度的限制值见表 5-1。

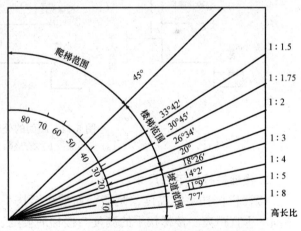

图 5-20　楼梯、爬梯及坡道的坡道范围

表 5-1　楼梯踏步的最小宽度和最大高度　　　　　　　　　　　　　　　　　　m

楼梯类别		最小宽度	最大高度
住宅楼梯	住宅公共楼梯	0.260	0.175
	住宅套内楼梯	0.220	0.200
宿舍楼梯	小学宿舍楼梯	0.260	0.150
	其他宿舍楼梯	0.270	0.165
老年人建筑楼梯	住宅建筑楼梯	0.300	0.150
	公共建筑楼梯	0.320	0.130

楼梯类别	最小宽度	最大高度
托儿所、幼儿园楼梯	0.260	0.130
小学校楼梯	0.260	0.150
人员密集且竖向交通繁忙的建筑和大、中学校楼梯	0.280	0.165
其他建筑楼梯	0.260	0.175
超高层建筑核心筒内楼梯	0.250	0.180
检修及内部服务楼梯	0.220	0.200

楼梯踏步尺寸的经验公式：

$$h + b = 450 \text{ mm} \quad 或 \quad 2h + b = 610 \sim 620 \text{ mm}$$

式中，$b = 275 \sim 300$ mm，$h = 150 \sim 175$ mm。

踏步的高度，成人以 150 mm 左右较适宜，不应大于 175 mm；踏步的宽度（水平投影宽度）以 300 mm 左右为宜，不应窄于 260 mm。当踏步宽过宽时，将导致梯段水平投影面积的增加，而踏步宽过窄时，会使人流行走不安全。为了保证踏步宽有足够尺寸而又不增加总深度，在踏步宽一定的情况下增加行走舒适度，可以采取加做踏口（或凸缘）或将踢面倾斜的方式加宽踏面，常将踏步出挑 20 ~ 40 mm，使踏步实际宽度不大于其水平投影宽度。同一梯段内的踏步高度、宽度应一致，相邻梯段的踏步高度宜一致，如有高差不应大于 0.01 m，且踏步面应采取防滑措施，如图 5-21 所示。

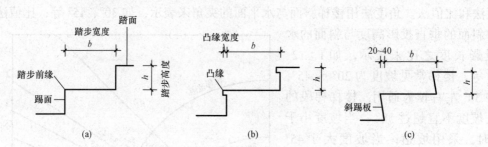

图 5-21 踏面的处理方法
（a）无凸缘；（b）有凸缘；（c）斜踢板

3. 楼梯栏杆扶手的尺寸

楼梯栏杆扶手的高度，是指踏面前缘至扶手顶面的垂直距离。楼梯扶手的高度与楼梯的坡度、楼梯的使用要求有关，很陡的楼梯扶手的高度应矮些，坡度平缓时高度可稍大。在 30° 左右的坡度下，室内楼梯栏杆扶手的高度不宜小于 0.9 m；供儿童使用的楼梯扶手高度一般为 0.6 m，通常在 0.6 m 处设一道扶手而在 0.9 m 处仍应设扶手，此时楼梯为双道扶手，如图 5-22 所示；靠梯井一侧水平扶手长度超过 0.5 m 长时，其扶手高度应 ≥ 1.05 m，如图 5-23 所示；当临空高度在 24.0 m 以下时，栏杆高度不应低于 1.05 m；当临

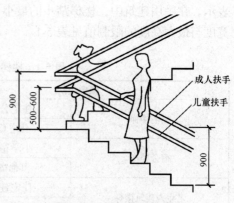

图 5-22 栏杆扶手的高度

空高度在 24.0 m 及以上时，栏杆高度不应低于 1.1 m。上人屋面和交通、商业、旅馆、医院、学校等建筑临开敞中庭的栏杆高度不应低于 1.2 m。栏杆高度应从所在楼地面或屋面至栏杆扶手顶面垂直高度计算，当底面有宽度大于或等于 0.22 m，且高度低于或等于 0.45 m 的可踏部位时，应从可踏部位顶面起算，如图 5-24 所示。公共场所栏杆距离地面 0.1 m 高度范围内不宜留空。住宅、托儿所、幼儿园、中小学及其他少年儿童专用活动场所的栏杆必须采取防止攀爬的构造。当采用垂直杆件做栏杆时，其杆件净间距不应大于 0.11 m，如图 5-25 所示。

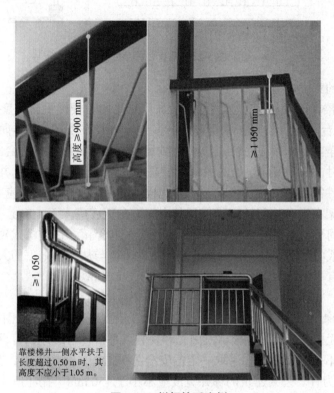

图 5-23　栏杆扶手实例

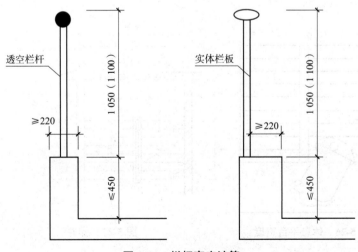

图 5-24　栏杆高度计算

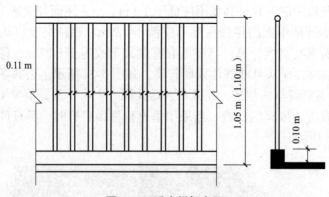

图 5-25 垂直栏杆净距

4. 楼梯平台的宽度

楼梯平台是楼梯段的连接，也供行人稍加休息之用。楼梯平台宽度可分为中间平台宽度 D_1 和楼层平台宽度 D_2，对于平行和折行多跑等类型的楼梯，其转向后的中间平台宽度应不小于梯段净宽，以保证通行，如图 5-26 所示。住宅共用楼梯平台应便于家具搬运，当梯段改变方向时，扶手转向端处的平台最小宽度不应小于梯段净宽，并不得小于 1.2 m。当有搬运大型物件需要时，应适量加宽。直跑楼梯的中间平台宽度不应小于 0.9 m。医院建筑还应保证担架在平台处能转向通行，其中间平台宽度应大于 1.8 m。对于楼层平台的宽度，则应比中间平台更宽松一些，以利于人流分配和停留。在开敞式楼梯中，楼层平台宽度可利用走廊或门厅的宽度，但为防止走廊上的人流与从楼梯上下的人流发生拥挤或干扰，楼层平台应有一个缓冲空间，其宽度不得小于 500 mm。

5. 梯井宽度

梯井是指楼梯段之间形成的空当，此空当从顶层到底层贯通，如图 5-27 所示。在平行多跑楼梯中可无梯井，但为了楼梯段施工和安装以平台转弯缓冲，可设置梯井。有时梯井过大，对儿童不是很安全，应采取一定的安全防护措施。为了安全，其宽度应小一些，以 60 ~ 200 mm 为宜。公共建筑的梯井宽度应不小于 150 mm。托儿所、幼儿园、中小学校及其他少年儿童专用活动场所，当楼梯井净宽大于 0.2 m 时，必须采取防止少年儿童坠落的措施。

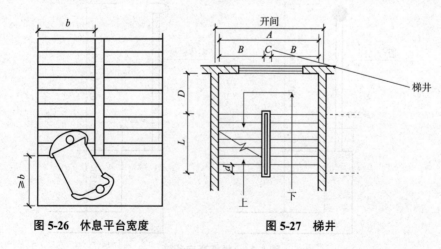

图 5-26 休息平台宽度   图 5-27 梯井

6. 楼梯的净空高度

楼梯的净空高度包括楼梯段的净高和平台处的净高。楼梯段的净高是指自踏步前缘线（包括最低和最高一级踏步前缘线以外 0.3 m 范围内）至正上方凸出物下沿之间的垂直距离。平台过道处净高是指平台梁底至平台梁正下方踏步或楼地面上边缘的垂直距离。为保证在这些部位通行或搬运物件时不受影响，其净空高度在平台过道处应大于 2 m，在楼梯段处应大于 2.2 m，如图 5-28 所示。

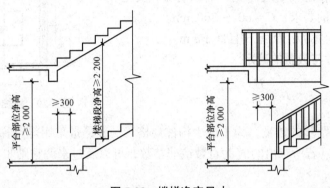

图 5-28 楼梯净空尺寸

◉ 课外拓展实践

目标任务 1：跟随教师到教学楼楼梯间现场学习楼梯的构造和尺度；
目标任务 2：完成对身边楼梯间的实测实量，填写电子版任务工单并附测量尺寸的照片。

课堂任务工单

楼梯类型：　　　　　　　　　　　　　楼梯地址：
　第____小组　　　　　　　　　　　　组员姓名：_____
测量实况：（单位：mm）

楼梯间净开间：	mm	一至二楼层净高：	m
楼梯间净进深：	mm	平台下净高：	m
楼梯梯数：	级	楼层平台净宽：	mm
梯段宽：	mm	休息平台净宽：	mm
梯段踏步数：	级	栏杆间距：	mm
踏步踏面宽：	mm	扶手高度：	mm
踏步踢面高：	mm	楼梯井宽：	mm
其他：			

五、楼梯尺寸的确定

设计楼梯主要是解决楼梯梯段和平台的设计，而梯段和平台的尺寸与楼梯间的开间、进深和层高有关。楼梯平面的尺寸关系如图 5-29 所示。

1. 梯段宽度与平台宽的计算

（1）梯段宽 B：

$$B = \frac{A - C}{2}$$

式中，A——开间净宽；

　　　C——两梯段之间的缝隙宽，考虑消防、安全和施工的要求，$C = 60 \sim 200$ mm。

（2）中间平台宽 D：$D \geqslant B$ 且 $\geqslant 1.2$ m。

2. 踏步的尺寸与数量的确定

$$N = \frac{H}{h}$$

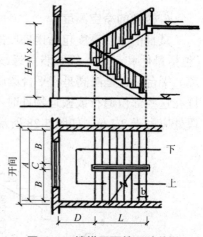

图 5-29　楼梯平面的尺寸关系

式中，N——每层踏步的数量，为了减少构件规格，一般尽量采用等跑梯段，因此 N 宜为偶数（若所求出的 N 为奇数或非整数，可以反过来调整踏步高 h）；

　　　H——层高；

　　　h——踏步高。

3. 梯段长度计算

梯段长度取决于踏步数量。当 N 已知后，对两段等跑的楼梯梯段长 L 为

$$L = \left(\frac{N}{2} - 1 \right) b$$

式中，b——踏步宽。

4. 楼梯的净空高度

当楼梯底层中间平台下做通道时，为求得下面空间净高 $\geqslant 2\,000$ mm，常采用以下几种处理方法，如图 5-30 所示。

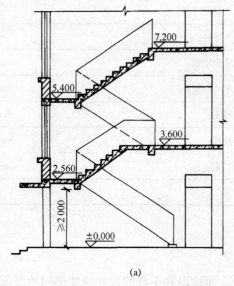

(a)

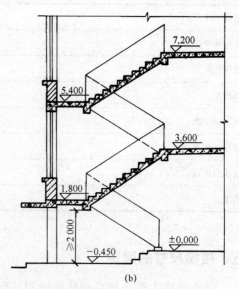

(b)

图 5-30　平台下作出入口时楼梯净高设计的几种方式

(a) 底层设计成"长短跑"；(b) 增加室内外高差

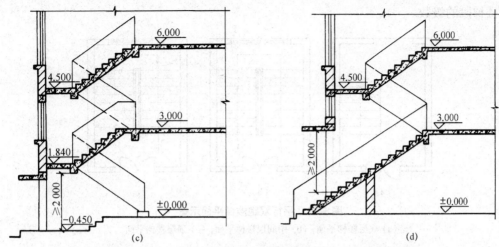

图 5-30 平台下作出入口时楼梯净高设计的几种方式（续）
（c）底层设计成"长短跑"与增加室外高差相结合；（d）底层采用单跑梯段

（1）将楼梯底层设计成"长短跑"，让第一跑的踏步数目多些，第二跑的踏步数少些，利用踏步的多少来调节下部净空的高度。

（2）增加室内外高差。

（3）将上述两种方法结合，即降低底层中间平台下的地面标高，同时增加楼梯底层第一个梯段的踏步数量。

（4）将底层采用单跑楼梯，这种方式多用于少雨地区的住宅建筑。

（5）取消平台梁，即平台板和梯段组合成一块折形板。

◉ 课外拓展实践

目标任务 3： 观察本教学楼楼梯间现场，分析楼梯底层平台下净高的设计方法属于课堂介绍的哪一种，并说明理由。

单元二　平行双跑楼梯设计

一、楼梯设计的一般步骤

在对建筑物的楼梯进行设计时，先要决定楼梯所在的位置，然后可以按照以下步骤进行设计：

（1）根据建筑物的类别和楼梯在平面中的位置，确定楼梯的形式。在建筑物的层高及平面布局一定的情况下，楼梯的形式由楼梯所在的位置及交通的线流决定。楼梯在建筑物层间的梯段数必须符合交通线流的需要，而且每个梯段所有的踏步数应在相关规范规定的范围内。

图 5-31 所示为平行双跑楼梯底层、中间层和顶层楼梯平面的表示方法，从图中可以反映楼梯的基本布局及转折的关系。

（2）根据楼梯的性质和用途，确定楼梯的适宜坡度，选择踏步高、踏步宽，确定踏步级数。用房屋的层高除以踏步高，得出踏步级数。踏步应为整数。结合楼梯的形式，确定每个楼梯段的级数。

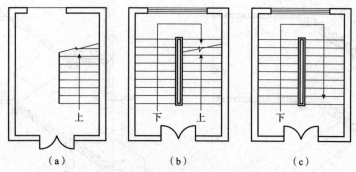

图 5-31　平行双跑楼梯平面示意
（a）底层楼梯平面；（b）中间层楼梯平面；（c）顶层楼梯平面

（3）决定整个楼梯间的平面尺寸。根据楼梯在紧急疏散时的防火要求，楼梯往往需要设置在符合防火规范规定的封闭楼梯间内。扣除墙厚以后，楼梯间的净宽度为梯段总宽度及中间的楼梯井宽度之和，楼梯间的长度为平台总宽度与最长的梯段长度之和。其计算基础是符合相关规范规定的梯段的设计宽度及层间的楼梯踏步数。

此外，当楼梯平台通向多个出入口或有门向平台方向开启时，楼梯平台的深度应考虑适当加大以防止碰撞。当梯段需要设两道及两道以上的扶手或扶手按照规定必须伸入平台较长距离时，也应考虑扶手设置对楼梯和平台净宽的影响。

（4）用剖面来验楼梯的平面设计。楼梯在设计时必须单独进行剖面设计来检验其通行的可能性，尤其是检验与主体结构交汇处有无构件安置方面的矛盾，以及其下面的净空高度是否符合相关规范的要求。如果发现问题，应及时修改，如图 5-32 所示。

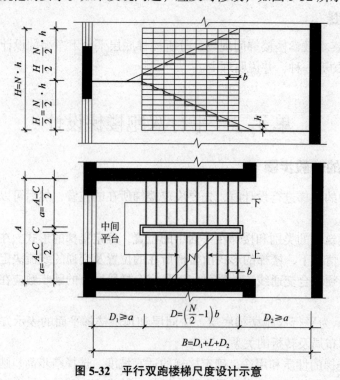

图 5-32　平行双跑楼梯尺度设计示意

二、工程案例

某内廊式教学楼的层高为 3.60 m，楼梯间的开间为 3.30 m，进深为 6 m，室内外地面高差为 450 mm，墙厚为 240 mm，轴线居中，试设计该楼梯。

解：

（1）选择楼梯形式。对于开间为 3.30 m，进深为 6 m 的楼梯间，适合选用双跑平行楼梯。

（2）确定踏步尺寸和踏步数量。作为公共建筑的楼梯，初步选取踏步宽度 $b = 300$ mm，由经验公式 $2h + b = 600$ mm 求得踏步高度 $h = 150$ mm，初步取 $h = 150$ mm。

（3）确定梯段宽度。取梯井宽为 160 mm，楼梯间净宽为 $3\,300 - 2 \times 120 = 3\,060$（mm），则梯段宽度为

$$B = \frac{3\,060 - 160}{2} = 1\,450\ (\text{mm})$$

$$N = \frac{\text{层高}(H)}{\text{踏步高}(h)} = \frac{3\,600}{150} = 24$$

（4）确定各梯段的踏步数量。各层两梯段采用等跑，则各层两个梯段踏步数量为

$$n_1 = n_2 = \frac{N}{2} = \frac{24}{2} = 12\ (\text{级})$$

（5）确定梯段长度和梯段高度。

梯段长度 $\qquad L_1 = L_2 = (n - 1)b = (12 - 1) \times 300 = 3\,300\ (\text{mm})$

梯段高度 $\qquad H_1 = H_2 = n \cdot h = 12 \times 150 = 1\,800\ (\text{mm})$

（6）确定平台深度。中间平台深度 B_1 不小于 1 450 mm（梯段宽度），取 1 600 mm，楼梯平台深度 B_2 暂取 600 mm。

（7）校核：

$L_1 + B_1 + B_2 + 120 = 3\,300 + 1\,600 + 600 + 120 = 5\,620\ (\text{mm}) < 6\,000$ mm（进深）

将楼层平台深度加大至 $600 + (6\,000 - 5\,620) = 980$（mm）。

（8）绘制楼梯各层平面图和楼梯剖面图，按三层教学楼绘制。设计时按实际层数绘图，如图 5-33 所示。

三、常见错误举例

（1）踏步尺寸取值不合适。

以公共建筑的次要楼梯为例，错误做法：踏步尺寸取 250 mm × 180 mm。

正确的取值范围应为（260 ~ 300）mm × （150 ~ 170）mm。

（2）踏步尺寸不统一。

错误做法：如同一楼梯间内，一部分踏步尺寸取 300 mm × 150 mm，另一部分为 300 mm × 160 mm。

正确做法：各层踏步尺寸应统一。

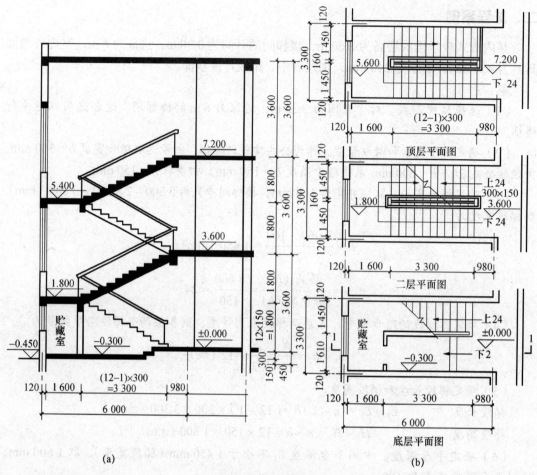

图 5-33　楼梯设计图

(a) 楼梯剖面图；(b) 楼梯平面图

（3）梯段长度计算错误。

错误做法：梯段长度 = 踏步数量 × 踏步宽度。

正确做法：梯段长度 =（踏步数量 - 1）× 踏步宽度。

由于梯段上行的最后一个踏步面的标高与平台面标高一致，其踏步宽度已计入平台深度。因此，在计算梯段长度时，应减去一个踏步宽度。

（4）平台深度尺寸不符合要求。

错误做法：平台深度小于梯段宽度。

正确做法：应是平台深度不应小于梯段宽度。

（5）中间平台下地面标高不合理。错误做法：楼梯底层中间平台下设通道时，平台下地面标高降得太低，底层中间平台下地面标高同室外地面标高相同。

正确做法：平台下地面标高至少应比室外地面高出 100 ~ 150 mm，如图 5-34 所示。

（6）楼梯底层中间平台下设通道时，台阶位置不合理。

错误做法：楼梯底层中间平台下设通道时，部分台阶移至室内的位置不正确或台阶设在平台梁下面。

正确做法：台阶应设在平台梁以内不小于 300 mm 的地方，如图 5-35 所示。

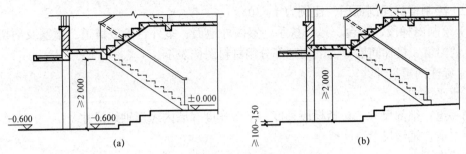

图 5-34　中间平台下地面标高处理

（a）错误的做法；（b）正确的做法

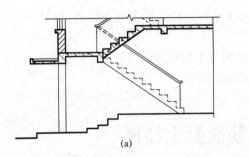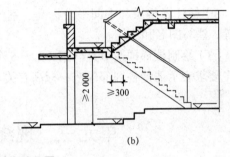

图 5-35　楼梯间的台阶位置

（a）错误的做法；（b）正确的做法

四、设计某住宅的双跑楼梯

1. 设计条件

该住宅为六层砖混结构，层高为 2.8 m，楼梯间为 2 700 mm×6 600 mm。墙体均为 24 砖墙，轴线居中，底层设有住宅出入口，室内外高差为 450 mm。

2. 设计内容及深度要求

用一张 A2 图纸完成以下内容：

（1）绘制楼梯间底层、标准层和顶层三个平面图，比例为 1∶50。

1）绘制出楼梯间墙、门窗、踏步、平台及栏杆扶手等。底层平面图还应绘制出室外台阶或坡道、部分散水的投影等。

2）标注两道尺寸线。

①开间方向：

第一道：细部尺寸，包括梯段宽、梯井宽和墙内缘至轴线尺寸。

第二道：轴线尺寸。

②进深方向：

第一道：细部尺寸，包括梯段长度、平台深度和墙内缘至轴线尺寸。

第二道：轴线尺寸。

3）内部标注楼层和中间平台标高、室内外地面标高，标注楼梯上下行指示线，并注明该层楼梯的踏步数和踏步尺寸。

4）注写图名、比例，底层平面图还应标注剖切符号。

（2）绘制楼梯间剖面图，比例为1：30。

1）绘制出梯段、平台、栏杆扶手，室内外地面、室外台阶或坡道、雨篷及剖切到投影所见的门窗、楼梯间墙等，剖切到部分用材料图例表示。

2）标注两道尺寸线。

①水平方向：

第一道：细部尺寸，包括梯段长度、平台宽度和墙内缘至轴线尺寸。

第二道：轴线尺寸。

②垂直方向：

第一道：各梯段的级数及高度。

第二道：层高尺寸。

3）标注各楼层和中间平台标高、室内外地面标高、底层平台梁底标高、栏杆扶手高度等，注写图名和比例。

（3）绘制楼梯构造节点详图（2～5个），比例为1：10。

要求表示清楚各细部构造、标高有关尺寸和做法说明。

单元三　现浇钢筋混凝土楼梯

由于钢筋混凝土楼梯具有结构坚固耐久、节约木材、防火性能好、可塑性强等优点，因此在建筑工程中得到广泛应用。钢筋混凝土楼梯按施工方式可分为现浇式和预制装配式两类。现浇式钢筋混凝土楼梯又称整体式钢筋混凝土楼梯，是指在施工现场将楼梯段、楼梯平台等构件支模板、绑扎钢筋和浇筑混凝土而成。其优点是结构整体性好，刚度大，对抗震较为有利，可塑性强，能适应各种楼梯间平面和楼梯形式；缺点是需要现场支模，模板耗费较大，施工周期较长且受季节限制，抽孔困难，不便做成空心构件，所以，混凝土用量和自重较大。现浇式钢筋混凝土楼梯多用于楼梯形式复杂或抗震要求较高的建筑中。

钢筋混凝土楼梯按梯段的传力特点可分为板式楼梯和梁板式楼梯。

一、板式楼梯

板式楼梯是指将楼梯段作为一块整板，由楼梯段承受梯段上全部荷载的楼梯。楼梯板可分为有平台梁和无平台梁两种情况。有平台梁的板式楼梯，梯段相当于一块斜放的现浇板，平台梁是支座，梯段内的受力钢筋沿梯段的长向布置，平台梁之间的距离为楼梯段的跨度。无平台梁的板式楼梯是将楼梯段和平台板组合成一块折板，取消平台梁，这时板的跨度为楼梯段的水平投影长度与平台宽度之和，如图5-36所示。

板式楼梯的传力路线是楼梯板→平台梁→墙或柱。板长在3 m以内时比较经济。

板式楼梯是运用最广泛的楼梯形式，可用于单跑楼梯、双跑楼梯、三跑楼梯等。板式楼梯可现浇也可预制，但目前大部分采用现浇式。板式楼梯的优点是下表面平整，施工支模方便；缺点是斜板较厚，当跨度较大时，材料用量较多。板式楼梯外观美观，多用于住宅、办公楼、教学楼等建筑，目前跨度较大的公共建筑也多采用，如图5-37所示。

为了保证平台过道处的净空高度，可以在板式楼梯的局部位置取消平台梁，这种楼梯称为折板式楼梯或悬挑板式楼梯，如图5-38所示。

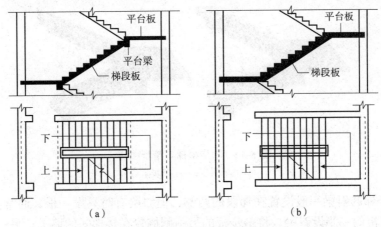

图 5-36　现浇钢筋混凝土板式梯段

(a) 有平台梁；(b) 无平台梁

图 5-37　钢筋混凝土板式楼梯实例

图 5-38　悬挑板式楼梯实例

二、梁板式楼梯段

当梯段较宽或楼梯负载较大时，采用板式梯段往往不经济，须增加梯段斜梁（简称梯梁）以承受板的荷载，并将荷载传递给平台梁，这种梯段称为梁板式梯段。梁板式楼梯是由梯斜梁承受梯段上全部荷载的楼梯。楼梯段由斜梁和踏步板组成。斜梁两端支承在平台梁上；踏步板将荷载传递给梯斜梁，梯斜梁将荷载传递给平台梁。梁板式梯段的宽度相当于踏步板的跨度，平台梁的间距即梯斜梁的跨度。梁板式楼梯传力路线是楼梯板→梯梁→平台梁→墙或柱，如图 5-39 所示。

图 5-39　钢筋混凝土梁板式楼梯实例

梁板式梯段的斜梁位于踏步板的下部，这时踏步外露，称为正梁式梯段，又称明步楼梯。这种做法使梯段下部形成梁的暗角，容易积灰，梯段侧面经常被清洗踏步产生的脏水污染，影响美观。梯斜梁位于踏步板的上部，这时踏步被斜梁包在里面，称为反梁式梯段，又称暗步楼梯。暗步楼梯段底面平整，洗刷楼梯时污水不致污染楼梯底面，弥补了明步楼梯的缺陷，但由于斜梁宽度应满足结构的要求，往往宽度较大，从而使梯段的净宽变小，如图 5-40 所示。

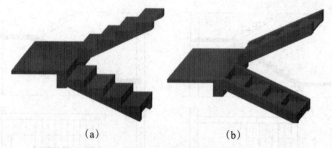

图 5-40　明步楼梯与暗步楼梯

(a) 明步；(b) 暗步

梁板式楼梯的斜梁一般设置在梯段的两侧，但斜梁有时只设一根，通常有两种形式：一种是在踏步板的一侧设斜梁，将踏步板的另一侧搁置在楼梯间的墙上；另一种是将斜梁布置在踏步板的中间，踏步板向两侧悬挑，如图 5-41 所示。

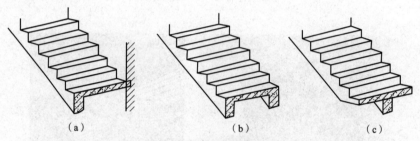

图 5-41　梁板式楼梯示意

(a) 梯段一侧设斜梁；(b) 梯段两侧设斜梁；(c) 梯段中间设斜梁

在梁板式结构中，单梁式楼梯是近年来公共建筑中采用较多的一种结构形式。这种楼梯的每个梯段由一根梯梁支承踏步。梯梁布置有两种方式：一种是单梁悬臂式楼梯；另一种是单梁挑板式楼梯。单梁挑板式楼梯是将梯段斜梁布置在踏步的中间，让踏步从梁的两端挑出。单梁楼梯受力复杂，梯梁不仅受弯，而且受扭。但这种楼梯外形轻巧、美观，常为建筑空间造型所采用，如图 5-42 所示。

梯梁

悬挑踏步板

梁的尺寸及
钢筋按设计

图 5-42　单梁挑板式楼梯

单元四　预制装配式钢筋混凝土楼梯

预制装配式钢筋混凝土楼梯有利于节约模板、提高施工速度。根据构件的划分情况，预制装配式的楼梯又可分为小型构件装配式、中型构件装配式和大型构件装配式楼梯三大类。

一、小型构件预制装配式钢筋混凝土楼梯

小型构件预制装配式钢筋混凝土楼梯是将楼梯的组成部分划分为若干构件，每一构件体积小、质量轻、易于制作、便于运输和安装。但由于安装时件数较多，所以施工工序多，现场湿作业较多，施工速度较慢。其适用于施工过程中没有吊装设备或只有小型吊装设备的建筑物。

1. 基本形式

预制装配式钢筋混凝土楼梯按其构造方式可分为墙承式、墙悬臂式和梁承式等类型。

（1）墙承式。预制装配墙承式钢筋混凝土楼梯踏步板两端支承在墙体上。踏步板一般采用一字形、正 L 形或倒 L 形断面；没有平台梁、梯斜梁和栏杆，需要时设置靠墙扶手。但由于踏步板直接安装入墙体，对墙体砌筑和施工速度影响较大。同时，踏步板入墙端的形状、尺寸与墙体砌块模数不容易吻合，砌筑质量不易保证。这种楼梯由于梯段之间有墙，不易搬运家具；转弯处视线被挡，需要设置观察孔；对抗震不利，施工也较麻烦。现在只用于小型一般性建筑物。

（2）墙悬臂式。预制装配墙悬臂式钢筋混凝土楼梯踏步板一端固在楼梯的侧墙上，另一端悬挑在空中。踏步板一般采用正 L 形或倒 L 形断面；没有平台梁、梯斜梁，栏杆安装在悬挑一端。由于对抗震不利，现在基本不采用了。

（3）梁承式。预制装配梁承式钢筋混凝土楼梯是指平台梁支承在墙体或框架梁上，梯段板架在平台梁上的楼梯构造方式。由于在楼梯平台与斜向梯段交汇处设置了平台梁，避免了构件转折处受力不合理和节点处理的困难，同时，平台梁既可以支承于承重墙上，又可以支承于框架结构梁上，在一般大量民用性建筑物中较为常用。预制构件可以按梯段（板式梯段或梁板式梯段）、平台梁、平台板三部分进行划分。

下面以常用的平行双跑楼梯为例，阐述预制装配梁承式钢筋混凝土楼梯的一般构造。

2. 预制装配梁承式钢筋混凝土楼梯构件

（1）梯段。梁板式梯段由梯斜梁和踏步板组成。一般踏步板两端各设一根梯斜梁，踏步板支承在梯段斜梁上，斜梁支承在平台梁上。踏步板一般采用一字形、三角形、正 L 形或倒 L 形断面，如图 5-43 所示。梯段斜梁一般是锯齿形或矩形，如图 5-44 所示。

板式梯段为整块或数块带踏步的条板，其上、下端直接支承在平台梁上。由于没有梯斜梁，板段底面平整，结构厚度小，板厚为 $L/30 \sim L/20$（L 为梯段水平投影跨度）。

梯斜梁一般为矩形截面和锯齿形截面梯斜梁两种。矩形截面梯斜梁用于搁置三角形断面踏步板；锯齿形截面梯斜梁主要用于搁置一字形、正 L 形、倒 L 形的踏步板。

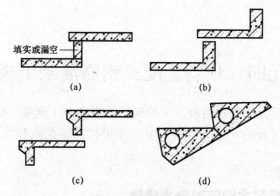

填实或漏空

(a)   (b)

(c)   (d)

图 5-43   预制踏步板

（a）一字形；（b）正 L 形；（c）倒 L 形；（d）三角形

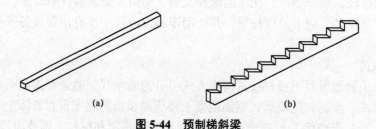

(a)   (b)

图 5-44   预制梯斜梁

（a）支承一字形、正 L 形踏步板；（b）支承三角形踏步板

（2）平台梁及平台板。为了便于支承梯斜梁或梯段板，平台梁一般采用正 L 形断面，断面高度按平台梁跨度估算（L 为平台梁跨度），如图 5-45 所示。

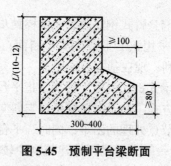

$L/(10\sim12)$ ≥100

≥80

300~400

图 5-45   预制平台梁断面

平台板可根据需要采用预制钢筋混凝土空心板、槽形板或平板。在平台上有管道井处，不宜布置空心板。平台板一般平行于平台梁布置，以利于加强楼梯间整体刚度。当垂直于平台梁布置时，常采用小平板。

3. 梯段与平台梁节点处理

梯段与平台梁的节点处理是构造设计的难点，就两梯段之间的关系而言，一般有梯段齐步和错步两种方式；就平台梁与梯段之间的关系而言，有埋步和不埋步两种方式，如图 5-46 所示。

4. 构件连接

（1）踏步板与梯段斜梁连接。一般水泥砂浆坐浆现浇。若需加强，可以在梯斜梁预设插铁，在踏步板支承端预留孔插接再用高强度等级砂浆填实，如图 5-47（a）所示。

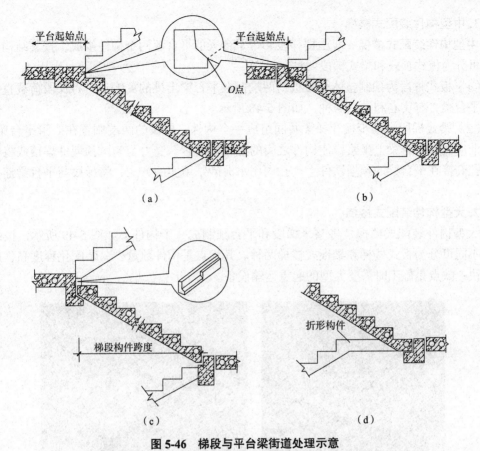

（a）   （b）

（c）   （d）

图 5-46　梯段与平台梁街道处理示意

（a）梯段齐步并埋步；（b）梯段错一步；（c）梯段齐步不埋步；（d）梯段错多步

（2）梯斜梁或梯段板与平台梁连接。一般先采用水泥砂浆坐浆现浇，再焊接预埋钢板，如图 5-47（b）所示。

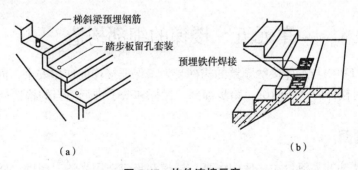

（a）   （b）

图 5-47　构件连接示意

（a）踏步板与梯斜梁连接；（b）梯斜梁梯段板与平台梁连接

二、大中型构件预制装配式钢筋混凝土楼梯

大中型构件预制装配式钢筋混凝土楼梯中的大型构件主要是以整个梯段及整个平台为单独的构件单元，在工厂预制好后运输到现场安装。中型构件主要是沿平行于梯段或平台构件的跨度方向将构件划分成若干块，以减少对大型运输和起吊设备的要求。

1. 中型构件装配式楼梯

中型构件装配式楼梯一般由楼梯段和带平台梁的平台板两个构件组成，按其结构形式不同可分为板式梯段和梁式梯段两种。

（1）板式梯段为预制整体梯段板，两端搁在平台梁出挑的翼缘上，将梯段荷载直接传递给平台梁，有实心和空心两种，如图 5-48 所示。

（2）梁式梯段由踏步板和梯梁共同组成一个构件。梯段的两端搁置在 L 形平台梁上，安装前应先在平台梁上坐浆，使构件之间的接触面贴紧，受力均匀。预埋件焊接或将梯段预留孔套接在平台梁的预埋铁件上。孔内用水泥砂浆填实的方式，将梯段与平台梁连接在一起。

2. 大型构件装配式楼梯

大型构件装配式楼梯是将整个梯段和平台预制成一个构件，如图 5-49 所示，按结构形式不同可分为板式楼梯和梁板式楼梯两种。其优点是构件数量少，装配化程度高，施工速度快；缺点是施工时需要大型的起重运输设备。

图 5-48　预制钢筋混凝土梯段实例　　**图 5-49　大型预制钢筋混凝土楼梯实例**

单元五　楼梯的细部构造

楼梯是建筑物中与人体接触频繁的构件，为了保证楼梯的使用安全，同时，也为了楼梯的美观，应对楼梯的踏步面层、踏步细部、栏杆和扶手进行适当的构造处理。

一、踏步的踏面

一般公共楼梯的人流量大，使用率高，楼梯踏步应选用光洁、耐磨、防滑、美观、不起尘、易于清扫的材料。一般认为，凡是可以用来做室内地坪面层的材料均可用来做踏步面层。面层常采用水泥砂浆、水磨石等，也可采用缸砖、地面砖或各种天然石材等材料，面层做法也可参考楼地面面层的做法。前两种面层多用于一般工业与民用建筑；后几种面层多用于有特殊要求或较高级的公共建筑，如图 5-50、图 5-51 所示。

为防止行人在上下楼梯时滑跌，特别是水磨石面层及其他表面光滑的面层，在踏步前缘应有防滑措施。踏步前缘也是踏步磨损最厉害的部位，采取防滑措施可以提高踏步前缘的耐磨程度，起到保护作用。常见的踏步防滑措施有在踏步近踏口处，用不同于面层的材料做出略高于踏面的防滑条或防滑槽或用带有槽口的陶土块或金属板包住踏口。如果面层采用水泥砂浆抹面，由于表面粗糙，故可不做防滑条。防滑条的材料可采用铁屑水泥、金刚砂、塑料条、橡胶条、金属条、马赛克等。采用耐磨防滑材料（如缸砖、铸铁等）做防滑包口，既防滑又起保护作用，如图 5-52 所示。

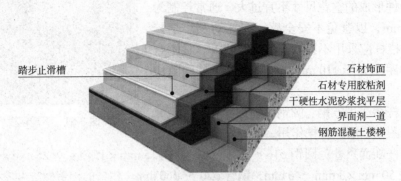

图 5-50　钢筋混凝土楼梯石材饰面构造三维图

图 5-51　钢筋混凝土楼梯地面砖构造三维图

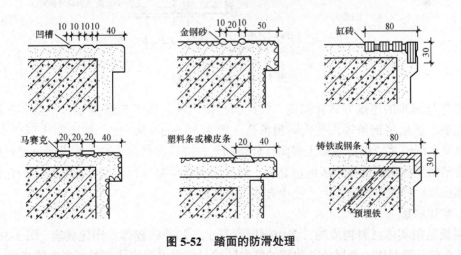

图 5-52　踏面的防滑处理

二、栏杆与栏板

1. 栏杆

栏杆是布置在楼梯梯段和平台边缘处有一定安全保障度的围护构件。栏杆在设计、施工时应考虑坚固、安全、适用、美观。栏杆（栏板）应以坚固、耐久的材料制作，并应安装牢固且能承受相应的水平荷载。栏杆常采用方钢、圆钢、钢管或扁钢等材料，并可焊接或铆接成各种图案，既起防护作用，又起装饰作用，如图5-53所示。

栏杆杆件形成的空花尺寸不宜过大，通常控制为120～150 mm，以避免不安全感。在托幼及小学校等建筑物，栏杆应采用不易攀登的垂直线饰，且垂直线之间的净距不大于110 mm，以防止儿童从间隙中跌落的意外。

空花栏杆多采用方钢、圆钢、扁钢等型材焊接或铆接成各种图案，既起防护作用，又有一定的装饰效

图 5-53 不锈钢栏杆实例

果。常用栏杆断面尺寸：圆钢$\phi16～\phi25$ mm，方钢15 mm×15 mm～25 mm×25 mm，扁钢30 mm～50 mm×3 mm～6 mm，钢管$\phi20～\phi60$ mm。栏杆的构造做法可参考图5-54。

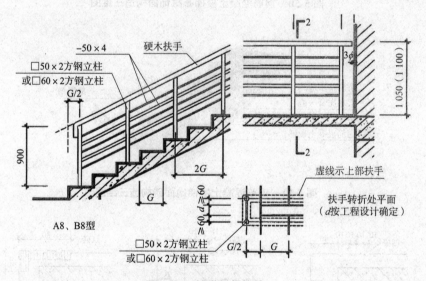

图 5-54 楼梯栏杆构造

栏杆与踏步的连接方式有锚接、焊接和栓接三种，如图5-55所示。锚接是在踏步上预留孔洞，然后将钢条插入孔内，预留孔一般为50 mm×50 mm，插入洞内至少80 mm，洞内浇筑水泥砂浆或细石混凝土嵌固；焊接则是在浇筑楼梯踏步时，在需要设置栏杆的部位，沿踏面预埋钢板或在踏步内埋套管，然后将钢条焊接在预埋钢板或套管上；栓接是指利用螺栓将栏杆固定在踏步上，连接方式可有多种。

2. 实体栏板

栏板是用实体材料构成的，多由钢筋混凝土、加筋砖砌体、钢化玻璃（图5-56）、石材（图5-57）等制作。高层公共建筑的临空防护栏杆宜设置实体栏板或半实体栏板。

砖砌栏板，当栏板厚度为60 mm（标准砖侧砌）时，外侧要用钢筋网加固，再用钢筋混凝土扶手与栏板连接成整体。

钢筋混凝土栏板有现浇和预制两种。现浇钢筋混凝土楼梯栏板经支模、扎筋后与楼梯段整浇，预制钢筋混凝土楼梯栏板则用预埋钢板焊接，如图5-58所示。

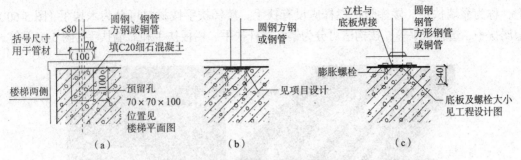

图 5-55 楼梯栏杆与梯段连接示意

(a) 埋入预留孔洞；(b) 与预埋铁件焊接；(c) 膨胀螺栓锚固底板立杆焊在底板上

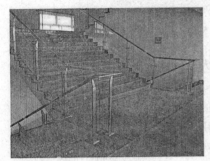

图 5-56 玻璃栏板实例

图 5-57 石材栏板实例

图 5-58 钢筋混凝土栏板实例

3.组合式栏杆

组合式栏杆是将空花栏杆与实体栏板组合而成的一种栏杆形式。空花部分多用金属材料制成，栏板部分可用砖砌栏板、有机玻璃、钢化玻璃等，两者共同组成组合式栏杆，如图 5-59 所示。

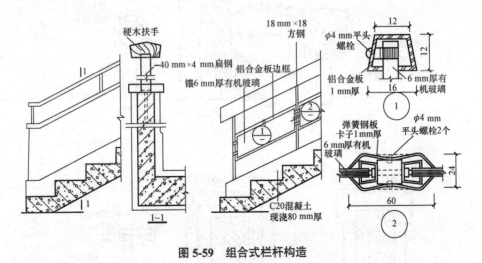

图 5-59 组合式栏杆构造

三、扶手

扶手是指设置在栏杆（板）顶部，供人行走或休息时倚扶用的构件。扶手也可附设于墙上，称为靠墙扶手。楼梯防护栏杆应设有扶手。楼梯扶手按材料可分为木扶手（图5-60）、金属扶手、塑料扶手等；按构造可分为镂空栏杆扶手、栏板扶手和靠墙扶手（图5-61）等。

图 5-60　木扶手实例

图 5-61　靠墙扶手实例

公共楼梯应至少在单侧设置扶手，梯段净宽达3股人流的宽度时应两侧设置扶手，达4股人流时宜加设中间扶手。

楼梯扶手一般是连续设置的，扶手断面形式和尺寸的选择既要考虑人体尺度和使用要求，又要考虑与楼梯的尺度关系和加工制作的可能性。扶手的垂直高度至少应为900 mm。为了保证安全抓握，扶手的直径应为25～50 mm的圆形截面或便于用手抓握的等效截面。

除金属扶手可以与金属立杆直接焊接外，木制扶手和塑料扶手与钢立杆连接往往还要借助于焊接在立杆上的通长扁铁来与扶手用螺钉连接或卡接，靠墙扶手则由预埋铁脚的扁钢用木螺钉来固定。栏板上的扶手多采用抹水泥砂浆或水磨石粉面的处理方式，如图5-62所示。

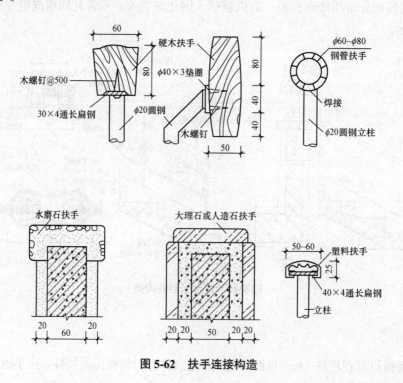

图 5-62　扶手连接构造

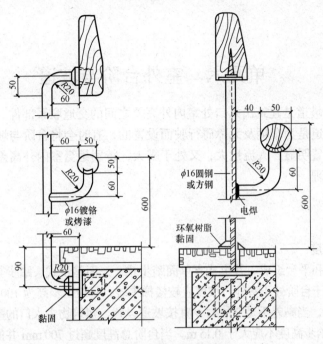

图 5-62 扶手连接构造（续）

顶层平台上的水平扶手端部与墙体的连接一般是在墙上预留孔洞，用细石混凝土或水泥砂浆填实，也可以将扁钢用螺钉固定在墙内预留的防腐木砖上。当为钢筋混凝土墙或柱时，可以预埋铁件焊接，如图 5-63 所示。

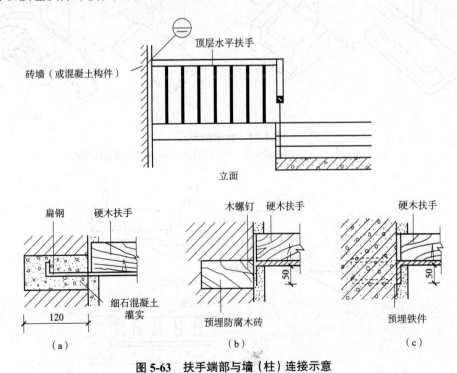

图 5-63 扶手端部与墙（柱）连接示意

(a) 预留孔洞插接；(b) 预埋防腐木砖用木螺钉连接；(c) 预埋铁件焊接

单元六 室外台阶与坡道

室外台阶与坡道是建筑出入口处室内外高差之间的交通联系部件。台阶是供人们进出建筑物之用，坡道是为车辆及无障碍行驶而设置的，有时会将台阶与坡道合并在一起共同工作。由于其位置明显，人流量大，又处于露天，特别是当室内外高差较大或基层土质较差时，须慎重处理。

一、台阶

1. 台阶的尺度

台阶由踏步和平台组成。其形式有单面踏步式、三面踏步式、踏步与坡道结合式等，如图 5-64 所示。由于台阶处于室外，坡度应较楼梯平缓，每级踏步高为 100～150 mm，踏面宽为 300～400 mm，当高差不足 2 级时，宜按坡道设置。建筑物主入口的室外台阶踏步宽度不应小于 0.30 m，踏步高度不应大于 0.15 m。当台阶总高度超过 700 mm 并侧面临空时，应有防护设施。在台阶与建筑出入口大门之间，常设一缓冲平台，作为室内外空间的过渡。平台深度一般不应小于 1 000 mm，平台需做 3% 左右的排水坡度，以利于雨水排除，如图 5-65 所示。

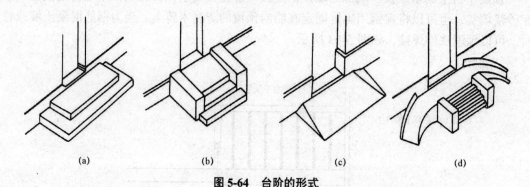

(a)　　　　　　(b)　　　　　　(c)　　　　　　(d)

图 5-64　台阶的形式

（a）三面踏步式；（b）单面踏步式；（c）坡道式；（d）踏步与坡道结合式

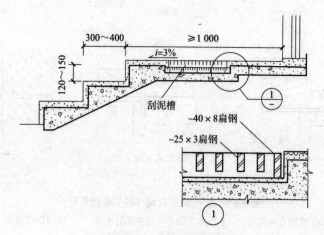

图 5-65　台阶尺度示意

2. 台阶的构造

台阶的构造应坚固耐久；地基应夯实，以防止沉降不均而破坏；选材上应考虑耐久性高的材料，如石材、混凝土、缸砖等；加强节点处理，防止开裂漏水；面层材料必须防滑，也可做成锯齿形或带防滑条。

台阶应待建筑物主体工程完成后再进行施工，并与主体结构之间留出约 10 mm 的沉降缝。台阶的构造分为实铺和架空两种，大多数台阶采用实铺。台阶由面层、垫层、基层等组成。

由于台阶位于易受雨水侵蚀的环境之中，故须慎重考虑防滑和抗风化问题。其面层材料应选择防滑和耐久的材料，如水泥砂浆、混凝土、水磨石、斩假石（剁斧石）、天然石材、防滑地面砖等。对于人流量大的建筑台阶，还宜在台阶平台处设置刮泥槽。需注意刮泥槽的刮齿应垂直于人流方向。

步数较少的台阶，其垫层做法与地面垫层做法类似。一般采用素土夯实后按台阶形状尺寸做 C15 混凝土垫层或砖、石垫层。标准较高的或地基土质较差的还可在垫层下加铺一层碎砖或碎石层。

对于步数较多或地基土质太差的台阶，可根据情况架空成钢筋混凝土台阶，以避免过多填土或产生不均匀沉降。严寒地区的台阶还需考虑地基土冻胀因素，可用含水率低的砂石垫层换土至冰冻线以下，如图 5-66 所示。

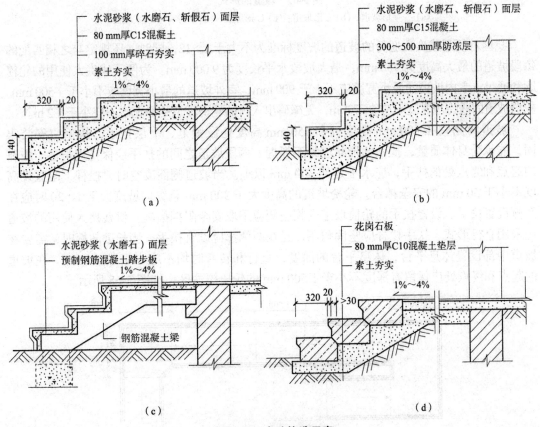

图 5-66 台阶构造示意

（a）混凝土台阶；（b）设防冻层台阶；（c）架空台阶；（d）石材台阶

二、坡道

坡道按照其用途的不同，可分为行车坡道和轮椅坡道两类。行车坡道可分为普通行车坡道和回车坡道两种。普通行车坡道布置在有车辆进出的建筑物入口处，如车库、库房等；回车坡道与台阶踏步组合在一起，布置在某些大型公共建筑物入口处，如医院、旅馆等。轮椅坡道是便于残疾人通行的坡道，轮椅坡道还适用于拄拐杖和借助导盲棍者通过。轮椅坡道的坡度必须较为平缓和有一定的宽度。还有些大型公共建筑，为考虑汽车能在大门入口处通行，常采用台阶与坡道相结合的形式。

坡道多为单面坡形式，极少有三面坡的，坡道的常见形式如图 5-67 所示。坡道坡度应以有利于推车通行为佳，一般为 1:10 ～ 1:8。室内坡道坡度不宜大于 1:8，室外坡道坡度不宜大于 1:10。当坡度大于 1:8 时，坡道表面应做防滑处理，一般将坡道表面做成锯齿形或设防滑条防滑，也可在坡道的面层上做画格处理。自行车推行坡道每段坡长不宜超过 6 m，坡度不宜大于 1:5。

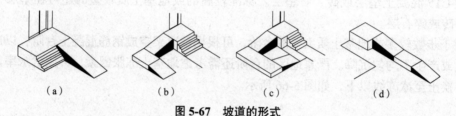

图 5-67　坡道的形式

（a）一字形坡道；（b）L 形坡道；（c）U 形坡道；（d）一字形多段式坡道

我国对便于残疾人通行的坡道的坡度标准为不大于 1:12，同时，还规定与之相匹配的每段坡道的最大高度为 750 mm，最大坡段水平长度为 9 000 mm。为便于残疾人使用的轮椅顺利通过，室内坡道的最小宽度应不小于 900 mm，室外坡道的最小宽度应不小于 1 500 mm。轮椅坡道的通行净宽度不应小于 1 m，无障碍出入口的轮椅坡道的净宽度不应小于 1.2 m。

坡道两侧宜在 900 mm 高度处和 650 mm 高度处设置上、下层扶手，扶手应安装牢固，能承受身体质量，扶手的形状应易于抓握。两段坡道之间的扶手应保持连贯性。坡道的起点和终点处的扶手，应水平延伸 300 mm 以上。当坡道侧面凌空时，栏杆下端宜设高度不小于 50 mm 的安全挡台。轮椅坡道的高度大于 300 mm 且纵向坡度大于 1:20 时应在两侧设置扶手。设置扶手的轮椅坡道的临空侧应采取安全阻挡措施。供残疾人使用的坡道应采用直行形式。扶手栏杆应坚固耐用，且在两侧都应设有扶手。当长度超标时，需要在坡道中部设置休息平台，休息平台的深度，直行和转弯时均不应小于 1 500 mm。在坡道的起点和终点处应保留有深度不小于 1 500 mm 的轮椅缓冲区，如图 5-68 所示。

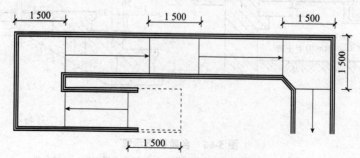

图 5-68　坡道休息平台最小深度

坡道材料常见的有混凝土或石块等，面层也以水泥砂浆居多，对经常处于潮湿、坡度较陡或采用水磨石做面层的，在其表面必须做防滑处理。坡道的常见做法可参考图 5-69。

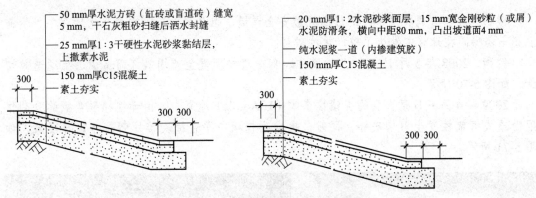

图 5-69　坡道地面构造做法示意

模块小结

楼梯一般由楼梯段、平台及栏杆（或栏板）三部分组成。

楼梯按其平面形式不同，可分为直行单跑楼梯、直行多跑楼梯、平行双跑楼梯、平行双分双合楼梯、折行多跑楼梯、剪刀楼梯、螺旋形楼梯、弧形楼梯等形式。

梯段宽度按每股人流 500～600 mm 宽度考虑。楼梯净宽需满足各类建筑设计规范中对梯段宽度的限定，如住宅 ≥ 1 100 mm，公建 ≥ 1 300 mm。楼梯常见坡度为 20°～45°，其中 30° 左右较为通用。

楼梯踏步尺寸经验公式：

$$h + b = 450 \text{ mm} \ \text{或} \ 2h + b = 600 \sim 620 \text{ mm}$$

式中，$b = 275 \sim 300$ mm，$h = 150 \sim 175$ mm。

楼梯栏杆扶手的高度在 30° 左右的坡度下常采用 900 mm；儿童使用的楼梯一般为 600 mm。对一般室内楼梯 ≥ 900 mm，靠梯井一侧水平栏杆长度 >500 mm 时，其高度 ≥ 1 050 mm，室外楼梯栏杆高 ≥ 1 100 mm。

住宅共用楼梯平台应便于家具搬运，净宽应不小于梯段净宽且不得小于 1.2 m。医院建筑还应保证担架在平台处能转向通行，其中间平台宽度应 >1 800 mm。

梯井宽度以 60～200 mm 为宜。

楼梯的净空高度在平台处应大于 2 m，在梯段处应大于 2.2 m。

钢筋混凝土楼梯按施工方式可分为现浇式和预制装配式两类，按梯段的传力特点可分为板式楼梯和梁板式楼梯。

预制装配式钢筋混凝土楼梯可分为小型构件装配式、中型构件装配式和大型构件装配式楼梯三大类。

地震中，楼梯是怎样损坏的？

楼梯本应当建成突发事件的应急疏散安全通道，但是近些年国内外几次地震中，钢筋混凝土楼梯间在地震中发生了较严重的破坏。

例如，2008 年 5 月 12 日汶川地震中，部分楼梯间发生倒塌破坏而造成逃生通道被切断，如图 5-70 所示。

2009 年 4 月 6 日意大利的古镇拉奎拉（L'Aquila）地震中，由于楼梯平台板的分割作用而造成框架柱发生剪切破坏，同时，也发生梯板与平台板交接处断裂等震害现象，如图 5-71 所示。

图 5-70　楼梯破坏实例

图 5-71　楼梯间破坏实例

2010 年 4 月 14 日玉树地震中，框架结构的楼梯震害与汶川地震类似，楼梯踏步板出现水平裂缝，板内钢筋压曲，平台梁端部和跨中被破坏，个别相邻框架梁端发生破坏。

2010 年 2 月 27 日智利地震中，现浇楼梯梯板与平台板交接处发生严重的破坏，如图 5-72 所示。

2011 年 2 月 22 日新西兰第二大城市克莱斯特彻奇（Christchurch，又名基督城）地震中，大量的楼梯出现轻微到中等程度的破坏；同时，还有两幢高层建筑的预制楼梯发生严重的破坏，如图 5-73 所示。

图 5-72　室外楼梯破坏实例

图 5-73　预制楼梯破坏实例

在建筑物中因楼梯结构被破坏、倒塌导致大量人员伤亡，造成重大生命财产损失的案例还有很多。楼梯作为地震时人们逃生的唯一通道，在建筑物中作为"安全岛"具有重要的意义。

复习思考题

一、填空题

1. 楼梯主要由_____、_____和_____三部分组成。
2. 楼梯休息平台的深度不应小于楼梯段_____。
3. 现浇钢筋混凝土楼梯的结构形式有_____和_____。

二、单项选择题

1. 下面楼梯可作为疏散楼梯的是（　　）。
   A. 直跑楼梯　　　　　B. 剪刀楼梯　　　　　C. 螺旋楼梯　　　　　D. 多跑楼梯
2. 在楼梯形式中，不宜用于疏散楼梯的是（　　）。
   A. 直跑楼梯　　　　　B. 两跑楼梯　　　　　C. 剪刀楼梯　　　　　D. 螺旋形楼梯
3. 常见楼梯的坡度为（　　）
   A. $30° \sim 60°$　　　B. $20° \sim 45°$　　　C. $45° \sim 60°$　　　D. $30° \sim 45°$
4. 楼梯平台处的净高不应小于（　　）m。
   A. 2.0　　　　　　　B. 2.1　　　　　　　C. 1.9　　　　　　　D. 2.2
5. 在民用建筑中，楼梯踏步的高度 h、宽度 b 的经验公式正确的是（　　）mm。
   A. $2h + b = 450 \sim 600$　　　　　　B. $2h + b = 600 \sim 620$
   C. $h + b = 500 \sim 600$　　　　　　D. $h + b = 350 \sim 450$
6. 楼梯的连续踏步阶数最少为（　　）级。
   A. 2　　　　　　　　B. 1　　　　　　　　C. 4　　　　　　　　D. 3
7. 楼梯的连续踏步阶数最多不超过（　　）级。
   A. 28　　　　　　　　B. 32　　　　　　　　C. 18　　　　　　　　D. 12
8. 一般走道均为双向人流，一股人流宽（　　）mm 左右。
   A. 550　　　　　　　B. 600　　　　　　　C. 700　　　　　　　D. 500
9. 双跑梯的楼梯间开间净宽为 3.6 m，两梯段之间的缝隙宽为 200 mm，则梯段宽为（　　）m。
   A. 1.5　　　　　　　B. 1.6　　　　　　　C. 1.7　　　　　　　D. 3.4

二、简答题

1. 楼梯是由哪些部分所组成的？各组成部分的作用及要求如何？
2. 常见的楼梯有哪几种形式？各适用于什么建筑？
3. 楼梯设计的要求如何？
4. 确定楼梯段宽度应是以什么为依据？
5. 为什么平台宽度不得小于楼梯段宽度？

6. 楼梯坡度如何确定？踏步高与踏步宽和行人步距的关系如何？

7. 一般民用建筑的踏步高与宽的尺寸是如何限制的？

8. 楼梯为什么要设栏杆？栏杆扶手的高度一般是多少？

9. 楼梯间的开间、进深应如何确定？

10. 楼梯的净高一般是指什么？为保证人流和货物的顺利通行，要求楼梯净高一般是多少？

11. 当底层平台下做出入口时，为增加净高，常采取哪些措施？

12. 钢筋混凝土楼梯常见的结构形式是哪几种？各有何特点？

13. 预制装配式楼梯的预制踏步形式有哪几种？

14. 预制装配式楼梯的构造形式有哪些？

15. 楼梯踏面的做法如何？水磨石面层的防滑措施有哪些？

16. 栏杆与踏步的构造如何？

17. 扶手与栏杆的构造如何？

18. 实体栏板构造如何？

19. 台阶与坡道的形式有哪些？

20. 台阶的构造要求如何？

三、实训任务

请根据图 5-74 完成以下填空。

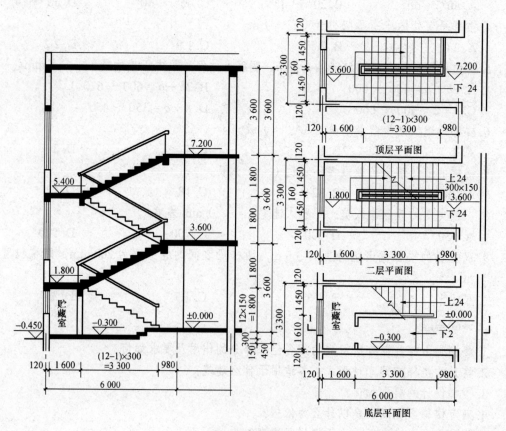

图 5-74　楼梯图

1. 楼梯的开间为_____ mm；

2. 该楼梯的进深为_____ mm；

3. 该楼梯的梯段宽度为_____ mm、_____ mm；

4. 该楼梯的水平投影长度为_____ mm；

5. 该楼梯的梯井宽度为_____ mm；

6. 该楼梯的休息平台净宽为_____ mm；

7. 该楼梯的墙体厚度为_____ mm；

8. 该楼梯的踏步宽度为_____ mm；

9. 该楼梯的踏步高度为_____ mm；

10. 该楼梯间的层高为_____ mm；

11. 每个梯段的高度为_____ mm；

12. 每个梯段的踏步数量为_____级；

13. 底层休息平台的标高为_____ mm；

14. 室外地坪的标高为_____ m。

模块六 屋 顶

1. 了解建筑屋顶的类型、组成和设计要求，掌握屋顶的排水组织方式；
2. 重点掌握平屋顶的构造做法、排水设计方法；
3. 了解坡屋顶的类型、组成、特点及屋顶承重结构的布置，掌握坡屋顶的防水、泛水构造及保温与隔热措施。

能够进行简单的屋面排水设计；能够识读建筑施工图中的屋面详图并能进行正确的施工指导。

培养具有高尚的品德修养与职业操守，良好的人文情怀和科学素养，同时具有较强的批判思维能力。

1.《民用建筑设计统一标准》(GB 50352—2019)；
2.《建筑与市政工程防水通用规范》(GB 55030—2022)；
3.《屋面工程技术规范》(GB 50345—2012)；
4.《屋面工程质量验收规范》(GB 50207—2012)；
5.《建筑工程施工质量验收统一标准》(GB 50300—2013)。

屋顶也称为屋盖，是建筑顶部的承重和围护构件。屋顶又被称为建筑的"第五立面"，对建筑的整体形体和立面形象具有较大的影响。我国传统的建筑屋顶形式很多，且具有严格的等级制度，现代钢筋混凝土结构采用了大量的平屋顶形式。随着科学技术的不断发展和人们对物质精神生活要求的不断提高，屋顶的功能和形式将越来越先进。

单元一 认识屋顶

屋顶也称为屋盖，是覆盖于房屋最上层的外围护结构，可以起到抵抗自然界的风吹、雨淋、日晒等各种寒暑变化的影响，并承受作用在其上的包括自重、风雪、施工等各种荷载。另外，其变化多样的形式，对建筑物的造型也有很大的影响，是体现建筑风格的重要手段。因此，建筑设计中还应注意屋顶的美观问题。

屋顶构造必须满足坚固、耐久、稳定、防水、排水、保温、隔热和能够抵御各种不良影响的要求，保证建筑物内外有一个良好的使用环境。同时，还应做到自重轻、构造简单、施工方便、造价经济、便于就地取材，与建筑物整体协调配合。

一、屋顶的组成与类型

（一）屋顶的组成

屋顶是房屋上面的构造组成部分。各种形式的屋顶基本上都是由屋面（面层）、结构层、保温隔热层和顶棚层组成，如图6-1所示。

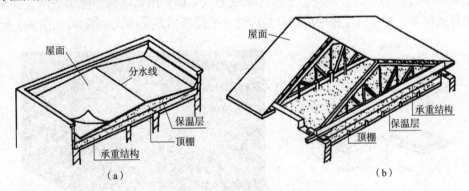

图 6-1 屋顶的组成示意
(a) 平屋顶的组成；(b) 坡屋顶的组成

1. 屋面（面层）

屋面是屋顶的顶层。屋顶面层暴露在大气中，直接受自然界的影响，屋面材料不仅应具有良好的防水性能，还应该能经受自然界各种有害因素的长期作用；同时，屋面材料还应具有一定的强度，以便承受风霜、雨雪等荷载和屋面检修荷载。

2. 结构层

屋顶承重结构承受屋面传来的各种荷载和屋顶自重。承重结构一般有平面结构和空间结构。当建筑内部空间较小时，多采用平面结构，如梁板结构、屋架等。大型公共建筑（如礼堂、体育馆等）内部空间大，常采用空间结构，如网架、悬索、薄壳和折板结构等。承重结构的种类很多，按其材料可分为木结构、钢筋混凝土结构、钢结构等。

3. 保温隔热层

保温层是严寒和寒冷地区为了防止冬季室内热量透过屋顶散失而设置的构造层。隔热层是炎热地区为夏季隔绝太阳辐射热进入室内而设置的构造层。保温层和隔热层应采用导热系数小的材料，其位置可设在顶棚与承重结构之间、承重结构与屋面防水层之间或屋面防水层之上等。

4. 顶棚层

对于每个房间来说，顶棚就是房间的顶面，对于平房或楼房的顶层房间来说，顶棚也就是屋顶的底面，当承重结构采用梁板结构时，一般在底面直接抹灰形成抹灰顶棚；当承重结构采用屋架或室内不允许梁外露时，可在承重结构下吊挂顶棚形成吊顶。坡屋顶顶棚上的空间称为闷顶，若利用这个空间作为使用房间，则称为阁楼，在南方地区可以利用阁楼通风降温。

（二）屋顶的类型

由于不同的屋面材料和不同的承重结构形式，形成了多种屋顶类型，一般可以归纳为常见的三大类，即平屋顶、坡屋顶和其他形式的屋顶。

1. 平屋顶

承重结构为现浇或预制的钢筋混凝土板，屋面上做防水、保温或隔热处理。平屋顶通常是指排水坡度大于等于 2% 且小于 5% 的屋顶。平屋顶既是承重构件又是围护结构。为满足多方面的功能要求，屋顶构造具有多种材料叠合、多层次做法的特点。平屋顶坡度平缓、构造简单、节约材料、造价经济，上部可做成上人屋面，用作露台、屋顶花园，甚至作为直升机停机坪等，在建筑工程中应用最为广泛。平屋顶的常见形式如图 6-2、图 6-3 所示。

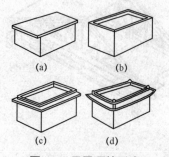

图 6-2　平屋顶的形式
（a）挑檐平屋顶；（b）女儿墙平屋顶；
（c）挑檐女儿墙平屋顶；（d）盝（盒）顶

图 6-3　女儿墙平屋顶实例

2. 坡屋顶

坡屋顶通常是指屋面排水坡度大于 10% 的屋顶。坡屋顶的坡度由屋架找出或把顶层墙体、大梁等结构构件上表面做成一定坡度，屋面板依势铺设形成坡度。传统坡屋顶多采用在木屋架、木椽条或木望板上加铺各种瓦片的做法，而现代坡屋顶多改为钢筋混凝土屋架或钢结构屋架加屋面板，再加防水层等做法。坡屋顶包括单坡、双坡、四坡、歇山式、折板式等多种形式，无论是双坡还是四坡，排水都较通畅。坡屋顶下设吊顶，保温隔热效果都较好。坡屋顶在我国有着悠久的历史，因其造型丰富，能就地取材，同时兼顾了人们的审美要求，是我国古代建筑中常用的屋顶形式，如图 6-4、图 6-5 所示。近年来，因为可满足城市景观要求及自身具有良好的排水性能，坡屋面在现代建筑中同样得到了广泛的应用。

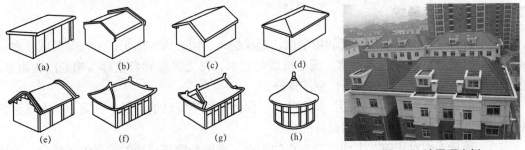

图 6-4　坡屋顶的形式
（a）单坡顶；（b）硬山两坡顶；（c）悬山两坡顶；（d）四坡顶；
（e）卷棚顶；（f）庑殿顶；（g）歇山顶；（h）圆攒尖顶

图 6-5　坡屋顶实例

3. 其他形式的屋顶

随着科学技术的发展，出现了许多新型的屋顶结构形式，如拱结构、薄壳结构、悬索结构、网架结构屋顶等。这些空间结构具有受力合理、节约材料的优点，但施工复杂、造价高，一般适用于大跨度的公共建筑，如图 6-6、图 6-7 所示。

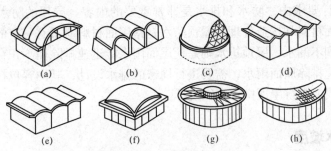

图 6-6　其他形式的屋顶
（a）双曲拱屋顶；（b）砖石拱屋顶；（c）球形网壳屋顶；（d）V 形网壳屋顶；（e）筒壳屋顶；
（f）扁壳屋顶；（g）车轮形悬索屋顶；（h）鞍形悬索屋顶

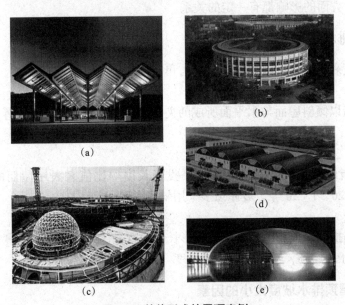

图 6-7　其他形式的屋顶实例
（a）V 形网壳屋顶；（b）车轮形悬索屋顶；（c）球形网壳屋顶；（d）拱屋顶；（e）扁壳屋顶

二、屋顶的设计要求

（1）具有足够的强度、刚度和稳定性，能承受风、雨、雪、施工、上人等荷载，地震区还应考虑地震荷载对它的影响，满足抗震的要求，并力求做到自重轻、构造层次简单；就地取材、施工方便；造价经济、便于维修。

（2）屋顶起良好的围护作用，具有防水、保温和隔热等性能。其中，防止雨水渗漏是屋顶的基本功能要求，也是屋顶设计的核心。

（3）满足人们对建筑艺术即美观方面的需求。屋顶是建筑造型的重要组成部分，屋顶的形式在很大程度上影响着建筑物的整体造型。屋顶的形式、所用的材料及颜色均与周边环境有关，在建筑设计中，应注重屋顶的建筑艺术效果。中国古建筑的重要特征之一就是有变化多样的屋顶外形和装修精美的屋顶细部，现代建筑也应注重屋顶形式及其细部设计。

单元二　屋顶的排水设计

在屋顶的设计要求中，防水和排水是非常重要的内容。屋顶的防水和排水性能是否良好，取决于屋面材料和构造处理。屋顶防水是指屋面材料应具有一定的抗渗能力，或采用不透水材料做到不漏水；屋顶排水则是使屋面雨水能迅速排除而不积存，以减少渗漏的可能性。为了迅速排除屋面雨水，需要进行周密的排水设计，其内容包括选择屋顶排水坡度、确定排水方式、进行屋顶排水组织设计。

一、屋顶的排水坡度

为了排水，屋面应有坡度，而坡度的大小又取决于屋面材料的防水性能。各种屋面的坡度与屋面材料、地理气候条件、屋顶结构形式、施工方法、构造组合方式、建筑造型要求，以及经济等方面的影响都有一定的关系。

（一）屋顶排水坡度的表示方法

常用的坡度表示方法有角度法、斜率法和百分比法，如图 6-8 所示。

1. 角度法

角度法是指以倾斜屋面与水平面所成的夹角表示，如 $a = 26°$、$30°$ 等，在实际工程中不常用。

2. 斜率法

斜率法是指以屋顶高度和剖面的水平投影长度的比值来表示屋面的排水坡度，如 $H : L = 1 : 2$、$1 : 20$、$1 : 50$ 等。坡屋顶多采用斜率法表示。

3. 百分比法

百分比法是指以屋顶高度与其水平投影长度的百分比来表示排水坡度，如 $i = 1\%$、2%、3% 等，主要用于平屋顶，适用于较小的坡度。

（二）影响屋顶排水坡度大小的因素

影响屋顶排水坡度大小的主要因素有屋面防水材料和当地降雨量两个方面的因素。

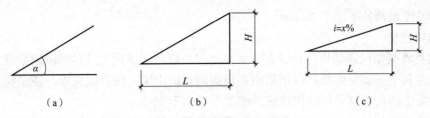

图 6-8 坡度表示方法示意
(a) 角度法；(b) 斜率法；(c) 百分比法

1. 屋面防水材料与排水坡度的关系

防水材料如尺寸较小，接缝必然就较多，容易产生缝隙渗漏，因此屋面应有较大的排水坡度，以便将屋面积水迅速排除。如果屋面的防水材料覆盖面积大，接缝少且严密，屋面的排水坡度就可以小一些。恰当的排水坡度应该是既能满足防水要求，又可以做到经济、节约。不同屋面类别与屋面排水坡度的关系见表 6-1。

表 6-1　屋面的排水坡度

屋面类别		屋面排水坡度 /%
平屋面	防水卷材屋面	≥ 2、<5
瓦屋面	块瓦	≥ 30
	波形瓦	≥ 20
	沥青瓦	≥ 20
	金属瓦	≥ 20
金属屋面	压型金属板、金属夹芯板	≥ 5
	单层防水卷材金属屋面	≥ 2
种植屋面	种植屋面	≥ 2、<50
采光屋面	玻璃采光顶	≥ 5

2. 降雨量大小与坡度的关系

降雨量大的地区，屋面渗漏的可能性较大，屋顶的排水坡度应适当加大；反之，屋顶排水坡度则宜小一些。我国南方地区年降雨量较大，北方地区年降雨量较小，因而，在屋面的防水材料相同时，一般南方地区的屋面坡度比北方地区的屋面坡度大。

3. 其他因素的影响

其他因素如屋面排水路线的长短，上人或不上人，屋面蓄水等。

（三）屋顶坡度的形成方法

关于屋面排水坡度的形成应考虑以下因素：建筑构造做法合理，满足房屋室内外空间的视觉要求，不过多增加屋面荷载，结构经济合理，施工方便等。

1. 材料找坡

材料找坡也称为填坡，是指屋顶结构层可以像楼板一样水平搁置，屋顶坡度由垫坡材料形成，一般用于坡向长度较小的屋面。材料找坡为了减轻屋面荷载，应选用价低、轻质、吸水率低的材料找坡，如炉渣加水泥或石灰、陶粒、浮石、膨胀珍珠岩、加气混凝土碎块等材料来垫置屋面排水坡度，上面再做防水层。必须设保温层的地区，也可以用保温材料来形成坡度。材料找坡适用于跨度不大的平屋顶。平屋顶材料找坡的坡度宜为 2%，找坡层的厚度最薄处不小于 20 mm。

2. 结构找坡

结构找坡是指屋顶结构自身带有排水坡度，一般利用屋顶上倾斜的屋面梁或屋架形成的坡度，在其上安装屋面板；也可采用在顶面倾斜的山墙上搁置屋面板，使结构表面形成坡面。混凝土结构层宜采用结构找坡，坡度不应小于 3%。

材料找坡的屋面板可以水平放置，顶棚面平整，但材料找坡会增加屋面荷载，材料和人工消耗较多；结构找坡无须在屋面上另加找坡材料，构造简单，不增加荷载，但顶棚顶倾斜，室内空间不够规整，有时需要加设吊顶，某些坡屋顶、曲面屋顶常采用结构找坡。这两种方法在工程实践中均有广泛的运用，如图 6-9 所示。

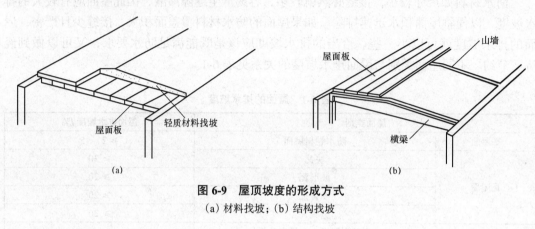

图 6-9　屋顶坡度的形成方式
（a）材料找坡；（b）结构找坡

二、屋顶的排水方式

（一）排水方式

屋顶排水方式可分为无组织排水和有组织排水两大类，如图 6-10 所示。

1. 无组织排水

无组织排水是指屋面雨水直接从檐口滴落至地面的一种排水方式，因为不用天沟、雨水管等导流雨水，故又称为自由落水。无组织排水具有构造简单、造价低的优点，但也存在一些不足之处，例如：雨水直接从檐口流泻至地面，外墙脚常被飞溅的雨水浸湿，降低了外墙的坚固耐久性；从檐口滴落的雨水可能

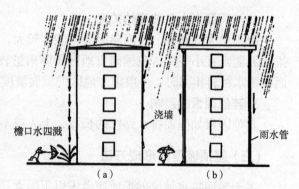

图 6-10　无组织排水与有组织排水比较
（a）无组织排水；（b）有组织排水

影响人行道的交通等。当建筑物较高、降雨量又较大时，这些缺点就更加突出。无组织排水主要适用于少雨地区或一般低层建筑，相邻屋面高差小于 4 m，不宜用于临街建筑和较高的建筑，如图 6-11、图 6-12 所示。

2. 有组织排水

屋面有组织排水是指屋面雨水通过排水系统，有组织地排至室外地面或地下管沟的一

种排水方式。它具有不妨碍人行交通、不易溅湿墙面的优点，因此在建筑工程中应用非常广泛。但与屋面无组织排水相比较，其构造较复杂，造价相对较高。

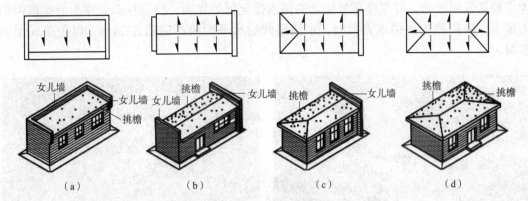

图 6-11　无组织排水

(a) 单坡排水；(b) 双坡排水；(c) 三坡排水；(d) 四坡排水

有组织排水又可分为外排水和内排水两大类。

（1）外排水。外排水是指落水管装设在室外的一种排水方案。其优点是落水管不妨碍室内空间使用和美观，构造简单，因而被广泛采用。常用屋面外排水的方式主要有檐沟外排水、女儿墙外排水和女儿墙檐沟外排水三种，如图 6-13所示，另外，还有外墙暗管外排水。在一般情况下应尽量采用外排水方案，因为屋面有组织排水构造较复杂，极易造成渗漏。

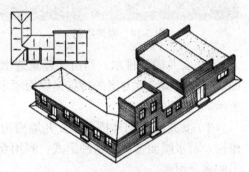

图 6-12　无组织排水屋面综合实例

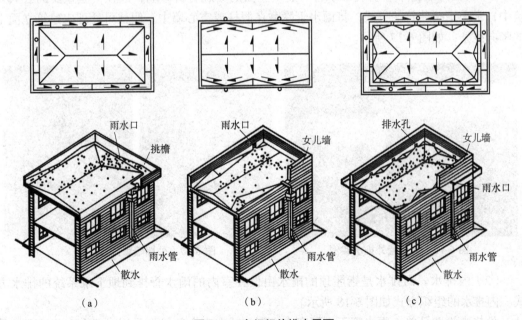

图 6-13　有组织外排水屋面

(a) 檐沟外排水；(b) 女儿墙外排水；(c) 女儿墙檐沟外排水

1）檐沟外排水。天沟即屋面上的排水沟，位于檐口部位时又称檐沟，如图 6-14 所示。屋面雨水汇集到悬挑在墙外的檐沟内，再由落水管排下，如图 6-15 所示。当建筑物出现高低屋面时，可先将高处屋面的雨水排至低处屋面，然后从低处屋面的挑檐沟引入地下。采用檐沟外排水方案时，水流路线的水平距离不应超过 24 m，以免造成屋面渗漏。

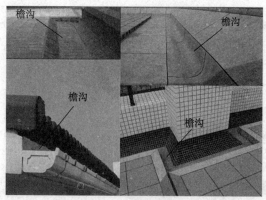

图 6-14　檐沟实例

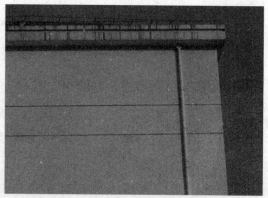

图 6-15　檐沟外排水实例

2）女儿墙外排水。当由于建筑造型所需不希望出现挑檐时，通常将外墙升起封住屋面形成女儿墙。此方案的特点是屋面雨水需要穿过女儿墙，流入室外的雨水管，如图 6-16 所示。

3）女儿墙檐沟外排水。女儿墙檐沟外排水的特点是在屋檐部位既有女儿墙，又有挑檐沟。蓄水屋面常采用这种形式，利用女儿墙作为蓄水仓壁，利用檐沟汇集从蓄水池中溢出的多余雨水。

4）外墙暗管排水。明装雨水管对建筑立面的美观有所影响，故在一些重要的公共建筑中，常采用暗装管的方式，将雨水管隐藏在假柱或空心墙中。假柱可处理成建筑立面上的竖向线条，如图 6-17 所示。

图 6-16　女儿墙外排水实例

图 6-17　外墙暗管排水实例

（2）内排水。内排水是指屋顶的雨水由设在室内的雨水管排到地下水系统的排水方式。内排水的组织方式如图 6-18 所示。

外排水构造简单，雨水管不占用室内空间，故在南方应优先采用。但在有些情况下采用外排水并不恰当，如在高层建筑中就是如此，因为维修室外雨水管既不方便，又不安全；

又如，在严寒地区也不适宜用外排水，因室外的雨水管有可能使雨水冻结，而处于室内的雨水管不会发生这种情况。再如，某些屋面宽度较大的建筑，无法完全依靠外排水排除屋面雨水，自然要采用内排水方案。内排水方式构造复杂，造价及维修费用高，且雨水管会占用室内空间，一般适用于大跨度建筑、高层建筑、严寒地区及对建筑立面有特殊要求的建筑。

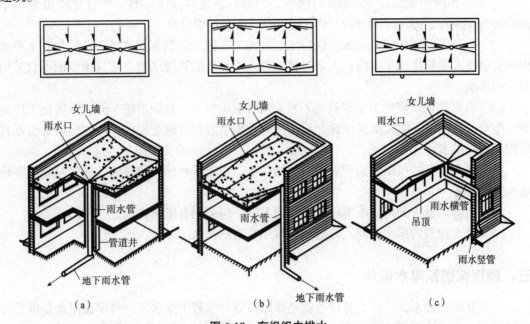

图 6-18　有组织内排水

(a) 房间中部内排水；(b) 外墙内侧内排水；(c) 内落外排水

在工程实践中，由于具体条件的千变万化，可能出现各式各样的排水方案。通常情况下，高层建筑宜采用内排水；多层建筑宜采用有组织排水；低层建筑及檐高小于 10 m 的屋面，可采用无组织排水。多跨及汇水面积较大的屋面宜采用天沟排水。天沟找坡较长时，宜采用中间内排水和两端外排水的方案，如图 6-19 所示。

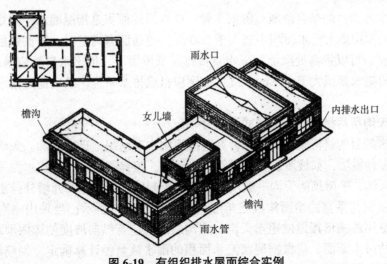

图 6-19　有组织排水屋面综合实例

（二）排水方式的选择

确定屋顶的排水方式时，应根据气候条件、建筑物的高度、质量等级、使用性质、屋顶面积大小等因素加以综合考虑。一般可按下述原则进行选择：

（1）等级较低的简单建筑，为了控制造价，宜优先选用无组织排水。

（2）在年降雨量大于 900 mm 的地区，当檐口高度大于 8 m 时；或者年降雨量小于 900 mm 的地区，当檐口高度大于 10 m 时，宜选择有组织排水。

（3）积灰多的屋面应采用无组织排水。如铸工车间、炼钢车间这类工业厂房在生产过程中会散发大量粉尘积于屋面，下雨时被冲进天沟易造成管道堵塞，故这类屋面不宜采用有组织排水。

（4）有腐蚀性介质的工业建筑也不宜采用有组织排水，如铜冶炼车间、某些化工厂房等，生产过程中散发的大量腐蚀性介质会使铸铁雨水装置等遭受侵蚀，故这类厂房也不宜采用有组织排水。

（5）严寒地区的屋面宜采用有组织的内排水，以免雪水的冻结导致挑檐的拉裂或室外落水管的损坏。

（6）在降雨量大的地区或房屋较高的情况下，应采用有组织排水。

（7）临街建筑的雨水排向人行道时宜采用有组织排水。

三、屋顶有组织排水设计

屋顶有组织排水设计的主要任务就是将屋面划分成若干排水区，将屋面雨水先排至天沟或檐沟，再集中至雨水口和雨水管排走，即先将雨水由面汇集到线（沟）、再集中到点（雨水口）的方式。屋顶排水组织设计应做到排水线路简捷、雨水口负荷均匀、排水顺畅、避免屋顶积水而引起渗漏。一般按下列步骤进行。

1. 确定排水坡面的数目（分坡）

一般情况下，临街建筑平屋顶屋面宽度小于 12 m 时，可采用单坡排水；其宽度大于 12 m 时，宜采用双坡排水。坡屋顶应结合建筑造型要求选择单坡、双坡或四坡排水。

2. 划分排水区

划分排水区的目的是合理地布置雨水管。排水区的面积是指屋面水平投影的面积，每一根雨水管的屋面最大汇水面积不宜大于 200 m²。当屋面有高差时，若高处屋面的集水面积小于 100 m²，可以将高处屋面的雨水直接排在低屋面上，但出水口处应采取防护措施；若高处屋面的集水面积大于 100 m²，高屋面则应自成排水系统，最后通过落水管排到地面水沟。

3. 确定天沟所用材料和断面形式及尺寸

设置天沟的目的是汇集屋面雨水，并将屋面雨水有组织地迅速排除。天沟根据屋顶类型的不同有多种做法，如坡屋顶中可用钢筋混凝土、镀锌薄钢板、石棉水泥等材料做成槽形或三角形天沟。平屋顶的天沟一般用钢筋混凝土制作，当采用女儿墙外排水方案时，可利用倾斜的屋面与垂直的墙面构成三角形天沟，如图 6-20 所示；当采用檐沟外排水方案时，通常用专用的槽形板做成矩形天沟。檐沟或天沟应有纵向坡度使沟内雨水顺坡排出。檐沟、天沟的过水断面，应根据屋面汇水面积的雨水流量经计算确定。钢筋混凝土檐沟、天沟净宽不应小于 300 mm，分水线处最小深度不应小于 100 mm。沟内纵向坡度不应小于

1%，沟底水落差不得超过200mm；金属檐沟、天沟的纵向坡度宜为0.5%。檐沟、天沟排水不得流经变形缝和防火墙，如图6-21所示。

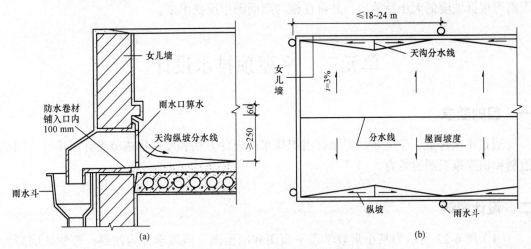

图 6-20　平屋顶女儿墙外排水三角形天沟

（a）女儿墙断面；（b）屋顶平面

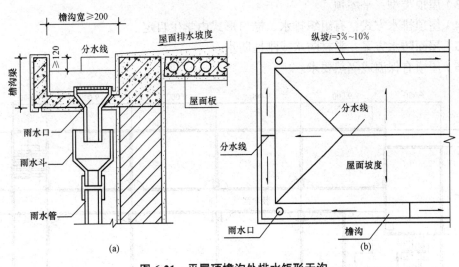

图 6-21　平屋顶檐沟外排水矩形天沟

（a）挑檐沟断面；（b）屋顶平面图

4. 确定雨水管规格及间距

雨水管按材料的不同有铸铁、镀锌薄钢板、PVC、石棉水泥等。目前，多采用铸铁和PVC雨水管，其直径有50mm、75mm、100mm、125mm、150mm、200mm等几种规格，一般民用建筑最常用的雨水管直径为100mm，面积较小的露台或阳台可采用50mm或75mm的雨水管。每个排水区的雨水管一般不少于2根。雨水管的位置应在实墙面处，其间距一般在18m以内，最大间距不宜超过24m，因为间距过大，故沟底纵坡面越长，会使沟内的垫坡材料增厚，减少天沟的容水量，造成雨水溢向屋面引起渗漏或从檐沟外侧涌出。

考虑上述各事项后，即可较为顺利地绘制屋顶平面图。图6-21（b）所示为屋顶平面图示例，该屋顶采用四面坡排水、檐沟外排水方案，排水分区为分水线所示范围，该范围也是每个雨水口和雨水管所担负的排水面积。天沟的纵坡坡度为1%，箭头指示沟内的水流方向，两个雨水管的间距控制为 18 ～ 24 m，分水线位于檐沟纵坡的最高处，与沟底的距离可根据坡度的大小计算出，并可在檐沟剖面图中反映出来。

单元三 平屋顶排水设计

一、目的要求

通过本次作业，学生掌握屋顶有组织排水的设计方法和屋顶构造节点详图设计，训练绘制和识读施工图的能力。

二、设计资料

（1）图 6-22 所示为某小学教学楼平面图和剖面图。该教学楼为四层，教学区层高为 3.6 m，办公区层高为 3.3 m，教学区与办公区的交界处做错层处理。

（2）结构类型：砖混结构。

（3）屋顶类型：平屋顶。

（4）屋顶排水方式：有组织排水，檐口形式由学生自定。

（5）屋面防水方案：卷材防水或刚性防水。

（6）屋顶有保温或隔热要求。

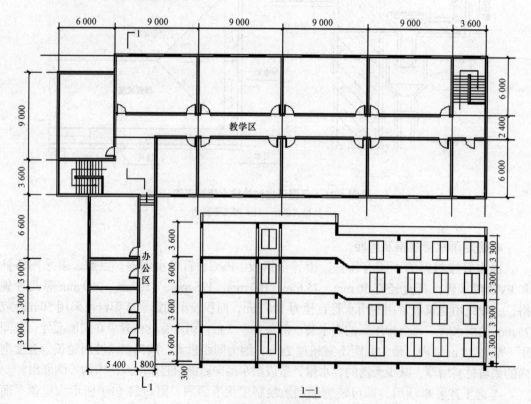

图 6-22　教学楼平面与剖面图

三、设计内容及图纸要求

用一张 A3 图纸，按建筑制图标准的规定，绘制该小学教学楼屋顶平面图和屋顶节点详图。

1. 屋顶平面图（比例：1:200）

（1）画出各坡面交线、檐沟或女儿墙和天沟、雨水口和屋面上人孔等，刚性防水屋面还应画出纵横分格缝。

（2）标注屋面和檐沟或天沟内的排水方向和坡度大小，标注屋面上人孔等凸出屋面部分的有关尺寸，标注屋面标高（结构上表面标高）。

（3）标注各转角处的定位轴线和编号。

（4）外部标注两道尺寸（轴线尺寸和雨水口到邻近轴线的距离或雨水口的间距）。

（5）标注详图索引符号，并注明图名和比例。

2. 屋顶节点详图（比例：1:10 或 1:20）

（1）檐口构造：当采用檐沟外排水时，表示清楚檐沟板的形式、屋顶各层构造、檐口处的防水处理，以及檐沟板与圈梁、墙、屋面板之间的相互关系，标注檐沟尺寸，注明檐沟饰面层的做法和防水层的收头构造做法；当采用女儿墙外排水或内排水时，表示清楚女儿墙压顶构造、泛水构造、屋顶各层构造和天沟形式等，注明女儿墙压顶和泛水的构造做法，标注女儿墙的高度、泛水的高度等尺寸。

当采用檐沟女儿墙外排水时要求同上。用多层构造引出线注明屋顶各层做法，标注屋面排水方向和坡度大小，标注详图符号和比例，剖切到的部分用材料图例表示。

（2）泛水构造：画出高低屋面之间的立墙与低屋面交接处的泛水构造，表示清楚泛水构造和屋面各层构造，注明泛水构造做法，标注有关尺寸，标注详图符号和比例。

（3）雨水口构造：表示清楚雨水口的形式、雨水口处的防水处理，注明细部做法，标注有关尺寸，标注详图符号和比例。

（4）刚性防水屋面分格缝构造：若选用刚性防水屋面，则应做分格缝，要表示清楚各部分的构造关系，标注细部尺寸、标高、详图符号和比例。

单元四　平屋顶的构造

平屋顶一般为现浇或预制钢筋混凝土结构，为保证平屋顶的防水质量，现已大多采用现浇屋面板形式。平屋顶的防水构造涉及屋面防水材料，不同的屋面防水材料有着不同的构造要求与做法。目前，平屋顶按屋面防水层的不同有卷材防水、刚性防水、涂膜防水等多种做法。

一、卷材防水屋面

卷材防水屋面（又称为柔性防水屋面），是指以防水卷材和胶粘剂分层粘贴而构成防水层的屋面。卷材防水屋面在我国已有几十年的使用历史，能适应温度、振动、不均匀沉陷因素的变化作用，并能承受一定的水压，其整体性好，不易渗漏，具有较好的防水性能。但这种屋面施工麻烦、劳动强度大，而且容易出现鼓泡、沥青流淌、老化等方面的问题，使卷材屋面的使用寿命大大缩短，传统的防水卷材平均 10 年左右就要进行大修。

（一）卷材防水材料

1. 防水卷材

卷材防水屋面所用卷材有沥青类卷材、高聚物改性沥青类卷材和高分子类卷材等。

（1）沥青类防水卷材。沥青类防水卷材是用原纸、纤维织物（如玻璃丝布、玻璃纤维布、麻布）等为胎体浸渍沥青而成的卷材，如传统石油沥青油毡（制胎）。实践证明，沥青油毡做屋面防水层易起鼓，沥青易熔化流淌。在低温条件下，油毡易脆裂，导致使用寿命缩短和防水质量下降，加之熬制沥青污染环境，已趋于不用。

（2）高聚物改性沥青类防水卷材。高聚物改性沥青类防水卷材是以合成高分子聚合物改性沥青为涂盖层，纤维织物或纤维毡为胎体的卷材。其克服了沥青类卷材温度敏感性大、延伸率小的缺点，具有高温不流淌、低温不脆裂、抗拉强度高的特点，能够较好地适应基层开裂及伸缩变形的要求。目前，国内使用较广泛的品种有 SBS、APP、PVC 改性沥青卷材和再生胶改性沥青卷材。

（3）合成高分子类防水卷材。合成高分子类防水卷材是指以合成橡胶、合成树脂或两者的混合体为基料加入适量化学助剂和填充料而制成的卷材。其具有拉伸强度高、断裂伸长率大、抗撕裂强度高（抗拉强度达到 2 ~ 18.2 MPa）、耐热性能好、低温柔性大（适用温度为 −20 ~ 80 ℃）、耐老化及可以冷施工等优点，目前，属于高档防水卷材。目前我国使用的品种有三元乙丙橡胶、聚氯乙烯、氯化聚乙烯等防水卷材。

2. 卷材胶粘剂

（1）沥青卷材胶粘剂。沥青卷材胶粘剂主要有冷底子油和沥青胶等。冷底子油是 10 号或 30 号石油沥青溶于轻柴油、汽油或煤油中而制成的溶液。将其涂在水泥砂浆或混凝土基层上做基层处理剂，使基层表面与沥青胶粘剂之间形成一层胶质薄膜，提高黏结性能；沥青胶又称玛琋脂（MASTIC），是在沥青熬制过程中为提高其耐热度、韧性、黏结力和抗老化性能，掺入适量滑石粉、石棉粉等加工制成。

（2）高聚物改性沥青卷材。高聚物改性沥青卷材主要为溶剂型胶粘剂。用于改性沥青类的有 RA-86 型氯丁胶胶粘剂、SBS 胶粘剂等；高分子卷材如三元乙丙橡胶用聚氨酯底胶基层处理剂、CX-404 氯丁橡胶胶粘剂等。

（二）卷材防水屋面的构造层次和做法

卷材防水屋面由多层材料叠合而成，其基本构造层次按构造要求主要由结构层、找坡层、找平层、结合层、防水层和保护层组成，如图 6-23 所示。

1. 结构层

结构层通常为预制或现浇钢筋混凝土屋面板，要求具有足够的强度和刚度。

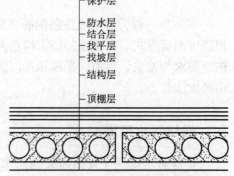

图 6-23　卷材防水屋面构造示意

2. 找坡层

混凝土结构层宜采用结构找坡，坡度不应小于 3%。当采用材料找坡时，宜采用质量轻、吸水率低和有一定强度的材料，坡度宜为2%。通常是在结构层上铺1:（6～8）的水泥焦渣或水泥膨胀蛭石等。

3. 找平层

卷材防水层要求铺贴在坚固而平整的基层上，以防止卷材凹陷或断裂，因而在松软材料及预制屋面板上铺设卷材以前，都须先做找平层，如图6-24所示。当整体现浇混凝土板做到随浇随用原浆找平和压光，表面平整度符合要求时，可以不再做找平层。卷材、涂膜的基层宜设置找平层。找平层的选用依据主要是其基层的刚度，刚度较好时可采用水泥砂浆或沥青砂浆，刚度较差时可采用细石混凝土或配筋细石混凝土，当基层为装配式混凝土板或板状材料保温层时，应当采用细石混凝土找平层。找平层的厚度和技术要求可参考表6-2。

图6-24 屋面找平层实例

表6-2 找平层的厚度和技术要求

找平层分类	适用的基层	厚度 /mm	技术要求
水泥砂浆	整体现浇混凝土板	15～20	1:2.5 水泥砂浆
	整体材料保温层	20～25	
细石混凝土	装配式混凝土板	30～35	C20 混凝土，宜加钢筋网片
	板状材料保温层		C20 混凝土

为防止找平层变形开裂而波及卷材防水层，宜在找平层中留设分格（仓）缝。分格缝的宽度一般为5～20 mm，纵横间距不大于6 m。屋面板为预制装配式时，分格缝应设置在预制板的端缝处。分格缝上面可覆盖一层200～300 mm宽的附加卷材，用胶粘剂单边点粘，以使分格缝处的卷材有较大的伸缩余地，避免开裂，如图6-25所示。

4. 结合层

结合层一般设置在找平层之上，防水层和隔汽层之下，其作用是在基层和防水层之间形成一层胶质薄膜，使卷材与基层黏结牢固。结合层所用材料应根据卷材防水层材料的不同来选择，如沥青防水卷材、聚氯乙烯卷材及自粘型彩色三元乙丙复合卷材用冷底子油在水泥砂浆找平层上喷涂一至二道，如图6-26所示；三元乙丙橡胶卷材则采用聚氨酯底胶；氯化聚乙烯橡胶卷材需用氯丁胶等。

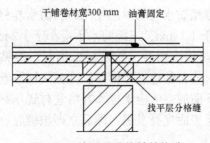

图6-25 找平层分格缝的构造

图6-26 冷底子油施工实例

5. 防水层

防水层是由卷材和相应的卷材胶粘剂构成的，卷材连续搭接，形成屋面防水的主要部分。大面积防水卷材施工前，对防水薄弱部位应加铺一层附加卷材，如图 6-27 所示。铺贴时应根据规范及设计要求将卷材裁成相应的形状进行铺贴。

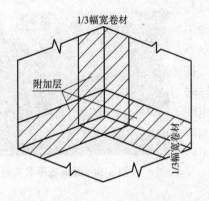 

图 6-27　防水卷材附加层实例

在防水卷材类型的选择上，需要考虑以下几个方面的内容：

（1）应根据当地历年最高气温、最低气温、屋面坡度和使用条件等因素选择耐热度、低温柔性相适应的卷材；

（2）应根据地基变形程度、结构形式、当地年温差、日温差和振动等因素，选择拉伸性能相适应的卷材；

（3）应根据屋面卷材的暴露程度，选择耐紫外线、耐老化、耐霉烂相适应的卷材；

（4）种植隔热屋面的防水层，应选择耐根穿刺的防水卷材。

在防水卷材厚度的选用上，需要根据屋面的防水等级、防水卷材的类型来确定。每道防水卷材厚度的选用可参考表 6-3。

表 6-3　每道卷材防水层最小厚度　　　　　　　　　　　　　mm

防水等级	合成高分子防水卷材	高聚物改性沥青防水卷材		
		聚酯胎、玻纤胎、聚乙烯胎	自粘聚酯胎	自粘无胎
Ⅰ级	1.2	3.0	2.0	1.5
Ⅱ级	1.5	4.0	3.0	2.0

当在屋面金属板基层上采用聚氯乙烯防水卷材（PVC）、热塑性聚烯烃防水卷材（TPO）、三元乙丙防水卷材（EPDM）等外露型防水卷材单层使用时，防水卷材的厚度，一级防水不应小于 1.8 mm，二级防水不应小于 1.5 mm，三级防水不应小于 1.2 mm。

防水卷材的铺贴方法主要有冷粘法和热熔法两种，如图 6-28 所示。冷粘法是用胶粘剂将卷材粘贴在找平层上，或利用某些卷材的自粘性进行铺贴。冷粘法铺贴卷材时应注意平整顺直，搭接尺寸准确、不扭曲，卷材下面的空气应予排除并将卷材辊压黏结牢固；热熔法施工是用火焰加热器将卷材均匀加热至表面光亮发黑，然后立即滚铺卷材使其平展并辊压牢实。

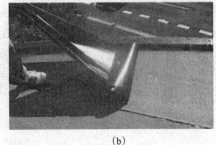

(a)   (b)

图 6-28　防水卷材铺贴实例

（a）热熔法；（b）冷粘法

在卷材防水层的施工上，其铺贴顺序和方向应符合下列规定：

（1）卷材防水层施工应先进行细部防水构造处理，然后由屋面最低标高外向上铺贴；

（2）檐沟、天沟卷材施工时，宜顺檐沟、天沟方向铺贴，搭接缝应顺流水方向；

（3）卷材宜平行屋脊铺贴，上下层卷材不得相互垂直铺贴。

卷材一般平行于屋脊铺设，当屋面坡度小于 3% 时，卷材宜平行于屋脊，从檐口到屋脊层层向上铺贴；当屋面坡度在 3%～15% 时，卷材可平行或垂直于屋脊铺贴；当屋面坡度大于 15% 或屋面受振动时，卷材应垂直于屋脊铺贴。铺贴卷材均应采用搭接方法，各种卷材的搭接宽度一般为 60～100 mm，且搭接缝的设置应尽量相互错开，避免接缝重叠，消除渗漏隐患。铺贴时接头应顺主导风向，以免卷材被风掀开，如图 6-29、图 6-30 所示。

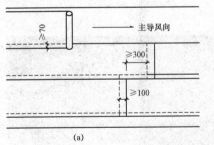

(a)   (b)   **图 6-30　防水卷材的铺贴方向实例**

图 6-29　防水卷材的铺贴方式

（a）卷材平行于屋脊铺贴；（b）卷材垂直于屋脊铺贴

6. 保护层

设置保护层的目的是保护防水层，使卷材不致因光照和气候等的作用迅速老化，防止沥青类卷材的沥青过热流淌或受到暴雨的冲刷。保护层的构造做法视屋面的利用情况而定。

不上人时，卷材防水屋面可采用水泥砂浆，或者在防水层上撒粒径 3～5 mm 的小石子作为保护层，称为绿豆砂保护层，也可刷铝银粉涂料做保护层。高聚物改性沥青及合成高分子类防水层可用铝箔面层、彩砂及水溶型或溶剂型的浅色保护着色剂，如氯丁银粉胶等，如图 6-31、图 6-32 所示。

上人屋面的保护层，是指屋面保护层具有保护防水层和兼作行走地面双重作用的屋面，保护层应满足耐水、平整、耐磨的要求。其做法通常有用沥青砂浆铺贴缸砖、大阶砖、混凝土板等块材；也可在防水层上现浇 30 ～ 40 mm 厚的 C20 细石混凝土，分成 2 m×2 m 的方格，缝内灌沥青胶，如图 6-33 所示。块材或整体保护层均应设分格缝，位置是屋顶坡面的转折处，屋面与凸出屋面的女儿墙、烟囱等的交接处。保护层分格缝应尽量与找平层分格缝错开，缝内用防水油膏嵌封，如图 6-34 所示。上人屋面做屋顶花园时，水池、花台等构造均应在屋面保护层上设置。

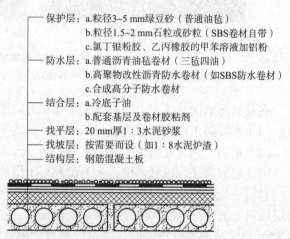

保护层：a.粒径3~5 mm绿豆砂（普通油毡）
　　　　b.粒径1.5~2 mm石粒或砂粒（SBS卷材自带）
　　　　c.氯丁银粉胶、乙丙橡胶的甲苯溶液加铝粉
防水层：a.普通沥青油毡卷材（三毡四油）
　　　　b.高聚物改性沥青防水卷材（如SBS防水卷材）
　　　　c.合成高分子防水卷材
结合层：a.冷底子油
　　　　b.配套基层及卷材胶粘剂
找平层：20 mm厚1：3水泥砂浆
找坡层：按需要而设（如1：8水泥炉渣）
结构层：钢筋混凝土板

图 6-31　砂浆不上人屋面实例	图 6-32　不上人卷材防水屋面构造做法

保护层：a.20 mm厚1：3水泥砂浆粘贴400 mm×400 mm×30 mm
　　　　预制混凝土块
　　　　b.现浇40 mm厚C20细石混凝土
　　　　c.缸砖（2~5 mm厚玛琋脂结合层）
防水层：a.普通沥青油毡卷材（三毡四油）
　　　　b.高聚物改性沥青防水卷材（如SBS改性沥青卷材）
　　　　c.合成高分子防水卷材
结合层：a.冷底子油
　　　　b.配套基层及卷材胶粘剂
找平层：20 mm厚1：3水泥砂浆
找坡层：按需要而设（如1：8水泥炉渣）
结构层：钢筋混凝土板

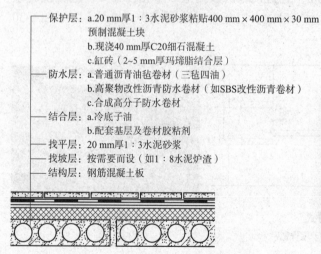

图 6-33　上人卷材防水屋面构造做法	图 6-34　地砖上人屋面实例

7. 辅助构造层

辅助构造层是为了满足房屋的使用要求，或提高屋面的性能而补充设置的构造层，如保温层、隔热层、隔汽层等。

在这些构造层中，保温层是为防止冬季建筑室内过冷而设；隔热层是为防止夏季室内过热而设；隔汽层则是为防止潮气侵入屋面保温层，使其保温功能失效而设等。有的构造做法详情将在后面内容中介绍。

（三）卷材防水屋面的细部构造

仅仅做好大面积屋面部位的卷材防水各构造层，还不能完全确保屋顶不渗、不漏。如果屋顶开设有孔洞、有管道出屋顶、屋顶边缘封闭不牢等，都有可能破坏卷材屋面的整体性，造成防水的薄弱环节，因而，还应该通过正确地处理细部构造来完善屋顶的防水。屋顶细部是指屋面上的泛水、天沟、雨水口、檐口、变形缝等部位。

卷材防水屋面节点设计应符合下列规定：根据屋面结构变形、温度变形、干缩变形和震动等因素，使节点设防能够满足基层变形的需要；应采用柔性密封、防排结合、材料防水与构造防水相结合的做法；应采用卷材、防水涂料、密封材料和刚性防水材料等互补并用的多道设防（包括设置附加层）。

1. 泛水构造

泛水是指屋顶上沿所有垂直面所设的防水构造，凸出于屋面之上的女儿墙、烟囱、楼梯间、变形缝、检修孔、立管等的壁面与屋顶的交接处是最容易漏水的地方，必须将屋面防水层延伸到这些垂直面上，形成立铺的防水层，称为泛水。

泛水的做法及构造要点如下：

（1）将屋面的卷材防水层继续铺至垂直面上，形成卷材泛水，其上再加铺一层附加卷材，泛水高度不得小于 250 mm。

（2）屋面与垂直面交接处，将卷材下的砂浆找平层按卷材类型抹成半径为 20～50 mm 的圆弧形，且整齐、平顺，上刷卷材胶粘剂，使卷材铺贴牢实，以免卷材架空或折断。

（3）做好泛水上口的卷材收头固定，防止卷材在垂直墙面上下滑。一般做法是卷材收头直接铺至女儿墙压顶下，用压条钉压固定并用密封材料封闭严密，压顶应做防水处理；也可在垂直墙中凿出通长凹槽，将卷材收头压入凹槽，用防水压条钉压后再用密封材料嵌填封严，外抹水泥砂浆保护。凹槽上部的墙体也应做防水处理；墙体为混凝土时，卷材收头可采用金属压条钉压，并用密封材料封固，如图 6-35、图 6-36 所示。

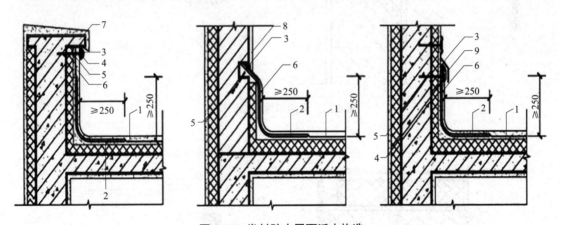

图 6-35　卷材防水屋面泛水构造

1—防水层；2—附加层；3—密封材料；4—金属压条；5—水泥钉；6—保护层；7—压顶；
8—防水处理；9—金属盖板

2. 檐口构造

柔性防水屋面的檐口构造有无组织排水挑檐和有组织排水挑檐沟及女儿墙檐口等，如图 6-37～图 6-39 所示。其防水构造要点是做好卷材的收头，使屋顶的四周卷材封闭，避免雨水渗入。挑檐和挑檐沟构造都应注意处理好卷材的收头固定、檐口饰面，并应做好滴水。女儿墙檐口构造的关键是泛水的构造处理，其顶部通常做混凝土压顶，并设有坡度坡向屋面。

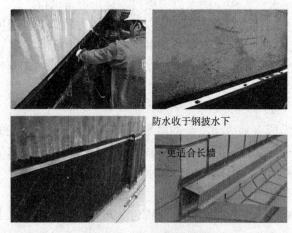

图 6-36　泛水处收头实例

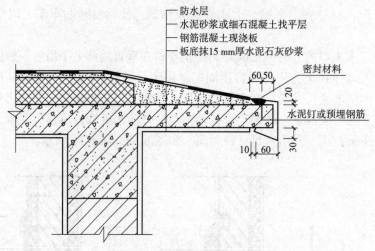

图 6-37　无组织排水檐口构造

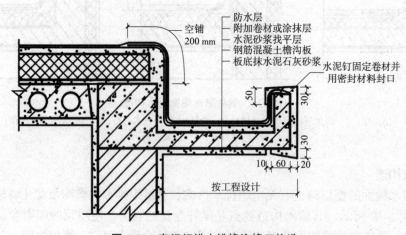

图 6-38　有组织排水挑檐沟檐口构造

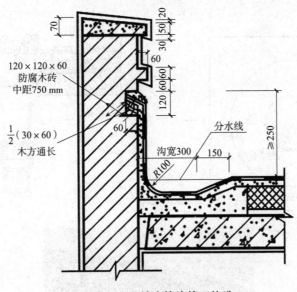

图 6-39　女儿墙内檐沟檐口构造

（1）无组织排水挑檐口不宜直接采用屋面板外挑，因其温度变形大，易使檐口抹灰砂浆开裂，引起"爬水"和"尿墙"现象。比较理想的是采用与圈梁整浇的混凝土挑板。挑檐口的做法及构造要点是在屋面檐口 800 mm 范围内的卷材应满粘，卷材收头应采用金属压条钉压，并应用密封材料封严，檐口下端应做鹰嘴和滴水槽。

（2）有组织排水的挑檐口常常将檐沟布置在出挑部位，现浇钢筋混凝土檐沟板可与圈梁连成整体。预制檐沟板则须搁置在钢筋混凝土屋架挑牛腿。挑檐沟的做法及构造要点如下：

1）檐沟的防水层下应增设附加层，附加层伸入屋面的宽度不应小于 250 mm；

2）檐沟防水层和附加层应由沟底翻上至外侧顶部，卷材收头应用金属压条钉压，并应用密封材料封严；

3）檐沟内转角部位的找平层应抹成圆弧形，以防止卷材断裂；

4）檐沟外侧下端应做鹰嘴和滴水槽；

5）檐沟外侧高于屋面结构板时，应设置溢水口。

3. 雨水口构造

雨水口是用来将屋面雨水排至落水管而在檐口处或檐沟内开设的洞口。构造上要求排水通畅，不易堵塞和渗漏。雨水口通常为定型产品，类型有用于檐沟排水的直管式雨水口和女儿墙外排水的弯管式雨水口两种。直管式适用于中间天沟、挑檐沟和女儿墙内排水天沟；弯管式适用于女儿墙外排水天沟。

直管式雨水口为防止其周边漏水，雨水口周围半径 250 mm 范围内坡度不应小于 5%，雨水口周围防水层下应增设涂膜附加层，防水层和附加层伸入雨水口杯内不应小于 100 mm，并应黏结牢固。雨水口上用定型铸铁罩或钢丝球盖住，用油膏嵌缝，如图 6-40 所示。

弯管式雨水口穿过女儿墙预留孔洞内，屋面防水层应铺入雨水口内壁四周不小于 100 mm，并安装铸铁箅子，以防止杂物流入造成堵塞，如图 6-41 所示。

雨水口的材质过去多为铸铁，金属雨水口虽然管壁较厚、强度较高，但易锈、不美观；而硬质聚氯乙烯塑料（PVC）管具有质轻、不锈、色彩多样等优点，近年来得到越来越多的运用。

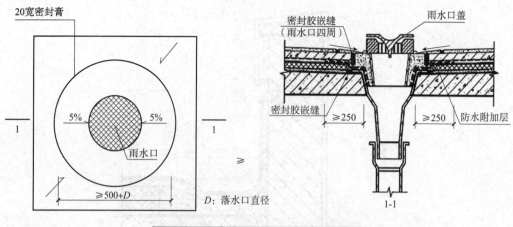

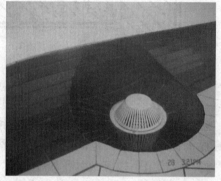

图 6-40　直管式雨水口构造做法与实例

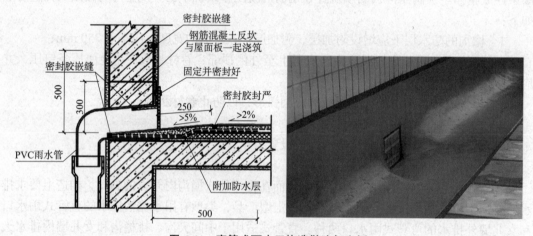

图 6-41　弯管式雨水口构造做法与实例

4. 屋面变形缝构造

屋面变形缝的构造处理原则是既不能影响屋面的变形，又要防止雨水从变形缝渗入室内。屋面变形缝按建筑设计可设于同层等高屋面上，也可设在高低屋面的交接处。

等高屋面变形缝的做法是在变形缝两边的屋面板上砌筑或现浇矮墙，在防水层下增设附加层，附加层在平面和立面的宽度不应小于 250 mm，且铺贴至泛水墙的顶部；变形缝内应预填不燃保温材料，上部应采用防水卷材封盖，并放置衬垫材料，再在其上干铺一层卷材。变形缝顶部宜加扣镀锌薄钢板盖板，或采用混凝土盖板压顶，如图 6-42 ～图 6-44 所示。

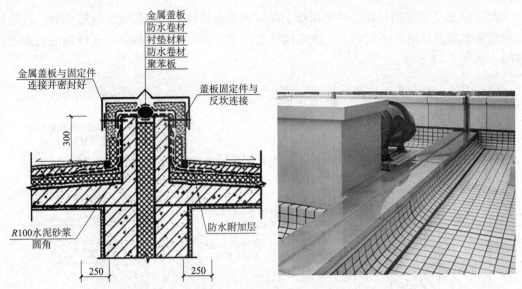

图 6-42　等高屋面变形缝构造做法及实例（金属盖板）

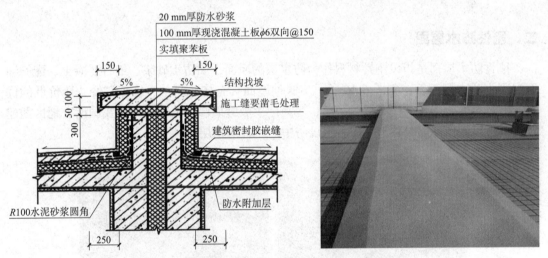

图 6-43　等高屋面变形缝构造做法及实例（混凝土盖板）

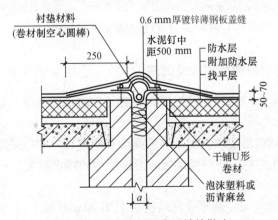

图 6-44　不上人屋面变形缝的做法

高低屋面变形缝则是在低侧屋面板上砌筑或现浇矮墙。当变形缝宽度较小时，可用镀锌薄盖板盖缝并固定在高侧墙上，做法同泛水构造；也可以从高侧墙上悬挑钢筋混凝土板盖缝，如图 6-45 所示。

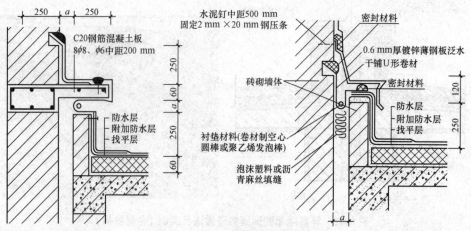

图 6-45　高低跨屋面变形缝做法

二、刚性防水屋面

　　刚性防水屋面是指以刚性材料作为防水层的屋面，如防水砂浆、细石混凝土、配筋细石混凝土防水屋面等，如图 6-46 所示。这种屋面具有构造简单、施工方便、造价低的优点；但对温度变化和结构变形较敏感，容易产生裂缝而渗水。故多用于我国南方地区的建筑，也可以用作高等级防水屋面多道设防中的一道防水层。

图 6-46　刚性防水屋面施工实例

（一）刚性防水屋面的构造层次及做法

　　刚性防水屋面一般由结构层、找平层、隔离层和防水层组成，如图 6-47 所示。

1. 结构层

　　刚性防水屋面的结构层要求具有足够的强度和刚度，一般应采用现浇或预制装配的钢筋混凝土屋面板，并在结构层现浇或铺板时形成屋面的排水坡度。

2. 找平层

　　为保证防水层厚薄均匀，通常应在结构层上用 20 mm 厚 1∶3 水泥砂浆找平。若采用现浇钢筋混凝土屋面板或设有纸筋灰等材料，也可不设找平层。

3. 隔离层

为减少结构层变形及温度变化对防水层的不利影响，宜在防水层下设置隔离层。隔离层可采用纸筋灰、低强度等级砂浆或在薄砂层上干铺一层防水卷材等。当防水层中加有膨胀剂类材料时，其抗裂性有所改善，也可不做隔离层。

4. 防水层

常用配筋细石混凝土防水屋面的混凝土强度等级应不低于 C20，其厚度宜不小于 40 mm，双向配置 $\phi 4 \sim \phi 6$ mm 钢筋，间距为 $100 \sim 200$ mm
的双向钢筋网片。钢筋宜置于中层偏上，钢筋保护层厚度不小于 10 mm。为提高防水层的抗渗性能，可在细石混凝土内掺入适量外加剂（如膨胀剂、减水剂、防水剂等），以提高其密实性能，如图 6-48 所示。

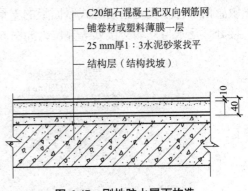

C20细石混凝土配双向钢筋网
铺卷材或塑料薄膜一层
25 mm厚1:3水泥砂浆找平
结构层（结构找坡）

图 6-47　刚性防水屋面构造

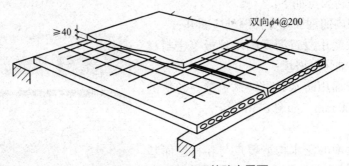

双向$\phi 4@200$

≥40

图 6-48　细石混凝土配筋防水屋面

（二）刚性防水屋面防止开裂的措施

（1）增加防水剂。防水剂通常为憎水性物质、无机盐或不溶解的肥皂，如硅酸钠（水玻璃）类、氯化物或金属皂类制成的防水粉或防水浆。将防水剂掺入砂浆或混凝土后，能与之生成不溶性物质，填塞毛细孔道，形成憎水性壁膜，以提高其密实性。

（2）采用微膨胀。在普通水泥中掺入少量的矾土水泥和二水石粉等所配制的细石混凝在结硬时产生微膨胀效应，抵消混凝土的原有收缩性，以提高抗裂性。

（3）提高密实性。控制水胶比，加强浇筑时的振捣，均可提高砂浆和混凝土的密实性。细石混凝土屋面在初凝前表面用铁滚碾压，使余水压出，初凝后加少量干水泥，待收水后用铁板压平，表面打毛，然后浇水养护，从而提高面层的密实性和避免表面的龟裂。

（三）刚性防水屋面的细部构造

刚性防水屋面的细部构造包括屋面防水层的分格缝、泛水、檐口、落水口等部位的构造处理。

1. 屋面分格缝构造

屋面分格缝实质上是在屋面防水层上设置的变形缝。其目的在于：防止温度变形引起防水层开裂；防止结构变形将防水层拉坏。因此，屋面分格缝的位置应设置在温度变形允许的范围以内和结构变形敏感的部位。一般情况下，分格缝间距不宜大于 6 m。结构变形敏感的部位主要是指装配式屋面板的支承端、屋面转折处、现浇屋面板与预制屋面板的交接处、泛水与立墙交接处等部位，如图 6-49 所示。

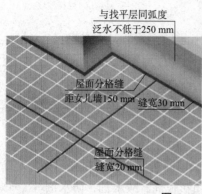

图 6-49　屋面分隔缝示意

分格缝的构造要点如下：

（1）防水层内的钢筋在分格缝处应断开；

（2）屋面板缝用浸过沥青的木丝板等密封材料嵌填，缝口用油膏等嵌填；

（3）缝口表面用防水卷材铺贴盖缝，卷材的宽度为 200～300 mm，如图 6-50 所示。

2. 泛水构造

刚性防水屋面的泛水构造要点与卷材屋面基本相同。不同的地方是，刚性防水层与屋面凸出物（女儿墙、烟囱等）之间须留设分格缝，另铺贴附加卷材盖缝形成泛水，如图 6-51 所示。

图 6-50　屋面分格缝实例

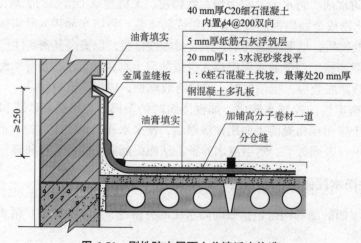

图 6-51　刚性防水屋面女儿墙泛水构造

3. 檐口构造

刚性防水屋面檐口的形式一般有自由落水挑檐口、挑檐沟外排水檐口和女儿墙外排水檐口、坡檐口等。

（1）自由落水挑檐口。根据挑檐挑出的长度，有直接利用混凝土防水层悬挑和在增设的现浇或预制钢筋混凝土挑檐板上做防水层等做法。无论采用何种做法，都应注意做好滴水，如图6-52所示。

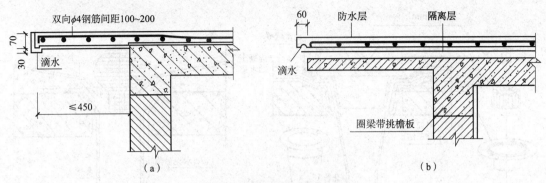

图6-52　自由落水檐口构造

（a）防水层直接出挑檐口；（b）挑檐板檐口

（2）挑檐沟外排水檐口。檐沟构件一般采用现浇或预制的钢筋混凝土槽形天沟板，在沟底用低强度等级的混凝土或水泥炉渣等材料垫置成纵向排水坡度，铺好隔离层后再浇筑防水层，防水层应挑出屋面并做好滴水，如图6-53所示。

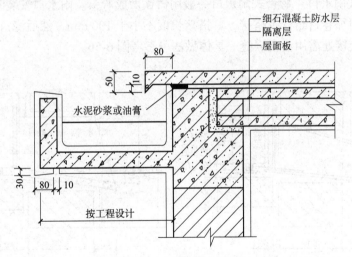

图6-53　挑檐沟檐口构造

（3）坡檐口。建筑设计中出于造型方面的考虑，常采用一种平顶坡檐即"平改坡"的处理形式，使较为呆板的平顶建筑具有某种传统的韵味，以丰富城市景观，如图6-54所示。

4. 雨水口构造

刚性防水屋面的雨水口有直管式和弯管式两种做法。直管式一般用于挑檐沟外排水的雨水口；弯管式用于女儿墙外排水的雨水口。

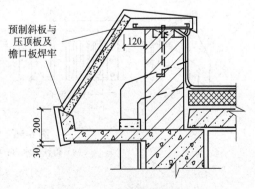

图6-54　平屋顶坡檐构造

（1）直管式雨水口。直管式雨水口为防止雨水从雨水口套管与沟底接缝处渗漏，应在雨水口周边加铺柔性防水层并铺至套管内壁，檐口处浇筑的混凝土防水层应覆盖于附加的柔性防水层之上，并于防水层与雨水口之间用油膏嵌实，如图 6-55 所示。

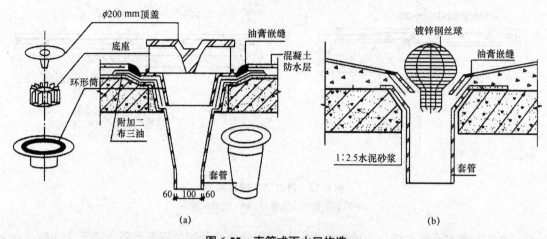

图 6-55　直管式雨水口构造

(a) 65 型雨水口；(b) 钢丝罩铸铁雨水口

（2）弯管式雨水口。弯管式雨水口一般用铸铁做成弯头。雨水口安装时，在雨水口处的屋面应加铺附加卷材与弯头搭接，其搭接长度不小于 100 mm，然后浇筑混凝土防水层，防水层与弯头交接处需用油膏嵌缝。具体做法可参考图 6-56。

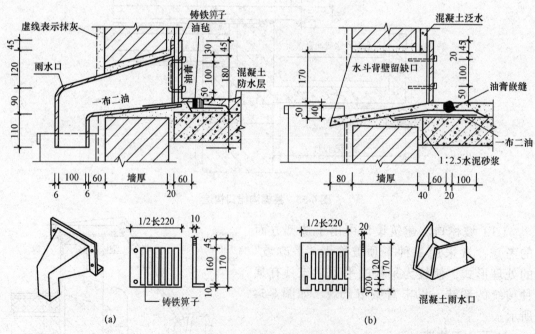

图 6-56　弯管式雨水口构造

(a) 铸铁雨水口；(b) 预制混凝土排水槽水口

三、涂膜防水屋面

涂膜防水屋面又称涂料防水屋面，是指用可塑性和黏结力较强的高分子防水涂料，直接涂刷在屋面基层上形成一层不透水的薄膜层，以达到防水目的的一种屋面做法，如图 6-57 所示。防水涂料有塑料、橡胶和改性沥青三大类。常用的有塑料油膏、氯丁胶乳沥青涂料和焦油聚氨酯防水涂膜等。这些材料多数具有防水性好、黏结力强、延伸性大、耐腐蚀、不易老化、施工方便、容易维修等优点，近年来应用较为广泛。防水涂料在选择上需考虑温度、变形、暴露程度等因素，应选择相适应的涂料。

涂膜防水屋面通常适用于不设保温层的预制屋面板结构，如单层工业厂房的屋面。在有较大振动的建筑物或寒冷地区则不宜采用。

1. 涂膜防水屋面的构造层次和做法

涂膜防水屋面的构造层次与柔性防水屋面相同，由结构层、找坡层、找平层、结合层、防水层和保护层组成，如图 6-58 所示。

涂膜防水屋面的常见做法，结构层和找坡层材料做法与柔性防水屋面相同。找平层通常为 25 mm 厚 1∶2.5 水泥砂浆。为保证防水层与基层黏结牢固，结合层应选用与防水涂料相同的材料经稀释后满刷在找平层上。当屋面不上人时，保护层的做法根据防水层材料的不同，可用蛭石或细砂撒面、银粉涂料涂刷等做法；当屋面为上人屋面时，保护层做法与柔性防水上人屋面做法相同。

图 6-57　涂膜防水屋面施工实例

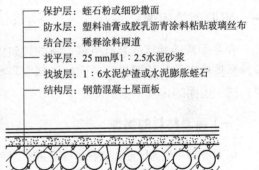

保护层：蛭石粉或细砂撒面
防水层：塑料油膏或胶乳沥青涂料粘贴玻璃丝布
结合层：稀释涂料两道
找平层：25 mm厚1∶2.5水泥砂浆
找坡层：1∶6水泥炉渣或水泥膨胀蛭石
结构层：钢筋混凝土屋面板

图 6-58　涂膜防水屋面构造

涂膜防水层施工前，应先对雨水口、天沟、檐沟、泛水、伸出屋面管道根部等节点部位进行增强处理，一般涂刷加铺胎体增强材料的涂料进行增强处理。涂膜防水层的施工除应遵循"先高后低，先远后近"的原则外，还应满足以下要求：

（1）防水涂膜应分层分遍涂刷，每一涂层应厚薄均匀、表面平整，待先涂的涂层干燥成膜后方可涂刷后一遍涂料。

（2）防水涂膜层一般应由两层或两层以上的涂层组成。

（3）某些防水涂料（如氯丁胶乳沥青涂料）需要铺设胎体增强材料（所谓的布），以增强涂层的贴附覆盖能力和抗变形能力。

（4）屋面转角及立面的涂膜应薄涂多遍，不得流淌和堆积。

涂膜防水层的涂刷方式主要有滚涂、刮涂、喷涂、刷涂等，具体采用何种方式应根据不同的防水涂料及不同节点部位进行选择，且应符合相应的施工要求。

2. 涂膜防水屋面的细部构造

涂膜防水屋面的细部构造包括泛水、檐口、天沟、檐沟及分格缝等，其构造要求及做法类似卷材防水屋面。具体构造要点有以下几个方面：

（1）在节点部位均应加铺有胎体增强材料的附加层；

（2）天沟、檐沟与屋面交接处的附加层宜空铺，空铺的宽度宜为 200～300 mm；

（3）雨水口周围与屋面交接处应做密封处理，并加铺两层有胎体增强材料的附加层，涂膜伸入雨水口的深度不得小于 50 mm；

（4）涂膜防水层的收头应用防水涂料多遍涂刷或用密封材料封严，压顶应做防水处理。

单元五　平屋顶的保温与隔热

屋顶与外墙一样属于建筑的外围护结构，不但要有遮风蔽雨的功能，还应有保温与隔热的功能。屋面的保温与隔热不仅是为了给顶层房间提供良好、舒适的热环境，同时也是为了满足建筑节能的要求。

一、平屋顶的保温

在冬季寒冷地区或装有空调设备的建筑中，屋面应具有一定的保温性能。屋面的保温设计是按稳定传热原理进行考虑的。其主要措施是在屋顶中增加保温层，提高屋面的总热阻，减少屋面的传热系数。

（一）保温材料的类型

保温材料一般为轻质、疏松、多孔或纤维状的材料，导热系数一般不大于 0.2 W/（m·K）。保温材料按其成分可分为有机和无机材料两种；按其形状可分为散料类、整体类和板块类三种：

（1）散料类。散料类保温材料常为炉渣、矿渣、膨胀蛭石、膨胀珍珠岩等。松散的保温材料由于在施工中很难保证内部没有水分和潮气存在，其保温性能及防水性能大大减弱，因此，在实际工程中较少采用。

（2）整体类。整体类保温材料是指以散料做集料，掺入一定量的胶结材料，现场浇筑而成的保温材料，如水泥炉渣、水泥膨胀蛭石、水泥膨胀珍珠岩及沥青膨胀蛭石和沥青膨胀珍珠岩等。

（3）板块类。板块类是指利用集料和胶结材料由工厂制作而成的板块状材料，如加气混凝土板、泡沫混凝土板、膨胀蛭石板、膨胀珍珠岩板、挤塑聚苯板、硬泡聚氨酯板、矿棉板、岩棉板等块材或板材。其中，最常用的是加气混凝土板和泡沫混凝土板。有机纤维板材的保温性能一般较无机板材好，但耐久性较差，只有在通风条件良好、不易腐烂的环境下采用才比较适宜。

保温材料的选择应根据建筑物的使用性质、构造方案、材料来源、经济指标等因素综合考虑确定。保温层的厚度应就建筑所在地区按现行建筑节能设计标准计算确定。

（二）保温层的设置

根据材料的特点，保温材料在屋面上的放置层次可以选择：

（1）保温层放置在屋面结构层与防水层之间，下设隔蒸汽层。这种保温层设在结构层之上、防水层之下的做法称为正铺法或正置式保温，如图 6-59 所示。这种做法构造简单、施工方便，是最普遍的做法。大部分不具备自防水性能的保温材料可以放在防水层之下，上面的防水层避免了雨水向保温层渗透，有利于维持保温层的保温效果。

保温卷材防水屋面与非保温卷材防水屋面的区别是增设了保温层和保温层上下的找平层与隔汽层。保温层上设找平层是因为保温层强度较低，表面不够平整，其上需经找平后才便于铺防水卷材；保温层下面设隔汽层是因为冬

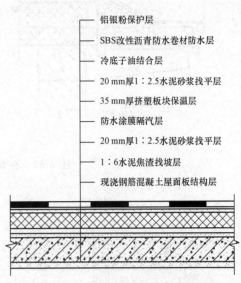

- 铝银粉保护层
- SBS改性沥青防水卷材防水层
- 冷底子油结合层
- 20 mm厚1:2.5水泥砂浆找平层
- 35 mm厚挤塑板块保温层
- 防水涂膜隔汽层
- 20 mm厚1:2.5水泥砂浆找平层
- 1:6水泥焦渣找坡层
- 现浇钢筋混凝土屋面板结构层

图 6-59　正置式保温屋面构造做法

季室内温度高于室外，热空气从室内向室外渗透，在渗透过程中热空气中的水蒸气容易在保温层中产生结露现象形成冷凝水，然而水的导热系数比空气大得多，一旦多孔隙的保温材料中浸入了水，便会大大降低其保温效果。同时，积存于保温材料中的水分遇热后转化为蒸汽而膨胀，容易引起卷材防水层的起鼓甚至开裂，故宜在保温层下铺设隔汽层。隔汽层可采用防水卷材或涂料，并宜选择其蒸汽渗透阻较大的材料。

隔汽层阻止了外界水蒸气渗入保温层，但同时也引起一些副作用，例如，施工时保温材料或找平层未干透就铺贴卷材防水层，残存在其中的水汽无法散发出去。因此，需要在保温层中设置排汽道，排汽道内用大粒径炉渣填塞，既可让水汽在其中流动，又可保证防水层的基层坚实可靠，如图 6-60、图 6-61 所示。

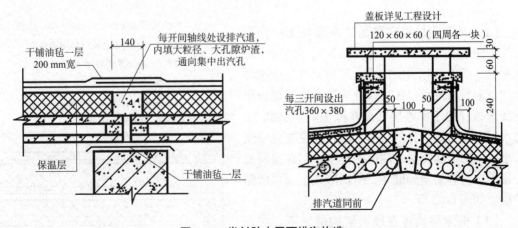

图 6-60　卷材防水屋面排汽构造

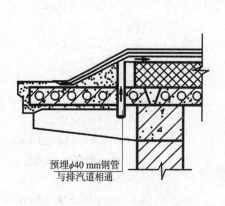

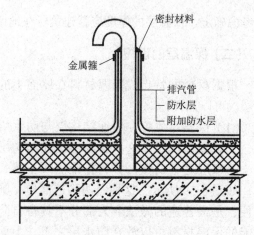

图 6-60 卷材防水屋面排汽构造（续）

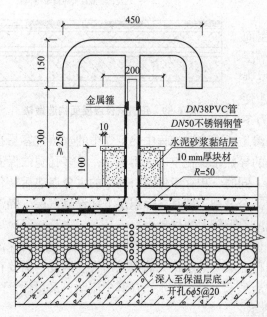

图 6-61 屋面排汽管实

（2）保温层放置在屋面防水层之上。保温层位于防水层之上的做法与传统保温层的铺设顺序相反，所以又称为倒铺法，只有具有自防水功能的保温材料才可以使用这种构造方法，如挤塑型聚苯板。由于保温层铺设在屋面防水层之上，防水层不会受到阳光的直射，而且温度变化幅度较小，对防水层有很好的保护作用。但保温层处于最上层时容易遭到破坏，所以应在上面再做保护层，如图 6-62 所示。

（3）保温层放置在屋面结构层之下。在顶层屋面板底下做吊顶的建筑物中，屋面保温层

保护层：混凝土板或50 mm厚20~30粒径卵石层
保温层：50 mm厚聚苯乙烯泡沫塑料板
防水层：4 mm厚SBS防水卷材
结合层：冷底子油一道
找平层：20 mm厚1：3水泥砂浆
结构层：钢筋混凝土层面板

图 6-62 倒铺保温卷材屋面构造做法

也可以直接放置在屋面板底或板底与吊顶之间的夹层内，如图 6-63、图 6-64 所示。吊顶与屋面板底之间的夹层最好有透汽孔，可以将蒸汽排出。虽然这样会使夹层空间变得不闭合，夹层中的空气不能作为不流动的空气来考虑其保温效果，但能够令保温材料保持干燥。在夏热冬冷的地区，这样的构造还能够兼顾夏季隔热。

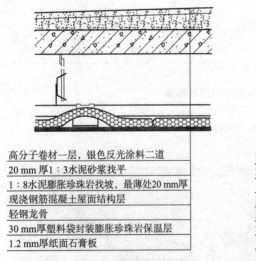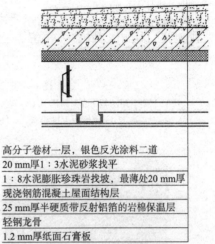

高分子卷材一层，银色反光涂料二道
20 mm 厚1：3水泥砂浆找平
1：8水泥膨胀珍珠岩找坡，最薄处20 mm 厚
现浇钢筋混凝土屋面结构层
轻钢龙骨
30 mm厚塑料袋封装膨胀珍珠岩保温层
1.2 mm厚纸面石膏板

图 6-63　吊顶面上铺保温材料做法

高分子卷材一层，银色反光涂料二道
20 mm 厚1：3水泥砂浆找平
1：8水泥膨胀珍珠岩找坡，最薄处20 mm厚
现浇钢筋混凝土屋面结构层
25 mm厚半硬质带反射铝箔的岩棉保温层
轻钢龙骨
1.2 mm厚纸面石膏板

图 6-64　屋面结构层板底粘贴保温材料做法

在使用压型钢板作为屋面板的钢结构建筑中，在屋面板下放置成品的保温棉板或棉毡也是使用最为广泛的保温构造方法，保温面板或棉毡可以架设在檩条上面。

二、平屋顶的隔热

在夏季太阳辐射和室外气温的综合作用下，从屋顶传入室内的热量要比墙体传入室内的热量多得多。在低、多层建筑物中，顶层房间占有很大的比例，屋顶的隔热问题应予以认真考虑。我国南方地区的建筑屋面隔热尤为重要，应采取适当的构造措施来解决屋顶的降温和隔热问题。

屋顶隔热降温的基本原理是减少直接作用于屋面的太阳辐射热量。所采用的主要构造做法是屋顶间层通风隔热、屋顶蓄水隔热、屋顶植被隔热、屋顶反射阳光隔热等。

（一）通风隔热屋面

通风隔热屋面是指在屋顶中设置通风间层，使上层表面起着遮挡阳光的作用，利用风压和热压作用将间层中的热空气不断带走，以减少传到室内的热量，从而达到隔热降温的目的。通风隔热屋面一般有架空通风隔热屋面和顶棚通风隔热屋面两种做法。

（1）架空通风隔热屋面：通风层设置在防水层之上，其做法很多。其中以架空预制板或大阶砖最为常见。架空通风隔热层设计应满足以下要求：架空层应有适当的净高，一般以 180 ～ 240 mm 为宜；距女儿墙 500 mm 范围内不铺架空板；隔热板的支点可做成砖垄墙或砖墩，间距视隔热板的尺寸而定，如图 6-65、图 6-66 所示。

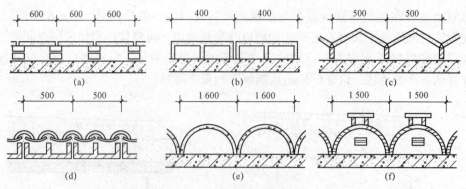

图 6-65 架空通风隔热构造

（a）架空预制板（或大阶砖）；（b）架空混凝土山字形板；（c）架空钢丝网水泥折板；
（d）倒槽板上铺小青瓦；（e）钢筋混凝土半圆拱；（f）1/4 厚砖

图 6-66　屋面架空通风实例

（2）顶棚通风隔热屋面：这种做法是利用顶棚与屋顶之间的空间做隔热层。顶棚通风隔热层设计应满足以下要求：顶棚通风层应有足够的净空高度，一般为 500 mm 左右，需设置一定数量的通风孔，以利于空气对流，通风孔应考虑防飘雨措施，如图 6-67 所示。

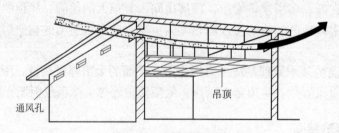

通风孔　　　　　吊顶

图 6-67　顶棚通风隔热

（二）蓄水隔热屋面

蓄水隔热屋面是指在屋顶蓄积一层水，利用水蒸发时需要大量的汽化热，从而大量消耗晒到屋面的太阳辐射热，以减少屋顶吸收的热能，从而达到降温隔热的目的，如图 6-68 所示。蓄水屋面构造与刚性防水屋面基本相同，主要区别是增加了一壁三孔，即蓄水分仓壁、溢水孔、泄水孔和过水孔。蓄水隔热屋面构造应注意以下几点：合适的蓄水深度，一般为 150～200 mm；根据屋面面积划分成若干蓄水区，每区的边长一般不大于 10 m；足够的泛水高度，至少高出水面 100 mm；合理设置溢水孔和泄水孔，并应与排水檐沟或雨水管连通，以保证多雨季节不超过蓄水深度和检修屋面时能将蓄水排除；注意做好管道的防水处理，如图6-69所示。

图6-68 蓄水屋面实例

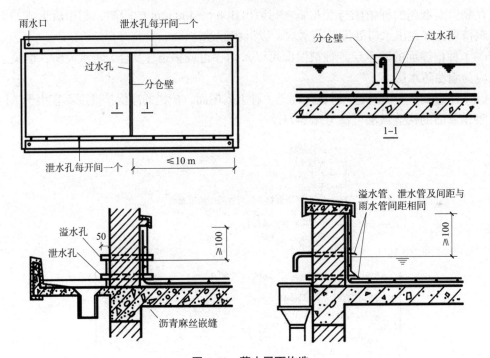

图6-69 蓄水屋面构造

（三）种植隔热屋面

种植隔热屋面是在屋顶上种植植物，利用植被的蒸腾和光合作用，吸收太阳辐射热，从而达到降温隔热的目。种植隔热屋面根据栽培介质层构造方式的不同可分为一般种植隔热屋面和蓄水种植隔热屋面两类。

1. 一般种植隔热屋面

一般种植隔热屋面是在屋面防水层上直接铺填种植介质，栽培植物，如图6-70所示。其构造要点如下：

图6-70 种植屋面实例

（1）选择适宜的种植介质。宜尽量选用轻质材料做栽培介质，常用的有谷壳、蛭石、陶粒、泥炭等，即所谓的无土栽培介质。栽培介质的厚度应满足屋顶所栽种的植物正常生长的需要，可参考表6-4的规定，一般不宜超过300 mm。

表6-4　种植层的深度

植物种类	种植层深度/mm	备注
草皮	150～300	前者为该类植物的最小生存深度，后者为最小开花结果深度
小灌木	300～450	
大灌木	450～600	
浅根乔木	600～900	
深根乔木	900～1 500	

（2）种植屋面的排水和给水。一般种植屋面应有一定的排水坡度（1%～3%）。通常，在靠屋面低侧的种植床与女儿墙之间留出300～400 mm的距离，利用所形成的天沟有组织排水，并在出水口处设置挡水坎，以沉积泥沙。

（3）种植屋面的防水层。种植屋面可以采用一道或多道（复合）防水设防，但最上面一道应为刚性防水层。

（4）注意安全防护问题。种植屋面是一种上人屋面，护栏的净保护高度不宜小于1.1 m。

种植屋面的构造做法可参考图6-71。

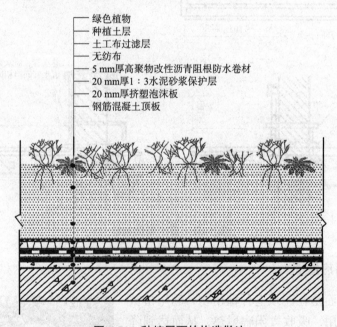

绿色植物
种植土层
土工布过滤层
无纺布
5 mm厚高聚物改性沥青阻根防水卷材
20 mm厚1：3水泥砂浆保护层
20 mm厚挤塑泡沫板
钢筋混凝土顶板

图6-71　种植屋面的构造做法

2. 蓄水种植隔热屋面

蓄水种植隔热屋面是将一般种植屋面与蓄水屋面结合起来，如图6-72所示。其基本构造层次如下：

（1）防水层。防水层应采用设置涂膜防水层和配筋细石混凝土防水层的复合防水设施做法，并应先做涂膜防水层，再做刚性防水层。

（2）蓄水层。种植床内的水层靠轻质多孔粗集料蓄积，粗集料的粒径不应小于 25 mm，蓄水层（包括水和粗集料）的深度不小于 60 mm。

（3）滤水层。考虑到保持蓄水层的畅通，不致被杂质堵塞，应在粗集料的上面铺 60～80 mm 厚的细集料滤水层；细集料按 5～20 mm 粒径级配，下粗上细逐层铺填。

（4）种植层。为尽量减轻屋面板的荷载，栽培介质的堆积密度不宜大于 10 kN/m³。

（5）种植床埂。水种植屋面应根据屋顶绿化设计用床进行分区，每区面宜大于 100 m²。床宜高于种植层 60 mm 左右，床埂底部每隔 1 200～1 500 mm 设置一个溢水孔，溢水孔处应铺设粗集料或安装滤网，以防止细集料流失。

（6）人行架空通道板。架空通道板设在蓄水层上、种植床之间，通常可以支承在两边的床埂上。

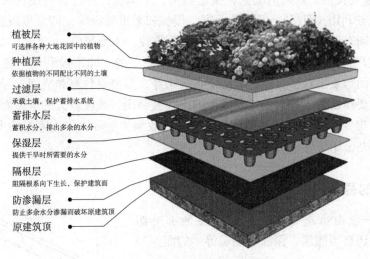

植被层
可选择各种大地花园中的植物

种植层
依据植物的不同配比不同的土壤

过滤层
承载土壤，保护蓄排水系统

蓄排水层
蓄积水分，排出多余的水分

保湿层
提供干旱时所需要的水分

隔根层
阻隔根系向下生长，保护建筑面

防渗漏层
防止多余水分渗漏而破坏原建筑顶

原建筑顶

图 6-72　蓄水种植屋面构造示意

（四）反射降温屋面

反射降温屋面是利用材料的颜色和光滑度对热辐射的反射作用，将一部分热反射回去从而达到降温的目的。例如，采用浅色的砾石、混凝土做面层，或在屋面上涂刷白色涂料，对隔热降温都有一定的效果，如图 6-73 所示。如果在吊顶棚通风隔热的顶棚基层中加铺一层铝纸板，利用第二次反射作用，其隔热效果将会进一步提高。

图 6-73　反射降温屋面实例

单元六　坡屋顶构造

坡屋顶是一种沿用较久的屋面形式，种类繁多，多采用块状防水材料覆盖屋面，故屋面坡度较大，根据材料的不同坡度可取 10% ～ 50%。由于坡屋顶排水快、防渗漏、造型美、空间利用率高，在蓝天、白云、绿树的映衬下显得突出、雅致，使人易于接近，更好地美化了环境、丰富了生活，所以，近年来坡屋顶在建筑中得以广泛应用。

坡屋顶与平屋顶相比也有其不足之处：一是自重较大，一般来说坡屋顶应该坡度小于30°，否则自重太大；二是构造复杂，施工烦琐，工期长；三是材料用料多，建筑空间虽有一部分空间被利用（阁楼），但要设天窗、楼梯和承重楼板等；四是坡屋顶受热面积大，是热岛效应的制造者、强化者；五是设备安装不方便，不便维修。

目前，坡屋面的类型主要有两种：一种是屋面下的空间不被利用、坡度较小的坡屋面，这种坡屋面形成了双层屋面，保温隔热效果好，但浪费材料和空间，一般都是为了造型和排水的需要而设置；另一种是屋面下的空间被利用、坡度较大的坡屋面，这种坡屋面可以设置开启窗，达到明亮、舒适、通风良好的效果，也可以作为家庭的书房、活动房、仓库或公建的办公用房等。

一、坡屋顶的基本构造

坡屋顶一般由承重结构、屋面面层两部分组成，根据需要还有顶棚层、保温隔热层等，如图 6-74 所示。

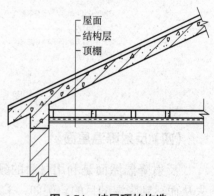

图 6-74　坡屋顶的构造

（一）承重结构

承重结构主要承受屋面各种荷载并将其传递到墙或柱上，一般有木结构、钢筋混凝土结构、钢结构等。

1. 承重结构的类型

坡屋顶常用的承重结构有檩式结构（有檩体系）和板式结构（无檩体系）两种类型。

（1）檩式结构。檩式结构是在屋架或山墙上支承檩条，檩条上支承屋面板或椽条的结构系统。常见的形式有横墙承重、屋架承重和梁架承重，如图 6-75 所示。

1）横墙承重（硬山搁檩）。横墙间距较小的坡屋面房屋，可以将横墙上部砌成三角形，直接将檩条支承在三角形的横墙上，称为横墙承重，也称为山墙承重或硬山搁檩，如图 6-76 所示。

檩条可以使用木材、预应力钢筋混凝土、轻钢架、型钢等材料。檩条的斜距不得超过1.2 m。木质檩条常选用 I 级杉圆木，木檩条与墙体交接段应进行防腐处理，常用的方法是在山墙上垫上一层卷材，并在檩条端部涂刷沥青。

横墙承重构造简单，施工方便、节约木材，有利于屋顶的防火和隔声。其适用于开间为 4.5 m 以内，尺寸较小的房间，如住宅、宿舍、旅馆等。

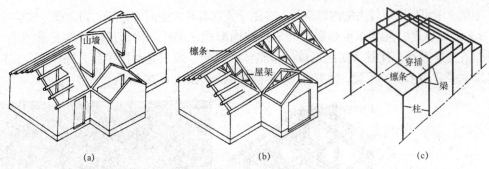

图 6-75 坡屋顶的承重结构类型

（a）横墙承重；（b）屋架承重；（c）梁架承重

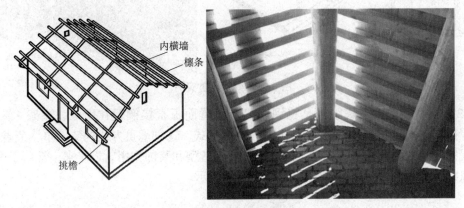

图 6-76 横墙承重实例

2）屋架承重。当坡屋面房屋内部需要较大空间时，可以把部分横向山墙取消，用屋架作为承重构件，如图 6-77 所示。屋架承重是指由一组受力杆件在同一平面内互相连接成整体，形成屋架，后在其上搁置檩条来承受屋面质量的一种结构方式。坡屋面的屋架多为三角形或梯形。屋架可以选用木材（Ⅰ级杉圆木）、型钢（角钢或槽钢）制作，也可以选用钢木混合制作（屋架中受压杆件为木材，受拉杆件为钢材），或用钢筋混凝土制作。若房屋内部有一道或两道纵向承重墙，可以考虑选用三点支承或四点支承屋架。

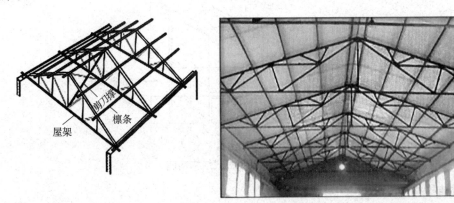

图 6-77 屋架承重实例

屋架承重可以形成较大的内部空间，多用于要求有较大空间的建筑，如食堂、教学楼等。

3）梁架承重。梁架承重是我国的传统结构形式，用柱与梁形成的梁架支承檩条，并利用檩条及连系梁，使整个房间形成一个整体的骨架，墙只是起围护和分隔作用，民间传统建筑中多采用木柱、木梁、木枋构成的梁架结构，如图6-78所示。

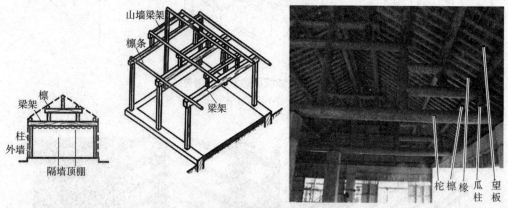

图6-78 梁架承重实例

（2）板式结构。板式结构是将钢筋混凝土屋面板直接搁置在山墙、屋架（屋面梁）上，屋架（屋面梁）放置在柱子（墙）上的支承方式。这种承重方式构造简单，节省木材，并可提高房屋的耐久性和防火性，屋面瓦主要起造型和装饰作用。近年来，常用于民用住宅或风景园林建筑的屋顶，如图6-79、图6-80所示。

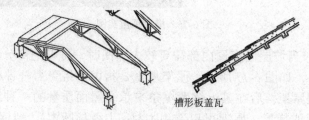

图6-79 板式结构（无檩体系）

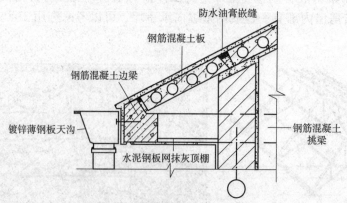

图6-80 钢筋混凝土板式结构构造

2. 承重结构构件

（1）屋架。屋架形式常为三角形、梯形或平行弦，由上弦、下弦及腹杆组成，所用材料有木材、钢材及钢筋混凝土等，如图6-81～图6-83所示。

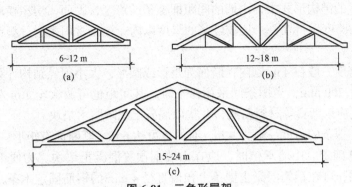

图 6-81 三角形屋架

(a) 木屋架；(b) 钢木屋架；(c) 钢筋混凝土屋架

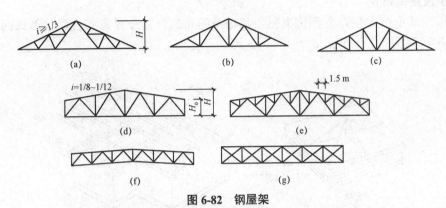

图 6-82 钢屋架

(a)(b)(c) 三角形钢屋架；(d)(e) 梯形屋架；(f)(g) 平行弦

图 6-83 人字式梯形钢屋架实例

在屋架承重的形式中，屋架的间距即房屋的开间，也是檩条的跨度，因而，屋架也宜等距排列并与檩条的距离相适应，以便统一屋架类型和檩条尺寸。民用建筑的屋架间距通常为 3～4 m，大跨度建筑可达 6 m。跨度不超过 12 m 的建筑可采用全木屋架，跨度不超过 18 m 时可采用钢木组合屋架，跨度更大时则宜采用钢筋混凝土或钢屋架。

（2）檩条。檩条所用材料可为木材、钢材及钢筋混凝土，如图 6-84 所示。檩条材料的选用一般与屋架所用材料相同，使两者的耐久性接近。

图 6-84 屋面轻钢檩条实例

在山墙承重的结构形式中，山墙的间距即檩条的跨度，因而，房屋横墙的间距宜尽量一致，使檩条的跨度保持在一个比较经济的尺度以内。檩条常用木材、型钢或钢筋混凝土制作。

木檩条的跨度一般在 4 m 以内，断面为矩形或圆形，大小须经结构计算确定。木檩条的间距为 500 ～ 700 mm，当檩条间采用椽子时，其间距也可放大至 1 m 左右。木檩条在山墙上的支承端应以沥青等材料防腐，并垫以混凝土或防腐木垫块。

钢筋混凝土檩条的跨度一般为 4 m，有的也可达 6 m。其断面有矩形、T 形和 L 形等，尺寸由结构计算确定。山墙承檩时，应在山墙上预置混凝土垫块。为便于在檩条上固定瓦屋面的木基层，可在钢筋混凝土檩条上预留直径 4 mm 的钢筋固定木条，木条断面为梯形，尺寸为 40 ～ 50 mm 对开。

3. 承重结构布置

坡屋顶承重结构布置主要是指屋架和檩条的布置，其布置方式视屋顶形式而定，如图 6-85 所示。

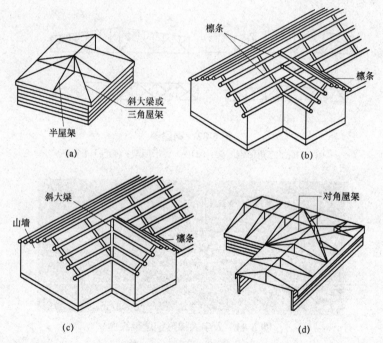

图 6-85 屋架和檩条布置

(a) 四坡顶的屋架；(b) 丁字形交接处屋顶之一；(c) 丁字形交接处屋顶之二；(d) 转角屋顶

（二）屋面

屋面是屋顶上的覆盖层，包括屋面盖料和基层。坡屋顶屋面一般是利用各种瓦材或面砖，靠瓦与瓦之间的搭接盖缝来达到防水的目的。屋面瓦的种类按所用的材料分有烧结黏（陶）土瓦、水泥瓦、石棉瓦、沥青瓦、金属瓦、彩钢瓦、琉璃瓦、石板瓦、合成树脂瓦及木瓦、玻璃瓦、PC 透明瓦、太阳能瓦等，如图 6-86 所示；按外形分有平板块瓦、波形块瓦（普通波形、大拱波形、超高拱波形）、S 形瓦、筒瓦等。

基层包括防水垫层、顺水条、挂瓦条等，所有防水材料都叫作防水垫层。需要注意的是，瓦必须与防水层或防水垫层配合应用，
防水。

（三）顶棚

顶棚（吊顶）层是指屋顶下面的遮盖部分，起遮蔽上部结构构件，使室内平整，改变空间形状并起到反射光线和装饰的作用。

（四）保温、隔热层

保温层是严寒和寒冷地区为防止冬季室内热量透过屋顶散失而设置的构造层。隔热层是炎热地区夏季隔绝太阳辐射热进入室内而设置的构造层。

1. 保温层的构造

坡屋顶的保温层一般布置在瓦材与檩条之间或挂瓦条和顺水条之间或顶棚层上面。保温材料可根据工程具体要求选用松散材料、块体材料或板状材料等。常用的保温材料有挤塑聚苯板等，如图 6-87 所示。

2. 隔热层的构造

炎热地区在坡屋顶中设进气口和排气口，利用屋顶内外的热压差和迎风面的压力差，组织空气对流，形成屋顶内的自然通风，以减少由屋顶传入室内的辐射热，从而达到隔热降温的目的。进气口一般设在檐墙上、屋檐部位或室内顶棚上；出气口最好设在屋脊处，以增大高差，有利于加速空气流通，如图 6-88 所示。

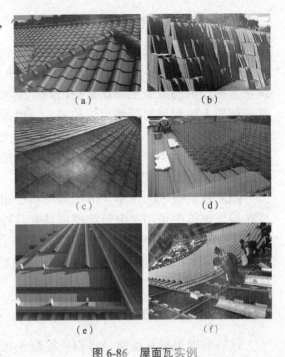

图 6-86　屋面瓦实例

（a）陶土瓦；（b）水泥瓦；（c）石板瓦；（d）沥青瓦；
（e）彩钢瓦；（f）金属瓦

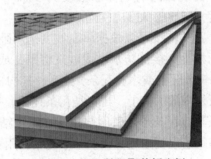

图 6-87　XPS 挤塑聚苯板实例

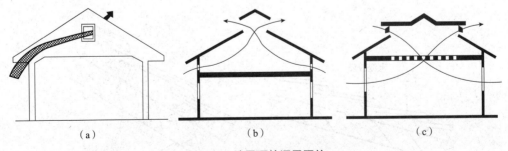

图 6-88　坡屋顶的通风隔热

（a）檐口及山墙通风孔；（b）外墙及天窗通风孔；（c）顶棚及天窗通风孔

块瓦屋面可采用架空铺设和通风屋脊的做法，形成隔热层，提高其隔热性能；采用透汽防水垫层、铝箔复合隔热防水垫层，将其置于挂瓦条与顺水条之间，隔热、防水效果更佳。

二、钢筋混凝土结构坡屋顶的构造

钢筋混凝土坡屋顶可分为预制装配式钢筋混凝土和现浇整体式钢筋混凝土屋顶两种。预制装配式钢筋混凝土屋顶是在山墙、屋面梁或屋架上放置屋面板作为结构层，一般用于坡度较小的坡顶。现浇整体式钢筋混凝土屋顶采用的是现浇的板式或梁板式结构，能形成较大的坡度，如图 6-89 所示。

图 6-89 钢筋混凝土坡屋面构造

随着建筑技术的进步，传统坡屋顶已很少在城市建筑中采用。由于坡屋顶具有其特有的造型特征，因此近年来在民用建筑中多采用钢筋混凝土坡屋顶。在仿古建筑中也常常采用钢筋混凝土板瓦屋面。常用的瓦屋面主要有块瓦、沥青瓦和金属瓦等。瓦屋面的基层可以采用木基层，也可以采用混凝土基层。

（一）块瓦屋面的构造做法

钢筋混凝土板瓦屋面是将钢筋混凝土板既作为结构层又作为屋面基层，上面盖瓦。常用的盖瓦有平瓦和波形瓦等，如图 6-90 所示。瓦屋面适宜的排水坡度为 20% ~ 50%，坡度大于 50% 时需加强固定。

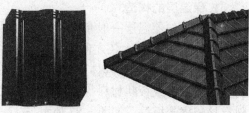

图 6-90 平瓦和平瓦屋面实例

瓦的铺设可以根据屋面坡度选用卧瓦或挂瓦两种方式，如图 6-91 所示。卧瓦是指在屋面板上直接抹防水水泥砂浆将平瓦或陶瓷面砖黏结。挂瓦是指坡度较大的屋顶用挂瓦条（钢挂瓦条或木挂瓦条）挂瓦，其构造做法是先在找平层上铺卷材一层，用压毡条钉嵌在板缝内的木楔上，再钉挂瓦条挂瓦。挂瓦采用木方，底层为顺水条，上层为挂瓦条，顺水条与挂瓦条形成整网与预埋在屋顶结构板上的 $\phi 6$ mm 钢筋连接或用水泥钉将挂瓦条固定在钢筋混凝土屋面板上，平瓦钻孔用双股铜丝绑扎于挂瓦条上，瓦下坐混合砂浆。挂瓦层木方均要进行防腐处理，还需用涂料将连接钢筋的根部涂刷严密，以便于防腐防渗，如图 6-92 所示。

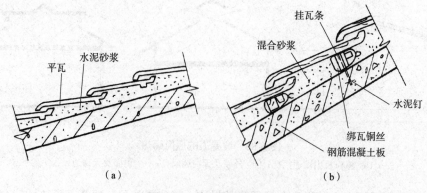

图 6-91 块瓦的固定方式
(a) 卧瓦；(b) 挂瓦

平瓦屋面的主要优点是瓦本身具有防水性，不需要特别设置屋面防水层，瓦块之间搭接构造简单、施工方便；其缺点是屋面接缝多，若不设屋面板，雨、雪易从瓦缝中飘进屋内，造成漏水。为保证有效排水，瓦屋面坡度不得小于 $1:2$（$26°34'$）。在屋脊处需盖上鞍形脊瓦，在屋面天沟下需放上镀锌薄钢板，以防止漏水。

图 6-92　屋面挂瓦条实例

（二）钢筋混凝土平瓦屋面的细部构造

平瓦屋面应做好檐口、天沟、屋脊等部位的细部处理，如图 6-93 所示。

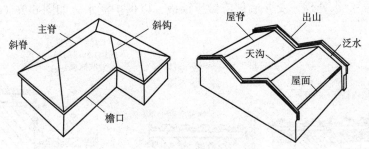

图 6-93　坡屋面各部位的名称

1. 檐口构造

檐口可分为纵墙檐口和山墙檐口。

（1）纵墙檐口。纵墙檐口的构造与屋顶的排水方式、屋顶承重结构、屋面基层、屋面出檐长度的大小等有关，分为无组织排水和有组织排水两大类。纵墙檐口排水的构造做法和实例可参考图 6-94、图 6-95。

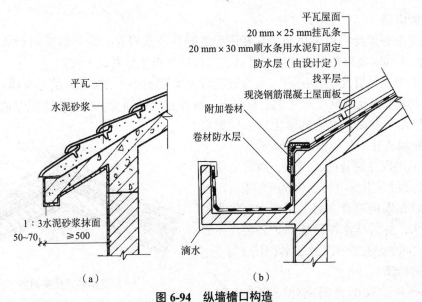

图 6-94　纵墙檐口构造

（a）无组织排水檐口；（b）有组织排水檐口

（2）山墙檐口。山墙檐口按屋顶形式可分为硬山檐口与悬山檐口两种。

1）悬山檐口又称山墙挑檐：先将檩条外挑形成悬山，檩条端部钉木封檐板，沿山墙挑檐的一行瓦，应用 1:2.5 的水泥砂浆做出披水线，将瓦封固；也可用钢筋混凝土板出挑，平瓦在山墙檐边隔块锯成半块，用 1:2.5 水泥砂浆抹成高 80～100 mm、宽 100～120 mm 的封边，称为"封山压边"或瓦出线，如图 6-96（a）和图 6-96（b）所示。

图 6-95　有组织排水纵墙檐口防水构造实例

2）硬山檐口构造：屋面和山墙平齐或将山墙升起挑出一二皮砖包住檐口，女儿墙与屋面交接处应做泛水处理。女儿墙顶应做压顶板，以保护泛水，如图 6-96（c）所示。

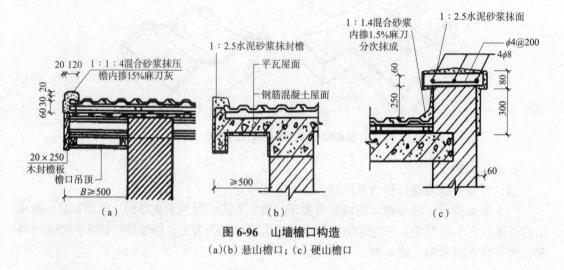

图 6-96　山墙檐口构造

（a）(b) 悬山檐口；(c) 硬山檐口

2. 屋脊构造

平瓦屋面的屋脊可以采用与主瓦相配套的配件成品脊瓦，也可以采用 C20 混凝土捣制或与屋面板同时浇捣的现浇屋脊。其做法及构造要点主要有以下几点：

（1）采用成品脊瓦的瓦屋面，屋脊处应增设宽度不小于 250 mm 的卷材附加防水层；脊瓦下端距离坡面瓦的高度不宜大于 80 mm，脊瓦在两坡面瓦上的搭盖宽度每边不应小于 40 mm；脊瓦与坡面瓦之间的缝隙应采用聚合物水泥砂浆填实抹平，如图 6-97 所示。

（2）采用现浇屋脊的瓦屋面，屋脊处应增设平面、立面上宽度不小于 250 mm 的卷材附加防水层，且在现浇屋脊立面上用密封胶将附加层封严收头，并外抹水泥砂浆保护；现浇屋脊与坡面瓦之间的缝隙应采用水泥砂浆填实抹平。

3. 天沟构造

在等高跨或高低跨相交处，常常出现天沟，天沟应有足够的断面面积，上口宽度不

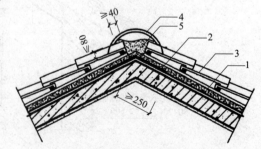

图 6-97　屋脊构造

1—防水层（垫层）；2—附加层；3—块瓦；
4—成品脊瓦；5—聚合物水泥砂浆

宜小于 300 ~ 500 mm，一般用镀锌薄钢板铺于木基层上，镀锌薄钢板伸入瓦片下面至少150 mm。高低跨和包檐天沟当采用镀锌薄钢板防水层时，应从天沟内延伸至立墙（女儿墙）上形成泛水。天沟的构造做法及实例可参考图 6-98 和图 6-99。

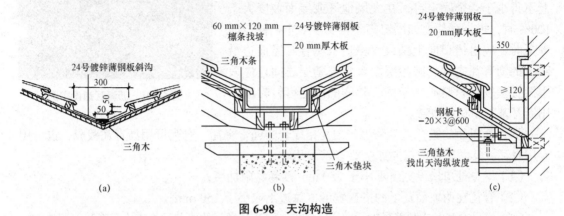

图 6-98　天沟构造
（a）三角形天沟（双跨屋面）；（b）矩形天沟（双跨屋面）；（c）高低跨屋面天沟

（三）沥青瓦屋面

图 6-99　天沟实例

　　沥青瓦全名为玻纤胎沥青瓦，又称油毡瓦、玻纤瓦等，是以玻璃纤维为胎基、经渗涂石油沥青后，一面覆盖彩色矿物粒料，另一面撒以隔离材料制成的柔性瓦状屋面防水片材。沥青瓦按产品形式可分为平面沥青瓦（单层瓦）和叠合沥青瓦（叠层瓦）两种，其规格一般为 1 000 mm × 333 mm × 2.8 mm，如图 6-100 所示。

图 6-100　沥青瓦屋面实例
（a）平面沥青瓦；（b）叠合沥青瓦

　　沥青瓦屋面由于具有耐腐蚀、保温隔热性好、质量轻、颜色多样、施工方便、可在木基层或混凝土基层上适用等优点，近些年在坡屋面工程中广泛采用。其中，叠层瓦的坡屋面比单层瓦的立体感更强。为了避免在沥青瓦片之间发生浸水现象，有利于屋面雨水排出，通常沥青瓦用于坡度为 11.3° 以上的屋顶。对于坡度小于 22.5° 或大于 60° 的屋面，铺设时需做特殊处理。

由于沥青瓦为薄而轻的片状材料，故其固定方式应以钉为主、黏结为辅。因此，沥青瓦屋面的构造层次相对比较简单，如图6-101所示。通常，每张瓦片上不得少于4个固定钉；在大风地区或屋面坡度大于100%时，每张瓦片上的固定钉不得少于6个。铺设沥青瓦时，应自檐口向上铺设，檐口、屋脊等屋面边沿部位的沥青瓦之间、起始层沥青瓦与基层之间还应采用沥青基胶粘材料满粘牢固。外露的固定钉钉帽应采用沥青基胶粘材料涂盖。

图6-101　沥青瓦铺设实例

沥青瓦屋面的屋脊通常采用与主瓦相配套的沥青脊瓦，脊瓦可用沥青瓦裁成，也可用专用脊瓦。其做法及构造要点主要有以下几项：

（1）屋脊处应增设宽度不小于250 mm的卷材附加层；

（2）脊瓦在两坡面瓦上的搭盖宽度，每边不应小于150 mm；

（3）铺设脊瓦时应顺着最大频率风向搭接，脊瓦与脊瓦的压盖面不应小于脊瓦面积的1/2；

（4）每片脊瓦除满涂沥青基胶两个胶粘材料外，还应用两个固定钉固定。

三、金属板屋面的构造

近些年大量大跨度建筑（体育场馆、航站楼、会展中心、厂房等）的涌现，使金属板屋面迅猛发展，大量新材料的应用及细部构造和施工工艺的创新，对金属板屋面设计提出了更高的要求。

金属板屋面是指采用压型金属板或金属面绝热夹芯板的建筑屋面，它是由金属面板与支承结构组成。其屋面坡度不宜小于5%；对于拱形、球冠形屋面顶部的局部坡度可以小于5%；对于积雪较大及腐蚀环境中的屋面不宜小于8%，如图6-102所示。

图6-102　金属板屋面实例

（一）金属板屋面的优缺点及适用范围

1. 金属板屋面的优点

（1）轻质高强。金属板屋面的自重通常只有100 N/m² 左右，比传统的钢筋混凝土屋面板轻得多，对减轻建筑物自重，尤其是减轻大跨度建筑屋顶的自重具有重要的意义。

（2）施工安装方便，速度快。金属板屋面的连接主要采用螺栓连接，不受季节气候影响，在寒冷气候下施工具有优越性。

（3）色彩丰富，美观耐用。金属板的表面涂层处理有多种类型，质感强，可以大大增强建筑造型的艺术效果；且金属板具有自我防锈能力，耐腐蚀、耐酸碱性强，耐久性好。

（4）抗震性好。金属板屋面具有良好的适应变形能力，因此，在地震区和软土地基上采用金属板做围护结构对抗震特别有利。

2. 金属板屋面的缺点

（1）不耐火，温度超过250 ℃以内时，材质发生较大变化，不仅强度逐步降低，还会发生蓝脆和徐变现象；温度达 600 ℃时，钢材进入塑性状态不能继续承载。

（2）金属板屋面的板材比较薄，刚度较低，隔声效果较差，特别是单层金属板屋面在雨天时易产生较大的雨点噪声。故对有较高声环境要求的建筑不宜采用金属板屋面，或在屋面下部进行二次降噪处理。

（3）金属板屋面在台风地区或高于 50 m 的建筑上应谨慎使用，且不建议采用 180° 咬口锁边连接型压型金属板。如需采用，必须采取适当的防风措施，如增加固定点，在屋脊、檐口、山墙转角等外侧增设通长固定压条等。对于风荷载较大地区的敞开式建筑，其屋面板上下两面同时受有较大风压，也应采取加强连接的构造措施。

（二）金属板屋面的类型与规格

金属板材的种类很多，根据面板材料分有彩色涂层钢板、镀层钢板、不锈钢钢板、铝合金板、钛合金板和铜合金板等，厚度一般为 0.4 ～ 1.5 mm，板的表层一般均进行涂装。金属板的质量很大程度上取决于板材材质及饰面涂料的质量，有些金属板的耐久年限可达 50 年以上。

根据断面形式，金属板可分为波形板、梯形板和带肋梯形板等。波形板和梯形板的力学性能不够理想，材料用量较浪费；带肋梯形板是在普通梯形板的上下翼和腹板上增加凹凸槽，起加强肋的作用，提高了彩板的强度和刚度。

金属板根据功能构造主要可分为压型金属板和金属面绝热夹芯板两大类。其中，压型金属板是指用薄钢板、镀锌钢板、有机涂层钢板、铝合金板做原料经辊压冷弯成型制成的各种波形建筑板材。金属板层面根据构造系统可分为单层金属板屋面、单层金属板复合保温屋面、檩条露明型双层金属板复合保温屋面、檩条暗藏型双层金属板复合保温屋面。金属面绝热夹芯板是将彩色涂层钢板面板及底板与硬聚氨酯、聚苯乙烯、岩棉、矿渣棉玻璃棉芯材，通过胶粘剂或发泡复合而成的保温复合板材。它具有防水、保温、饰面等多种功能，不需要另设保温层，对简化屋面构造和加快施工安装速度有利。

金属板的规格受原材料和运输等因素的影响。其宽度通常为 500 ～ 1 500 mm；其长度通常可以根据工程需求定制，一般宜在 12 m 以内，也可以长达 15 m，但需考虑运输条件的要求。如果将压型工作在现场完成，则不受运输限制，只要起吊安装方便，其长度可以做到 70 m 以上。屋面板长向无接缝，对防水有利。

（三）金属板屋面的连接与接缝构造

金属板屋面的金属面板本身具有良好的防水性能，但金属板与支承结构的连接和金属板之间接缝部位由于板材的伸缩变形、安装紧密程度等误差，会产生缝隙，如果设计不合理，则容易使雨水随风渗入室内，出现渗漏水的现象。因此，金属屋面的连接和接缝构造是金属板材屋面防水的关键。

金属板屋面的连接方式主要有紧固件连接和咬口锁边连接两种方式，如图 6-103 所示。其中，紧固件连接是通过自攻螺钉相连，连接性能可靠，能较好地发挥板材的强度，但由于连接件暴露在室外，容易生锈影响屋面的美观，密封胶的老化易导致屋面渗漏水等；咬口锁边连接是通过板与板、板与支架之间的相互咬合进行连接，由于连接件是隐蔽的，因此可以较好地避免生锈和屋面渗漏水的现象，但金属屋面板容易在风吸力作用下发生破坏。

金属屋面板的纵向最好不出现接缝，当屋面太长而不得不进行连接时，其纵向连接应位于檩条或墙梁处，两块板均应伸至支承构件上。搭接端应与支承构件有可靠的连接，搭接部位应设置防水密封胶带。其中，压型金属板的纵向最小搭接长度应符合表 6-5 的规定。

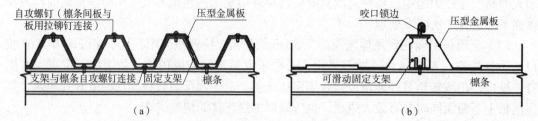

图 6-103　金属板屋面的连接方式

(a) 紧固件连接；(b) 咬口锁边连接

表 6-5　压型金属板的纵向最小搭接长度

压型金属板		纵向最小搭接长度 /mm
高波压型金属板		350
低波压型金属板	屋面坡度 ≤ 10%	250
	屋面坡度 >10%	200

　　由于受金属板宽度的限制，金属板屋面在宽度方向（横向）上必然需要连接，其横向连接构造与屋面板类型和连接方式有紧密关系。采用咬口锁边连接时，通常根据不同类型的压型金属板和配套支架进行扣合与咬合连接，其方式主要有暗扣直立锁边连接、360°咬口锁边连接等方式。当采用紧固件连接时，通常采用搭接方式，横向搭接方向宜与主导风向一致，搭接部位均应设置防水密封胶带。其中，压型金属板的搭接不小于一个波，搭接处用连接件紧固时，连接件应采用带防水密封胶垫的自攻螺钉设置在波峰上；夹芯板的搭接尺寸应按具体板型确定，并应用拉铆钉连接，如图 6-104 所示。

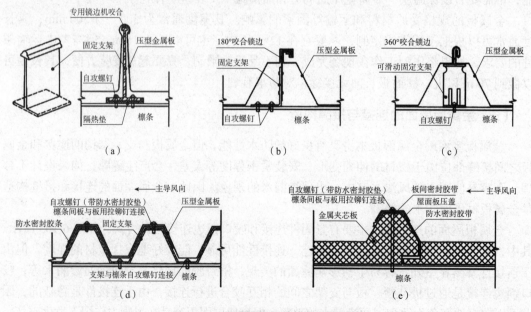

图 6-104　金属板屋面的横向连接方式

(a) 直立锁边；(b) 180° 咬口锁边；(c) 360° 咬口锁边；(d) 压型金属板搭接缝；(e) 夹芯板搭接缝

（四）金属板屋面的细部构造

金属板屋面的细部构造设计比较复杂，不同类型、不同供应商的金属屋面板构造做法也不尽相同，一般均应对细部构造进行深化设计。金属板屋面细部构造是保证屋面整体质量的关键，其主要针对的是金属板变形大、应力与变形集中、最易出现质量问题和发生渗漏的部位，主要包括有屋面系统的变形缝、檐口、檐沟、落水口、山墙、女儿墙、高低跨、屋脊等部位。金属板屋面细部构造做法可参考图6-105。

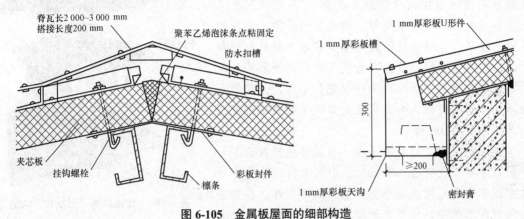

图 6-105　金属板屋面的细部构造

模块小结

屋顶的设计要求主要是防水、排水及保温隔热，还要考虑对建筑造型的影响。各种形式的屋顶基本上都是由屋面（面层）、结构层、保温隔热层和顶棚层组成的。

屋顶的类型可分为平屋顶、坡屋顶、其他形式的屋顶三大类。

屋顶常用的坡度表示方法有角度法、斜率法和百分比法。

屋顶坡度的形成方法有材料找坡和结构找坡两种。

屋顶排水方式可分为无组织排水和有组织排水两大类。有组织排水又可分为外排水和内排水两大类。

平屋顶按屋面防水层的不同有卷材防水、刚性防水、涂膜防水等多种做法。

卷材防水屋面的基本构造层次主要由结构层、找坡层、找平层、结合层、防水层和保护层组成。

刚性防水屋面一般由结构层、找平层、隔离层和防水层组成。

屋顶保温层的设置有正铺法和倒铺法两种类型。

坡屋顶一般由承重结构、屋面面层两部分组成，根据需要还有顶棚层、保温隔热层等。

知识拓展

认识中国古代的大屋顶

中国古建筑从陕西半坡遗址发掘的方形及圆形浅穴式房屋发展看，已有6 000～

7 000 年的历史。北京明、清两代的故宫，是世界上现存规模最大、建筑衍生精美、保存完整的大规模建筑群。我国的古典园林，其独特的艺术风格，使它们成为中国文化遗产中的一颗颗明珠。这一系列现存的技术高超、艺术精湛、风格独特的建筑，在世界建筑史上自成系统，独树一帜，是我国古代灿烂文化的重要组成部分。

中国传统建筑的单体造型大体保持了由屋顶、屋身、台基共同构成的"三段式"特征。其中，又以汉族地区的传统木结构建筑最为典型。"三段式"是传统木构建筑的基本造型规律，历代沿用不辍。三段的上段为屋顶，也称屋盖，是造型与等级重要的象征物之一；屋身为中段，是主要的使用空间，不同的开间数也直接彰显了等级与秩序；台基为下段，是建筑基础所在，高度与样式的变化直接体现了使用者的身份差异，如图 6-106 所示。

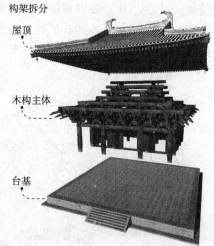

图 6-106　传统建筑"三段式"构造

屋顶是三段式格局的上段，也是传统建筑造型与等级最重要、最突出的象征物，中国古代的匠师很早就发现了利用屋顶以取得艺术效果的可能性。在我国古代建筑思想中，屋顶之于建筑立面尤为重要。缓缓延展的屋檐、优美弹性的曲线、微微起翘的屋角及形式多样的屋顶，有时再辅以灿烂夺目的琉璃瓦，凝练成惊艳的视觉艺术，使沉重的建筑有了飞动轻快的韵味。《诗经》里就有"作庙翼翼"之句，说明 3 000 年前的诗人就已经在诗中歌颂祖庙舒展如翼的屋顶了。

至明清时期，常见的屋顶样式主要有庑殿顶、歇山顶、悬山顶、硬山顶、攒尖顶、盝顶等。不同屋顶的组合，可以使建筑形体与轮廓线变得越加丰富，特别是从高空俯瞰，造型效果会更加优美突出，由此屋顶也被称为建筑的"第五立面"。与此同时，屋顶也是等级制度的核心体现。以明清时期为典型，不同样式的屋顶形成了明确的等级秩序与使用组合原则，深刻影响了单体造型与组群布局。

1. 庑殿顶

庑殿顶早在商代甲骨文中即已出现，宋朝称"吴殿"或"四阿顶"（"阿"是建筑屋顶的曲檐，"四阿"就是四面坡式的曲檐屋顶），清朝称"庑殿"或"五脊殿"。

庑殿顶有五条脊、一条正脊和四条垂脊，前后左右共四个斜坡面。前后两坡相交处为正脊，左右两坡有四条垂脊，简称"五脊四坡"。在古代，最尊贵的建筑才可以使用庑殿顶，庑殿顶是各屋顶样式中等级最高的形式。明清时期只有皇家和孔子殿堂才可以使用。庑殿顶一般用于宫殿和庙宇的殿堂。

庑殿顶又可分为单檐和重檐两种。重檐庑殿顶是在庑殿顶之下，又有短檐，四角各有一条短垂脊，共九脊。这种顶式是清代所有殿顶中最高等级。故宫太和殿（图 6-107）、曲阜孔庙大成殿等都是此种殿顶。

单檐庑殿顶多用于礼仪盛典及宗教建筑的偏殿或门堂等处，以示庄严肃穆，如北京天坛中的祈年门、山西的华严寺大雄宝殿（图 6-108）和佛光寺东大殿等。

2. 歇山顶

歇山顶在清代之前成为"曹殿""汉殿""厦两头造"等名称。明清时期，官方建筑开始出现大歇山，"歇山"这一叫法也在清代开始。

图 6-107　故宫太和殿重檐庑殿顶

图 6-108　山西华严寺大雄宝殿单檐庑殿顶

歇山顶有九条脊。一条正脊、四条垂脊和四条戗（qiàng）脊（屋顶最边缘分岔的那四条比较短的脊），前后两坡为正坡，左右两坡为半坡，两个半坡面比庑殿顶的要低，半坡以上的三角形区域称为山花。根据文献和资料显示此屋顶最早见于汉阙石刻。当时的歇山顶较小，一直发展到唐代才开始有点像如今的模样。歇山顶样式华丽、变化丰富，在仅次于庑殿顶等级的宫殿和庙宇中的大殿使用较多，此外，在祠庙坛社、寺观、衙署等官家、公众殿堂等也都沿用歇山顶，如图 6-109 所示。

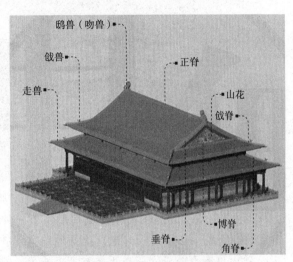

图 6-109　歇山顶各部分名称

歇山顶可分为单檐和重檐两种，所谓重檐，就是在基本歇山顶的下方，再加上一层屋檐，与庑殿顶第二檐大致相同。我国现存最早的唐代建筑——南禅寺大殿就是一座单檐歇山顶建筑（图 6-110），北京的妙应寺山门、智化寺智化殿等也为单檐歇山顶建筑。其他如北京天安门就是重檐歇山顶建筑（图 6-111），故宫的太和门、保和殿、慈宁宫等也是重檐歇山顶建筑。

图 6-110　山西五台山南禅寺大殿单檐歇山顶

图 6-111　北京天安门重檐歇山顶

歇山顶在得到广泛使用的同时也发展出诸多绚丽多彩的样式，如故宫角楼的十字歇山顶（图 6-112），是公认的屋顶极为精美的建筑之一，它是一座四面凸字平面组合的多角建筑。屋顶可分为三层，即上层为两个十字交叉的歇山顶；中层为四个不完全的重檐歇山顶交接；下层檐为一环半坡顶的腰檐，使上两层的屋顶形成一个复合式的整体。整个角楼有 10 个山花、28 个屋角、72 条脊，故宫角楼体现了我国古代工匠的高超技艺。

3. 悬山顶

悬山顶最早可见于汉代画像石与冥器，宋朝时称"不厦两头造"，清朝时称"悬山""挑山"，又"出山"。悬山是指屋面的两端会悬挑伸出在山墙之外，并由下面伸出的檩条承托，用以遮蔽风雨，保护木结构和墙体，是最常见的一类屋顶。悬山顶有五条脊，一条正脊和四条垂脊，前后两个坡面。悬山建筑等级较歇山建筑低，在庙宇、宫殿建筑群中用于附属建筑，多用于民间建筑或次要建筑，可见当时屋顶等级已有明显区分，如图 6-113 所示。

图 6-112　故宫角楼十字歇山顶　　　　图 6-113　山西佛光寺文殊殿悬山顶

4. 硬山顶

硬山顶源于悬山顶，其山墙为砖石砌筑，与土坯或木板墙相比坚固许多，故得名"硬山"。由于砖石山墙坚固耐久，故而屋顶不需伸出山墙之外进行遮蔽，两侧山墙反而会高出屋顶，将整个山面封闭起来，更好地发挥保护作用。

硬山顶有五条脊，一条正脊和四条垂脊，前后两个坡面，左右两侧的山墙与屋面直接相交将所有内部梁架檩木包住。硬山顶出现较晚，在宋代的《营造法式》中并未有记载，明、清时期开始，硬山顶才广泛出现于住宅、寺庙、园林建筑中。这与明代以后砖开始较多用于地面建筑，从而构筑砖砌山墙有关。与悬山顶相比，硬山顶有利于防风火，而悬山顶有利于防雨。例如，我们常见的一些徽派建筑就是硬山顶，徽派建筑的特点是山墙比屋顶高，使用硬山顶可以防火，如图 6-114 所示。

沈阳故宫的清宁宫就是硬山顶（图 6-115），这是中国古建筑中最普遍的屋顶样式，住宅、园林、寺庙中都大量存在。从图片可以看出，硬山顶明显没有庑殿顶、悬山顶有气势，在建筑等级上，硬山顶是次于悬山顶的，比如山西"富九代"的王家大院，也只能盖硬山顶的房子。

图 6-114　徽派建筑马头墙（硬山顶）　　　图 6-115　沈阳故宫清宁宫硬山顶

5. 卷棚顶

卷棚顶也称元宝脊，其屋顶前后相连处不做成屋脊而做成弧线形的曲面。因屋面前后两坡之间呈弯曲的弧线形，因而得名。卷棚顶没有正脊，它其实是歇山、硬山、悬山屋顶的一种变化形体。

卷棚顶的形象非常优美、线条柔顺，广泛用于园林的亭、轩、廊、榭等类建筑，在宫廷和寺院里也有卷棚顶的附属建筑。如北京颐和园中的谐趣园，屋顶形式基本全部为卷棚顶，如图6-116所示。

图 6-116　北京颐和园中谐趣园卷棚顶

6. 攒尖顶

攒尖顶在汉代已经出现，宋代称"斗尖顶"，明清时代的建筑物中较多见。攒尖顶的屋面较陡，顶端为尖，上有宝顶。没有正脊，其他脊的数量随建筑墙平面边数各有不同，平面有方形、圆形和八角形等，如圆攒尖、四角攒尖、六角攒尖、八角攒尖等。攒尖顶单檐较多，重檐较少，三重檐极少。一般攒尖顶在等级较高的建筑中可见，如北京故宫的中和殿（图6-117）、天坛祈年殿（图6-118）等。另外，在亭、阁、塔类建筑较为多见，大家最熟悉的就是亭子，如中国最大的亭子北京颐和园的廊如亭（图6-119），就是个重檐的八角攒尖顶。

图 6-117　北京故宫中和殿
四角攒尖顶

图 6-118　北京天坛祈年殿
圆攒尖顶

图 6-119　北京颐和园廊
如亭八角攒尖顶

7. 盝顶

盝顶是坡屋顶家族里的平屋顶，有四条正脊围成平顶，四面再接坡面，四角各有一条垂脊向下斜伸，如图6-120所示。盝顶在金、元时期比较常用，元大都房屋多为盝顶。明、清两代也有很多盝顶建筑，如北京故宫的钦安殿、瀛台的翔鸾阁等。

盝顶还经常用在帝王庙中井亭的顶口，顶部开口为的是纳光以看清下边水井里的水面，如故宫和先农坛的井亭等，如图6-121所示。

图 6-120　盝顶

图 6-121　北京故宫井亭盝顶

8. 勾连搭屋顶

勾连搭屋顶就是两个或两个以上屋顶，相连成为一个屋顶，它是由一个带正脊的硬山或悬山顶和一不带正脊的卷棚顶组合而成的，这样的勾连搭称作"一殿一卷式勾连搭"，如图6-122所示。比较著名的是北京四合院中的垂花门。

有时勾连搭屋顶为一大一小、一主一次、高低不同、前后有别。低小的建筑部分为另一部分的附属抱厦，这样的勾连搭称为"带抱厦式勾连搭"，许多正殿前的献殿、客厅即这种形式，如图6-123所示。

图6-122 垂花门实例   图6-123 河南滑县大王庙勾连搭屋顶实例

勾连搭屋顶形式在屋身和台基不变的情况下，屋顶更富于变化，也成为巧妙解决古建筑空间扩大的方法，在需要大空间的建筑上多采用勾连搭。这种屋顶多用于园林和佛寺建筑中。

9. 盔顶

盔顶因形象类似战士头盔而得名，顶和脊大部分为凸出弧线，屋顶最高处中心为宝顶，像是头盔上插的缨穗或帽翎。盔顶现存并不多，而著名的岳阳楼就是一个，如图6-124所示。

图6-124 岳阳楼盔顶实例

屋顶从出现到成熟，经历的岁月是漫长的，在它逐步发展的过程中，建筑功能、建筑技术、建筑艺术三者的统一得到很好的体现，它是中华民族所固有的，是我国古代房屋建筑的特殊标志。

复习思考题

一、填空题

1. 屋顶的类型可分为_____、_____和其他形式的屋顶。

2. 屋面排水方式有_____和_____两种。

3. 平屋顶防水屋面按其防水层做法的不同可分为_____、_____、_____等。

4. 刚性屋面分格缝一般设置在_____允许范围内和_____敏感部位。

5. 屋面坡度的做法有_____找坡和_____找坡。

6. 平屋顶的保温做法有_____和_____两种方法。

7. 屋面排水坡度的表示方法有_____、_____和_____。

8. 刚性防水屋面设分格缝，嵌缝常用的密封材料为_____。

二、单项选择题

1. 平屋顶是指屋面坡度（　　）的屋顶。

　　A. 小于 5%　　　　　B. 小于 10%　　　　　C. 小于 8%　　　　　D. 小于 3%

2. 屋面泛水高度在迎水面不小于（　　）mm。

　　A. 300　　　　　　　B. 250　　　　　　　　C. 200　　　　　　　　D. 180

3. 混凝土刚性防水屋面中，为减少结构变形对防水层的不利影响，常在防水层与结构层之间设置（　　）。

　　A. 隔汽层　　　　　B. 隔声层　　　　　　C. 隔离层　　　　　　D. 隔热层

4. 平屋顶刚性防水屋面分格缝间距不宜大于（　　）m。

　　A. 5　　　　　　　　B. 3　　　　　　　　　C. 12　　　　　　　　D. 6

5. 保温屋顶为了防止保温材料受潮，应采取（　　）措施。

　　A. 加大屋面斜度　　　　　　　　　　　B. 用钢筋混凝土基层

　　C. 加做水泥砂浆粉刷层　　　　　　　　D. 设隔蒸汽层

6. 天沟内的纵坡值以（　　）为宜。

　　A. 2% ~ 3%　　　　B. 3% ~ 4%　　　　　C. 0.1% ~ 0.3%　　　　D. 5% ~ 10%

7. 在倒铺保温层屋面体系中，所用的保温材料为（　　）。

　　A. 膨胀珍珠岩板块　　B. 散料保温材料　　C. 聚苯乙烯　　　　D. 加气混凝土

三、简答题

1. 举例说明平屋顶的构造做法（注：保温层采用正铺法）。

2. 简述屋面排水的设计步骤。

3. 简述刚性防水屋面的基本构造层次及作用。

4. 民用建筑屋面有组织排水有哪几种方案？

模块七　门和窗

知识目标

1. 熟悉门和窗的作用与设计要求；
2. 掌握门的类型、尺度和构造做法；
3. 掌握窗的类型、尺度和构造做法。

能力目标

能够识读建筑施工图中平面图、立面图、门窗详图中关于门窗的相关信息；能够了解设计师的设计意图，正确进行施工指导。

素质目标

扎实掌握有关门窗工程的基本原理，广泛涉猎并深入钻研本模块的专业知识，获得专业技能实践训练，具备解决门窗工程领域复杂工程问题、从事建筑门窗工程相关专业工作的能力。

学习参考标准

1.《民用建筑设计统一标准》（GB 50352—2019）；
2.《民用建筑热工设计规范》（GB 50176—2016）；
3.《建筑采光设计标准》（GB 50033—2013）；
4.《铝合金门窗工程技术规范》（JGJ 214—2010）。

模块导读

门和窗在建筑物中起着十分重要的作用。门主要用作交通联系，窗的主要功能是采光、通风及眺望等。门和窗作为建筑物围护或分隔构件的重要组成部分，应能阻止风雨、雪等自然因素的侵蚀，且必须满足隔声、保温、防火、防辐射等要求。此外，门和窗在建筑形象中，无论是对外观还是室内装修，都起着很大的作用。

单元一　认识门窗

一、门窗的作用

（一）门的作用

1. 水平交通与疏散

建筑物给人们提供了各种使用功能的空间，这些空间之间既相对独立又相互联系，门能在室内各空间之间及室内与室外之间起到水平交通联系的作用；同时，当有紧急情况和火灾发生时，门还起交通疏散的作用。

2. 维护与分割

门是空间的围护构件之一，依据其所处环境起保温、隔热、隔声、防雨、密闭等作用。门还以多种形式按需要将空间分隔开。

3. 采光与通风

当门的材料以透光性材料（如玻璃）为主时能起到采光的作用，如阳台门等；当门采用通透的形式（如百叶门等）时，可以通风，常用于要求换气量大的空间。

4. 装饰

门是人们进入一个空间的必经之路，会给人留下深刻的印象。门的样式多种多样，与其他的装饰构件相配合，能起到重要的装饰作用。

（二）窗的作用

1. 采光

窗是建筑物中主要的采光构件。开窗面积的大小以窗的样式决定着建筑空间内是否具有满足使用功能的自然采光量。

2. 通风

窗是空气进出建筑物的主要洞口之一，对空间中的自然通风起着重要的作用。

3. 装饰

窗在墙面上占有较大面积，无论是在室内还是室外，窗都具有重要的装饰作用。

二、门窗的设计要求

（一）采光和通风方面的要求

按照建筑物的照度标准，建筑物的门和窗应选择适当的形式及面积。窗洞口的大小应考虑房间的窗地比，窗地比是窗洞口与房间地面面积之比。住宅建筑的卧室、起居室（厅）、厨房应有直接采光。一般居住建筑的起居室（厅）、卧室的窗地比不应小于1/6；楼梯间不应小于1/10。公共建筑物方面，教室不应小于1/5。

在通风方面，自然通风是保证室内空气质量的最重要因素。这一环节主要是通过门窗位置的设计和适当类型的选用来实现的。在进行建筑设计时，必须注意选择有利于通风的窗户形式和合理的门、窗位置，以获得空气对流。

（二）密闭性能和热工性能方面的要求

窗的散热量为围护结构散热量的 2 ～ 3 倍，窗口面积越大，散热量也越大。窗洞口的大小还应考虑房间的窗墙比，窗墙比全名为窗墙面积比，也称为窗积比，指的是某一朝向的外窗、透明幕墙总面积与同朝向墙面总面积的比值。窗墙比越大，供暖和空调能耗也越大。因此，从降低建筑能耗的角度出发，必须限制窗墙面积比。严寒地区甲类公共建筑各单一立面窗墙面积比均不宜大于 0.6，其他地区甲类公共建筑各单一立面窗墙面积比均不宜大于 0.7。同时，为了满足采光的需求，窗墙面积比也不应小于 0.4。

为了使房屋变得美观、舒适，在不断扩大窗墙比范围的同时，应不断引进新的技术，如中空玻璃、Low-E 中空玻璃、充惰性气体 Low-E 中空玻璃等保温性能良好的玻璃都被不同程度地运用到窗户材料的选择上，以尽可能减少房屋能源的损耗。因此，选用合适的门窗材料及改进门窗的构造方式，对改善整个建筑物的热工性能、减少能耗起着重要的作用。

门和窗大多经常启闭，构件之间缝隙较多，再加上启闭时会受震动，或由于主体结构的变形，使得门和窗与建筑主体结构之间出现裂缝，这些缝隙有可能造成雨水、风沙及烟的渗漏，还可能对建筑物的隔热、隔声带来不良影响。因此与其他围护构件相比较，门和窗在密闭性能方面的问题更加突出。在门窗的设计中应满足抗风压性、水密性和气密性的要求。

（三）使用和交通安全方面的要求

门和窗的数量、大小、位置、开启方向等均会涉及建筑物的使用安全。例如，相关规范规定不同性质的建筑物及不同高度的建筑物，其开窗的高度不同，这完全是出于安全防范方面的考虑。又如在公共建筑物中，相关规范规定位于疏散通道上的门应朝疏散的方向开启，而且通往楼梯间等处的防火门应有自动关闭的功能，也是为了保证在紧急状况下人群疏散顺畅，而且减少火灾发生区域的烟气向垂直逃生区域的扩散。

（四）在建筑视觉效果方面的要求

门和窗的数量、形状、组合、材质、色彩是建筑物立面造型中非常重要的组成部分，特别是在一些对视觉效果要求较高的建筑物中，门和窗更是立面设计的重点。

三、门窗的形式与尺度

（一）门的形式与尺度

1. 门的形式
（1）按在建筑物中所处的位置，门可分为内门和外门；
（2）按门的使用功能，门可分为一般门和特殊门（防火门、保温门、防盗门、隔声门）；
（3）按门框材质，门可分为木门、铝合金门、塑钢门、彩板门、玻璃钢门、钢门等；
（4）按门扇的开启方式，门可分为平开门、弹簧门、推拉门、折叠门、转门、卷帘门、升降门等，如图 7-1 所示。

图 7-1　门的形式

(a) 平开门；(b) 推拉门；(c) 弹簧门；(d) 卷帘门；(e) 折叠门；(f) 转门；(g) 升降门

1）平开门。平开门是指门扇与门框用铰链连接，门扇水平开启的门，有单扇、双扇及向内开、向外开之分。平开门构造简单，开启灵活，安装维修方便。

2）推拉门。推拉门是指门扇沿着轨道左右滑行来启闭的门，有单扇和双扇之分，开启后，门扇可以隐藏在墙体的夹层中或贴在墙面上。推拉门开启时不占空间，受力合理，不易变形，但其构造较复杂。

3）弹簧门。弹簧门是指门扇与门框用弹簧铰链连接，门扇水平开启的门，可分为单向弹簧门和双向弹簧门。其最大的优点是门扇能够自动关闭。

4）卷帘门。卷帘门是指门扇由金属页片相互连接而成，在门洞的上方设转轴，通过转轴的转动来控制页片的启闭的门。其特点是开启时不占使用空间，但其加工制作复杂，造价较高。

5）折叠门。折叠门是指门扇由一组宽度约为 600 mm 的窄门扇组成的门，窄门扇之间采用铰链连接。开启时，窄门窗相互折叠推移到侧边，占空间少，但其构造复杂。

6）转门。转门是指门扇由三扇或四扇通过中间的竖轴组合起来，在两侧的弧形门套内水平旋转来实现启闭的门。转门有利于室内阻隔视线、保温、隔热和防风沙，并且对建筑物立面有较强的装饰性。

2. 门的尺度

门的尺度通常是指门洞的高宽尺寸。门作为交通疏散通道，其尺度取决于人的通行要求、家具器械的搬运及与建筑物的比例关系等，并应符合现行《建筑模数协调标准》（GB/T 50002—2013）的规定。

一个房间应该开几个门，每个建筑物门的总宽度应该是多少，一般是由交通疏散的要求和防火规范来确定的，设计时应按照规范来选取。一般规定：公共建筑安全入口的数目应不少于两个，但房间面积在 60 m² 以下，人数不超过 50 人时，可只设一个出入口。对于低层建筑、每层面积不大且人数较少的，可以设一个通向户外的出口。门的宽度也要符合防火规范的要求。对于人员密集的剧院、电影院礼堂、体育馆等公共场所、观众厅的疏散门，一般按每百人 0.65 ~ 1.0 m（宽度）布置；当人员较多时，出入口应分散布置。

（1）门的高度：门保证通行的高度不宜小于 2 m，不宜超过 2.4 m，如门上方设有亮子时，亮子高度一般为 300 ~ 600 mm，则门洞高度为 2.4 ~ 3 m。体育馆内运动员经常出入的门，门扇净高不得小于 2.2 m。公共建筑大门高度可视需要适当提高。

（2）门的宽度：门的宽度应满足一个人通行，并应考虑必要的空隙，单扇门一般为 700 ~ 1 000 mm。对于人流量较大的公共建筑物的门，其宽度应满足疏散要求，可以设置两扇以上的门。双扇门开启的门洞宽度不应小于 1 200 mm，一般为 1 200 ~ 1 800 mm。当门洞宽度为 1 200 mm 时，宜采用大小扇的形式；宽度在 2 100 mm 以上时，应做成三扇、四扇门或双扇带固定扇的门，因为门扇过宽易产生翘曲变形，同时也不利于开启。一般住宅入户门宽为 900 ~ 1 000 mm，居室门宽为 800 ~ 900 mm，厨房门宽为 800 mm 左右，卫生间宽为 700 ~ 800 mm。

（二）窗的类型与尺度

1. 窗的类型

（1）按窗的层数，可分为单层窗和双层窗。

（2）按窗的框料材质，可分为铝合金窗、塑钢窗、彩板窗、木窗、钢窗等。铝合金窗和塑钢窗材质好、坚固耐久、密封性好，在建筑工程中应用广泛，而木窗由于耐久性差、易变形、不利于节能，国家已限制使用。

（3）按窗扇的开启方式，可分为固定窗、平开窗、悬窗、立转窗、推拉窗、百叶窗等，如图 7-2 所示。

图 7-2　窗的类型

（a）固定窗；（b）平开窗；（c）推拉窗；（d）立转窗；（e）上悬窗；（f）下悬窗；（g）中悬窗；（h）百叶窗

1）固定窗。固定窗是指将玻璃直接镶嵌在窗框上，不设可活动的窗扇。一般用于只要求有采光、眺望功能的窗，如走道的采光窗和一般窗的固定部分。

2）平开窗。铰链安装在窗扇一侧与窗框相连，向外或向内水平开启，有单扇、双扇、多扇，以及向内开与向外开之分。其构造简单，开启灵活，制作维修均方便，是民用建筑中采用最广泛的窗。

3）悬窗。悬窗是指窗扇绕水平轴转动的窗，按照旋转轴的位置可分为上悬窗、中悬窗和下悬窗。上悬窗和中悬窗的防雨、通风效果好，常用作门上的亮子和不方便手动开启的高侧窗及在高层建筑中使用。

4）立转窗。立转窗是指窗扇绕垂直中轴转动的窗。这种窗通风效果较好，但防雨及密封性较差，多用于单层厂房的低侧窗。因密闭性较差，故不宜用于寒冷和多风沙的地区。

5）推拉窗。推拉窗是指窗扇沿着导轨或滑槽推拉开启的窗，有水平推拉窗和垂直推拉窗两种。它们不多占使用空间，窗扇受力状态较好，适宜安装较大玻璃，但通风面积受到限制。

6）百叶窗。百叶窗是指窗扇一般用塑料、金属或木材等制成小板材，与两侧框料相连接的窗，有固定式百叶窗和活动式百叶窗两种。百叶窗的采光效率低，主要用于遮阳、防雨及通风。

2. 窗的尺度

窗的尺度主要取决于房间的采光、通风、构造做法和建筑造型等要求，并应符合《建筑模数协调标准》（GB/T 50002—2013）的规定。首先根据房屋的使用形状确定其采光等级，再根据采光等级确定窗与地面面积比（窗洞面积与地面面积的比值），最后根据窗的样式及采光百分率、建筑立面效果、窗的设置数量及相关模数规定，确定单窗的具体尺寸。

根据模数，窗的基本尺寸一般以 300 mm 为模数，由于建筑物的层高为 100 m 的模数，故窗的高度一般为 1 200 ～ 2 100 mm。

为使窗坚固耐久，一般平开窗的窗扇高度为 800 ～ 1 200 mm，宽度一般为 400 ～ 600 mm；上、下悬窗的窗扇高度一般为 300 ～ 600 mm；中悬窗窗扇的高度不宜大于 1 200 mm，宽度不宜大于 1 000 mm；推拉窗高宽均不宜大于 1 500 mm。对一般民用建筑用窗，各地均有通用图集，各类窗的高度与宽度尺寸通常采用扩大模数 3*M* 数列作为洞口的标志尺寸，需要时只要按所需类型及尺度大小直接选用。

四、门窗的选用与布置

（一）门的选用与布置

1. 门的选用

（1）公共建筑的出入口常用平开门、弹簧门、自动推拉门及转门等。转门（除可平开的转门外）、电动门、卷帘门和大型门的附近应另设平开的疏散门。疏散门的宽度应满足安全疏散及残疾人通行的要求。

（2）公共出入口的外门应为外开或双向开启的弹簧门。位于疏散通道上的门应向疏散方向开启。托儿所、幼儿园、小学或其他儿童集中活动的场所不得使用弹簧门。

（3）环境湿度大的场所不宜选用纤维板门或胶合板门。

（4）大型餐厅至备餐间的门宜做成双扇、分上下行的单面弹簧门，要镶嵌玻璃。

（5）所有的门若无隔声要求，不得设门槛。

2. 门的布置

（1）两个相邻并经常开启的门，应避免开启时相互碰撞。

（2）向外开启的平开外门，应有防止风吹碰撞的措施，如采取将门退进墙洞，或设置门挡风钩等固定措施，以避免门与墙垛腰线等凸出物碰撞。

（3）凡无间接采光通风要求的套间内门，不需设上亮子，也不需设置纱扇。

（4）经常出入的外门宜设雨篷，楼梯间外门雨篷下如设吸顶灯时应防止被门碰碎。

（5）变形缝处不得利用门框盖缝，门扇开启时不得跨缝。

（6）住宅内门的位置和开启方向应结合家具布置考虑。

（二）窗的选用与布置

1. 窗的选用

（1）面向外廊的居室、厨厕窗应向内开，或在人的高度以上外开，并应考虑防护安全及密闭性要求。

（2）对于低、多、高层的所有民用建筑，除高级空调房间外（确保昼夜运转）均应设置纱扇，并应注意防止走道、楼梯间、次要房间因漏装纱扇而进蚊蝇。

（3）有高温、高湿及防火要求高时，不宜用木窗。

（4）锅炉房、烧火间、车库等处的外窗，可不装纱扇。

2. 窗的布置

（1）楼梯间外窗应考虑各层圈梁走向，避免冲突。

（2）楼梯间外窗做内开扇时，开启后不得在人的高度内凸出墙面。

（3）窗台高度由工作面需要而定，一般不宜低于工作面（900 mm），窗台过高或上部开启时，应考虑开启方便，必要时加设开闭设施。

（4）窗下做暖气片时，窗台板下净高、净宽需满足暖气片及阀门操作的空间需要。

（5）窗台高度低于 800 mm 时，需有防护措施。窗前有阳台或大平台时除外。

（6）错层住宅屋顶不上人处，尽量不设窗，有采光需要或检修需设窗时，应有可锁启的铁栅栏，以免儿童上屋顶发生事故，并可以减少屋面损坏及相互窜通。

单元二 门窗的构造

一、门的组成与构造

（一）门的组成

门一般由门框、门扇、亮子、五金零件及附件组成。

门框是门扇、亮子与墙体的联系构件，由上框、边框、中横框和中竖框组成。门扇一般由上、中、下冒头和边梃组成骨架，中间固定门芯板，如图 7-3 所示。门扇按其构造方式不同，有镶板门、夹板门、拼板门、玻璃门和纱门等类型。亮子又称腰头窗，在门上方，为辅助采光和通风之用，有平开、固定及上、中、下悬几种。五金零件包括铰链、插销、门锁、拉手、门碰头等。附件有贴脸板、筒子板等。

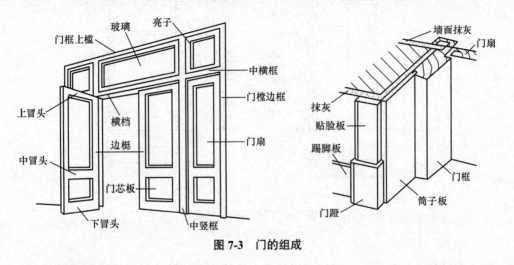

图 7-3　门的组成

（二）门的构造

1. 平开木门的构造

（1）门框。门框又称门樘，一般由两根竖直的边框和上框组成。当门带有亮子时，还有中横框，多扇门则还有中竖框。门框的安装根据施工方式可分为后塞口和先立口两种。

1）门框断面。门框的断面形状和尺寸与门扇的类型、门扇的开启方式及门扇的层数等有关，由于门框要承受各种撞击荷载和门扇的质量作用，所以应有足够的强度和刚度，故其断面尺寸较大。同时，门框应有利于门的安装，并应具有一定的密闭性。

为便于门扇密闭，门框上要做裁口（或铲口）。根据门扇数与开启方式的不同，裁口的形式可分为单裁口与双裁口两种，如图 7-4 所示。

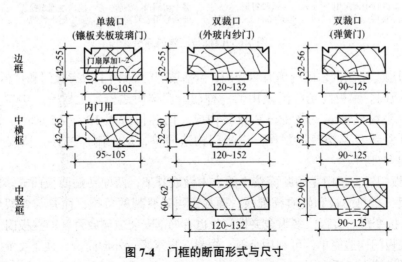

图 7-4　门框的断面形式与尺寸

2）门框的安装。门框的安装可分为先立口和后塞口两种施工方法。立口（又称站口）

即先立门框后砌墙；塞口（又称塞樘子），是在砌墙时留出门洞口，待建筑主体工程结束后再安装门框，如图 7-5 所示。砌体墙不得使用射钉直接固定门窗。

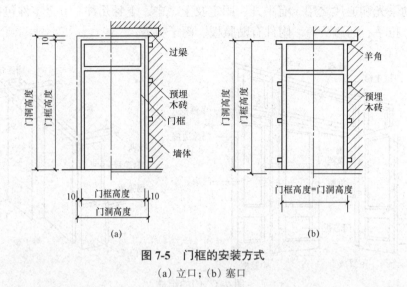

图 7-5 门框的安装方式

(a) 立口；(b) 塞口

门框与墙体之间的缝隙一般用面层砂浆直接填塞或用贴脸板封盖，寒冷地区缝内应填毛毡、矿棉、沥青麻丝或聚乙烯泡沫塑料等，如图 7-6 所示。

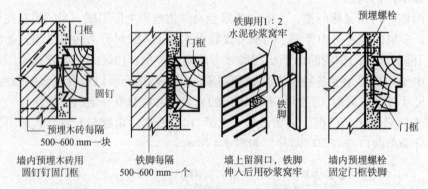

图 7-6 门框与墙体的连接

（2）门扇。常用的木门门扇有镶板门（包括玻璃门、纱门）、夹板门和拼板门等。

1）镶板门。镶板门是广泛使用的一种门，门扇由边梃、上冒头、中冒头（可有数根）和下冒头组成骨架，内装门芯板而构成。门芯板常用 10 ～ 15 mm 厚的木板、胶合板、硬质纤维板及塑料板制作。镶板门构造简单，加工制作方便，适用于一般民用建筑做内门和外门。

2）夹板门。夹板门是用断面较小的方木做成骨架，两面粘贴面板而成。门扇面板可采用胶合板、塑料面板和硬质纤维板，面板不再是骨架的负担，而是与骨架形成一个整体，共同抵抗变形。夹板门多为全夹板门，也有局部安装玻璃或百叶的夹板门。

由于夹板门构造简单，可利用小料、短料，自重轻，外形简洁，便于工业化生产，故在一般民用建筑中广泛应用。

3）拼板门。拼板门的门扇由骨架和条板组成。有骨架的拼板门称为拼板门；而无骨架的拼板门称为实拼门。有骨架的拼板门又可分为单面直拼门、单面横拼门和双面保温拼板门三种。

2. 推拉门的构造

推拉门由门扇、门轨、地槽、滑轮及门框组成。门扇可采用钢木门、钢板门、空腹薄壁钢门等，每个门扇宽度不大于 1.8 m。推拉门的支承方式分为上挂式和下滑式两种，当门扇高度小于 4 m 时，用上挂式，即门扇通过滑轮挂在门洞上方的导轨上；当门扇高度大于 4 m 时，多用下滑式，在门洞上下均设导轨，门扇沿上下导轨推拉，下面的导轨承受门扇的重量。当推拉门位于墙外时，门上方需设置雨篷。

3. 金属门的构造

目前，建筑工程中的金属门包括塑钢门、铝合金门、彩板门等。塑钢门多用于住宅的阳台门或外门，其开启方式多为平开或推拉。铝合金门多为半截玻璃门，采用平开的开启方式，门扇边梃的上、下端用地弹簧连接。

4. 卷帘门的构造

卷帘门主要由帘板、导轨及传动装置组成。工业建筑中的帘板常用页板式，页板可用镀锌钢板或合金铝板轧制而成，页板之间用铆钉连接。页板的下部采用钢板和角钢，用以增强卷帘门的刚度，并便于安设门钮。页板的上部与卷筒连接，开启时，页板沿着门洞两侧的导轨上升，卷在卷筒上。门洞的上部安设传动装置，传动装置可分为手动和电动两种，如图 7-7 所示。

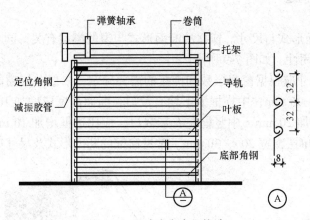

图 7-7　手动式卷帘门构造

二、窗的组成与构造

（一）窗的组成

窗主要由窗框、窗扇和五金件组成。窗框又称窗樘，是窗与墙体的连接部分，一般由上框、下框及边框组成。在有亮子窗或横向窗扇数较多时，应设置中横框和中竖框。窗扇是窗的主体部分，可分为活动窗扇和固定窗扇两种，一般由上冒头、下冒头、边梃和窗芯（又称为窗棂）组成骨架。窗扇有玻璃窗扇、纱窗扇、板窗扇、百叶窗扇等。五金件包括各种铰链、风钩、插销、拉手及导轨、转轴、滑轮等，有时还要加设窗台、贴脸、窗帘盒等，如图 7-8 所示。

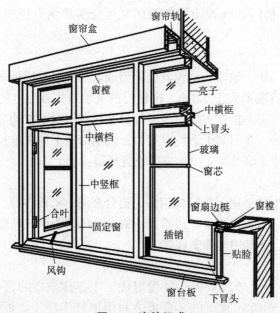

图 7-8　窗的组成

（二）窗的构造

1. 平开木窗的构造

（1）窗框。

1）窗框的断面形式与尺寸。窗框的断面形式与窗的类型有关，同时应利于窗的安装，并应具有一定的密闭性。如图 7-9 所示。

窗框的断面尺寸应根据窗扇层数和榫接的需要确定，一般单层窗的窗框断面为 40～60 mm，宽为 70～95 mm，中横框上下均有裁口，断面高度应增加 10 mm，横框如有披水，断面尺寸应增加 20 mm。中竖框左右带裁口，应比边框增加 10 mm 厚度。双层窗窗框的断面宽度应比单层窗宽 20～30 mm。常见窗框的断面形式及尺寸如图 7-10 所示。

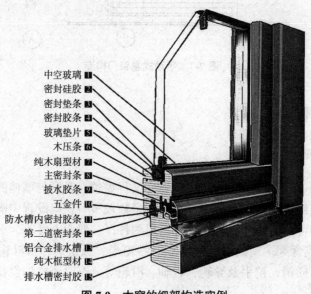

中空玻璃 1
密封硅胶 2
密封垫条 3
密封胶条 4
玻璃垫片 5
木压条 6
纯木扇型材 7
主密封条 8
披水胶条 9
五金件 10
防水槽内密封胶条 11
第二道密封条 12
铝合金排水槽 13
纯木框型材 14
排水槽密封胶 15

图 7-9　木窗的细部构造实例

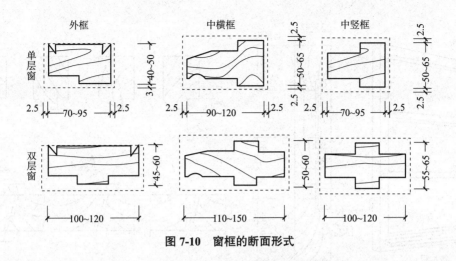

图 7-10 窗框的断面形式

与门框一样，窗框在构造上也应做裁口和背槽。裁口有单裁口和双裁口之分。

2）窗框的安装。窗框的安装方法与门框基本相同，分后塞口与先立口两种。塞口时洞口的高、宽尺寸应比窗框尺寸大 10 ～ 20 mm。窗框与墙体之间的缝隙应用砂浆或油膏填实，以满足防风、挡雨、保温、隔声等要求。

3）窗框在墙中的位置。窗框在墙中的位置一般是与墙内表面平齐，安装时窗框凸出砖面 20 mm，以便墙面粉刷后与抹灰面平齐。窗框与抹灰面交接处，应用贴脸板搭盖，以阻止由于抹灰干缩形成缝隙后风透入室内，同时可增加美观。贴脸板的形状及尺寸与门的贴脸板相同。

当窗框立于墙中时，应内设窗台板、外设窗台。窗框外平时，靠室内一面设窗台板，如图 7-11 所示。

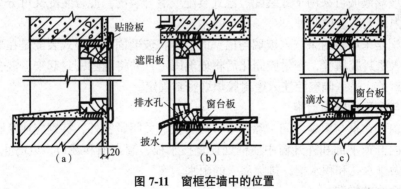

图 7-11 窗框在墙中的位置

(a) 内平；(b) 外平；(c) 立中

（2）窗扇。

1）窗扇的组成。窗扇由上、下冒头和边梃组成，为减小玻璃尺寸，窗扇上常设窗芯分格。平开窗的窗扇可向外或向内水平开启，有单扇、双扇和多扇。铰链安装在窗扇一侧，与窗框相连。平开窗常见的窗扇有玻璃窗扇、纱窗扇和百叶窗扇，其中玻璃窗扇最普遍。一般平开窗的窗扇高度为 600 ～ 1 200 mm，宽度不宜大于 600 mm。两扇窗接缝处为防止透风雨，一般做高低缝的盖口，为了加强密闭性，可以在一面或两面加钉盖缝条，如图 7-12 所示。

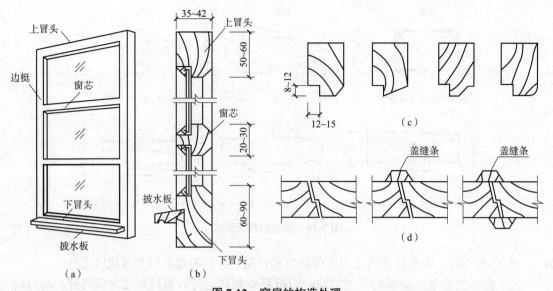

图 7-12 窗扇的构造处理
(a) 窗扇立面；(b) 窗扇剖面；(c) 线脚示例；(d) 盖缝处理

2) 玻璃的选择与安装。建筑用玻璃按其性能有普通平板玻璃、磨砂玻璃（压花玻璃）、装饰玻璃、吸热玻璃、反射玻璃、中空玻璃、钢化玻璃、夹层玻璃等。平板玻璃制作工艺简单，价格最低，在大量民用建筑工程中广泛应用。为了遮挡视线的需要，也可选用磨砂玻璃或压花玻璃。对其他几种玻璃，则多用于有特殊要求的建筑工程。玻璃的厚薄与窗扇分格大小有关，普通窗均用无色透明的 3 mm 厚的平板玻璃。当窗框面积较大时，可以采用较厚的玻璃。

平开窗玻璃镶嵌可采用干式装配、湿式装配或混合装配。混合装配又可分为从外侧安装玻璃和从内侧安装玻璃两种。

干式装配是采用密封条嵌入玻璃与槽壁的空隙将玻璃固定。湿式装配是在玻璃与槽壁的空腔内注入密封胶填缝，密封胶固化后将玻璃固定，并将缝隙密封起来。混合装配是一侧空腔嵌密封条，另一侧空腔注入密封胶填缝密封固定。

3. 窗框与窗扇的防水措施

平开木窗的窗框与窗扇之间，除要求开启方便、关闭紧密外，特别应注意防雨水渗透问题。常在内开窗下部和外开窗中横框处设置披水板、滴水槽和裁口，以防止雨水内渗，并在窗台处做排水孔和积水槽，排除渗入的雨水。

2. 铝合金窗的构造

常见的铝合金窗的类型有推拉窗、平开窗、固定窗、悬窗、百叶窗等。一般铝合金窗多采用水平推拉式的开启方式，窗扇在窗框的轨道上滑动开启。

铝合金窗的种类很多，各种窗都用不同断面型号的铝合金型材和配套零件及密封件加工制成，如 70 系列合金推拉窗是指窗框厚度构造尺寸为 70 mm，另外，常用的还有 50 系列的合金平开窗。在实际工程中，通常根据不同地区、不同性质的建筑物的使用要求选用相适应的门窗框。

（1）铝合金窗的特点。

1）自重轻。铝合金窗用料省、自重轻。

2）性能好。密封性好，气密性、水密性都较钢窗、木窗有显著的提高。

3）耐腐蚀、坚固耐用。铝合金窗不需要刷涂料，氧化层不褪色、不脱落，表面不需要维修。铝合金窗强度高，刚度大，坚固耐用，开闭轻便灵活，无噪声，安装速度快。

4）色泽美观。铝合金窗框料型材表面经过氧化着色处理后，既可保持铝材的银白色，又可以制成各种柔和的颜色或带色的花纹，如古铜色、暗红色、黑色等。

铝合金窗所采用的玻璃根据需要可以选择普通平板玻璃、浮法玻璃、夹层玻璃、钢化玻璃及中空玻璃等。窗玻璃的最小厚度应不小于 5 mm，进行玻璃的设计选用时还应考虑下列情况必须采用安全玻璃：

①七层及七层以上建筑物的外开窗；

②面积大于 1.5 m^2 的窗玻璃或玻璃底边距离最终装修面小于 400 mm 落地窗；

③幕墙；

④倾斜装配窗、各类顶棚（含天窗、采光顶）、吊顶；

⑤观光电梯及其外护围；

⑥室内隔断、屏风；

⑦楼梯、阳台、平台走廊的栏板和中庭内护栏板；

⑧用于承受行人行走的地面板；

⑨公共建筑物的出入口、门厅等部位；

⑩易遭受撞击、冲击而造成人体伤害的其他部位。

中空玻璃必须设置分子筛，采用铝条封边。中空玻璃的单片厚度相差不宜大于 3 mm。

（2）铝合金窗的安装。铝合金窗一般采用塞口的方法安装，在结束土木建筑工程、粉刷墙面前进行铝合金窗安装时，将窗框在抹灰前立于窗洞处，与墙内预埋件对正，然后用木楔将三边固定，经检验确定窗框水平、垂直、无翘曲后，用连接件将铝合金窗框固定在墙（或梁、柱）上，最后填以矿棉毡、泡沫塑料条、聚氨酯发泡剂等软质保温材料，填实处用水泥砂浆抹好，留 6 mm 深的弧形槽，槽内用密封胶封实，如图 7-13 所示。玻璃嵌固在铝合金窗料的槽内，并加密封条。

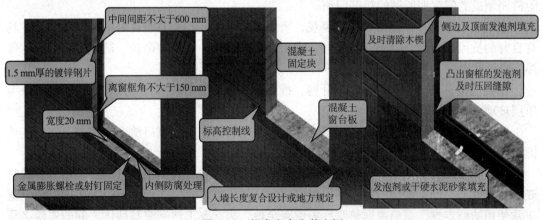

图 7-13　铝合金窗安装实例

铝合金窗框与墙体的连接方法：采用射钉固定；采用墙上预埋铁件连接；采用金属膨胀螺栓连接；墙上预留孔洞埋入燕尾铁角连接，如图 7-14 所示。连接件的固定多采用焊接、膨胀螺栓或射钉等方法。门窗框与墙体等的连接固定点，每边不得少于两点，且间距不得大于 0.7 m。在基本风压大于等于 0.7 kPa 的地区，不得大于 0.5 m；边框端部的第一固定点与端部的距离不得大于 0.2 m。

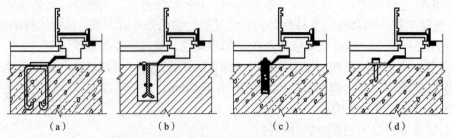

图 7-14　铝合金窗框与墙体的固定方式示意
(a) 预埋铁件；(b) 燕尾铁角；(c) 金属膨胀螺栓；(d) 射钉

　　玻璃镶嵌设计应符合下列规定：玻璃镶嵌的支承与固定，应使玻璃边缘不直接接触框架型材，并使玻璃质量分布均匀，防止框架变形，同时，确保不同开启形式的门窗启闭性能良好。承受玻璃质量的中横框型材垂直方向的挠度值不应大于 3 mm。门窗铝合金压条应采用内装法，保证防水效果，如图 7-15 所示。

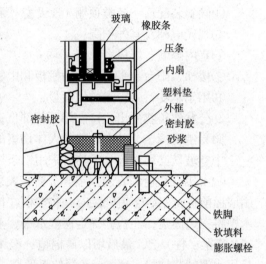

图 7-15　铝合金窗安装节点示意

3. 塑钢窗的构造

　　塑钢窗是以 PVC（聚氯乙烯）为主要原料加上一定比例的稳定剂、着色剂、填充剂、紫外线吸收剂等辅助剂，经挤出机挤出成型为各种断面的空腹多腔异型材。经切割后，在其内腔衬以型钢加强筋，用热熔焊接机焊接成型为窗框扇，配装上橡胶密封条、压条、五金件等附件而制成的门窗即所谓的塑钢门窗。

　　塑钢窗线条清晰、挺拔、造型美观，表面光洁细腻，不但具有良好的装饰性，而且具有良好的抗风压强度、阻燃、耐候性、密闭性且抗腐蚀、使用寿命长、防潮、隔热、耐低温、色泽优美、自重轻和造价适宜等优点，故得到了广泛的应用。

　　塑钢窗按其开启方式可分为平开窗、推拉窗、悬窗等多种形式；按其构造层次可分为单层玻璃窗、双层玻璃窗、纱窗等。

　　塑钢窗的安装构造与铝合金窗基本相同。塑钢窗的安装用塞口法。窗框与墙体的连接固定方法一般有以下两种方式：

　　（1）连接铁件固定法。窗框通过固定铁件与墙体连接，将固定铁件的一端用自攻螺钉安装在窗框上，固定铁件的另一端用射钉或塑料膨胀螺钉固定在墙体上。为了确保塑钢窗正常使用的稳定性，需给窗框热胀冷缩留有余地，为此要求塑钢窗与墙体之间的连接必须是弹性连接，因此，在窗框和墙体之间的缝隙处分层填入毛毡卷或泡沫塑料等，再用 1∶2 水泥砂浆嵌入抹平，用嵌缝膏进行密封处理。

　　（2）直接固定法。用木螺钉直接穿过窗框型材与墙体内预埋木砖相连接，或者用塑料膨胀螺钉直接穿过窗框将其固定在墙体上，如图 7-16 所示。

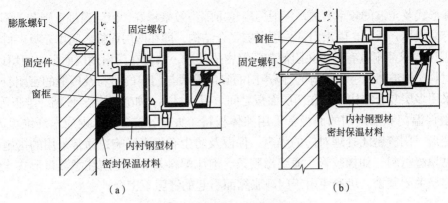

图 7-16 塑钢窗框与墙体连接示意
(a) 连接铁件法；(b) 直接固定法

单元三 特殊门窗的构造

特殊门窗包括防火、隔声、防射线等类别的门窗。

一、特殊要求的门

（一）防火门

在建筑设计中出于安全方面的考虑，并按照防火规范的要求，必须将建筑物内部空间按每一定面积划分为若干个防火分区。但是建筑物的使用功能决定了这种划分一般不可能完全由墙体完成，否则内部空间就无法形成交通联系。因此，需要设置既能保证通行又可以分隔不同防火分区的建筑构件，这就是防火门。防火门主要控制的环节是材料的耐火性能及节点的密闭性能。防火门可分为甲、乙、丙三级，耐火极限分别应大于 1.5 h、1 h、0.5 h。

常见的防火门有木质门和钢质门两种。木质防火门选用优质杉木制作门框及门扇骨架，材料均经过难燃浸渍处理，门扇内腔填充高级硅酸铝耐火纤维，双面衬硅钙防火板门扇及门框外表面可以根据用户要求镶贴各种高级木料饰面板。门扇可以单面造型或双面造型，制成凹凸线条门、平板线条门、拼花实木门等系列产品。钢质防火门门框及门扇面板可以采用优质冷轧薄钢板，内填耐火隔热材料，门扇也可以采用无机耐火材料。此外，在地下室或某些特殊场所还可以用钢筋混凝土的密闭防火门。在大面积的建筑物中则经常使用防火卷帘门，这样平时可以不影响交通，而在发生火灾的情况下，可以有效地隔离各防火分区。

防火门常采用自重下滑关闭门，它是将门上导轨做成 5% ～ 8% 的坡度，当火灾发生时，易熔合金片熔断后，重锤落地，门扇依靠自重下滑关闭。当洞口尺寸较大时，可做成两个门扇相对下滑。

（二）保温门、隔声门

室内噪声允许级较低的房间，如播音室、录音室、办公室、会议室等及某些需要防止声响干扰的娱乐场所，如影剧院、音乐厅等，应安装隔声门窗。门窗的隔声能力与材料的密度、构造形式及声波的频率有关。一般门扇越重隔声效果越好，但门扇过重则开关不便，五金零件容易损坏，所以，隔声门常采用多层复合结构，即在两层面板之间填充吸声材料。

保温门要求门扇具有一定热阻值和门缝密闭处理，故常在门扇两层面板之间填以轻质、疏松的材料（如玻璃棉、矿棉等）。隔声门的隔声效果与门扇的材料及门缝的密闭有关，隔声门常采用多层复合结构，即在两层面板之间填吸声材料，如玻璃棉、玻璃纤维板等。

一般保温门和隔声门的面板常采用整体板材（如五层胶合板、硬质木纤维板等），不易发生变形。门缝密闭处理对门的隔声、保温及防尘有很大影响，通常采用的措施是在门缝内粘贴填缝材料，如橡胶管、海绵橡胶条、泡沫塑料条等。还应注意裁口形式，斜面裁口比较容易关闭紧密，可避免由于门扇胀缩而引起的缝隙不密合。

（三）防射线门

放射线对人体有一定程度的损害，因此，对放射室要做防护处理。放射室的内墙均须装置 X 光线防护门，主要镶钉铅板。铅板既可以包钉于门板外，也可以夹钉于门板内。医院的 X 光治疗室和摄片室的观察窗，均需镶嵌铅玻璃，呈黄色或紫红色。铅玻璃是固定装置，但也需要注意铅板防护，四周均须交叉叠过。

二、特殊要求的窗

（一）固定式通风高侧窗

在我国南方地区，结合气候特点，人们创造出多种形式的通风高侧窗。它们的特点是能采光，能防雨，能常年进行通风，不需设开关器，构造较简单，管理和维修方便，多在工业建筑中采用。

（二）防火窗

防火窗必须采用钢窗或塑钢窗，镶嵌铅丝玻璃以免破裂后掉下，防止火焰窜入室内或窗外。

（三）保温窗、隔声窗

保温窗常采用双层窗及双层玻璃的单层窗两种。双层窗可内外开或内开、外开。双层玻璃单层窗又分为双层中空玻璃窗，双层玻璃之间的距离为 5～15 mm，窗扇的上下冒头应设置透气孔；双层密闭玻璃窗，两层玻璃之间为封闭式空气间层，其厚度一般为 4～12 mm，充以干燥空气或惰性气体，玻璃四周密封。这样可增大热阻、减少空气渗透，避免空气间层内产生凝结水。

若采用双层窗隔声，应采用不同厚度的玻璃，以减少吻合效应的影响。厚玻璃应位于声源一侧，玻璃之间的距离一般为 80～100 mm。

模块小结

1.门的作用主要有水平交通与疏散、维护与分割、采光与通风、装饰；窗的作用主要有采光、通风、装饰。

2.门窗的设计要求主要有采光和通风、密闭性能和热工性能、使用和交通安全、建筑视觉效果等方面的要求。

3.门的形式按开启方式，可分为平开门、弹簧门、推拉门、折叠门、转门、卷帘门、升降门等。

4.窗的形式按开启方式，可分为固定窗、平开窗、悬窗、立转窗、推拉窗、百叶窗等。

5.门一般由门框、门扇、亮子、五金零件及附件组成；窗主要由窗框、窗扇和五金件组成。

6.门窗框的安装分为立口和塞口两种施工方法。

知识拓展

铝合金门窗型式检验典型试件立面形式及规格见表7-1、表7-2。

表7-1　铝合金门型式检验典型试件立面形式及规格

序号	门立面形式和宽、高构造尺寸	适用门型
1	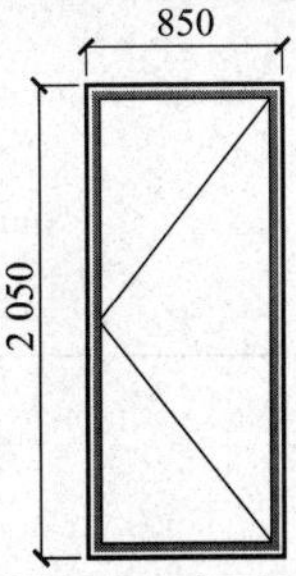 850 2 050	单扇平开类 （合页）平开门（PM） 弹簧门（THM） 地弹簧门（DHM）
2	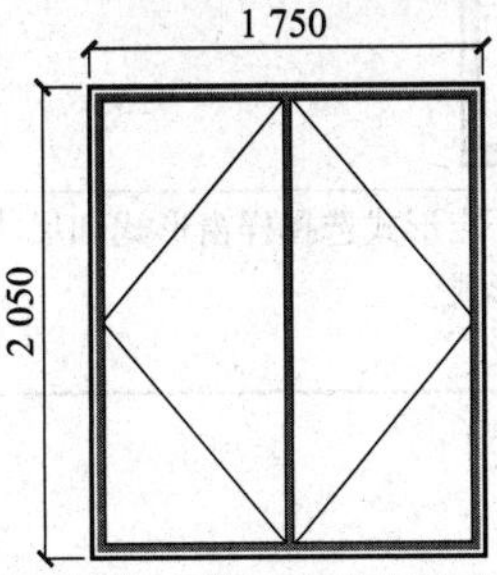 1 750 2 050	双扇平开类 [a] （合页）平开门（YPM） 弹簧门（THM） 地弹簧门（DHM）
3	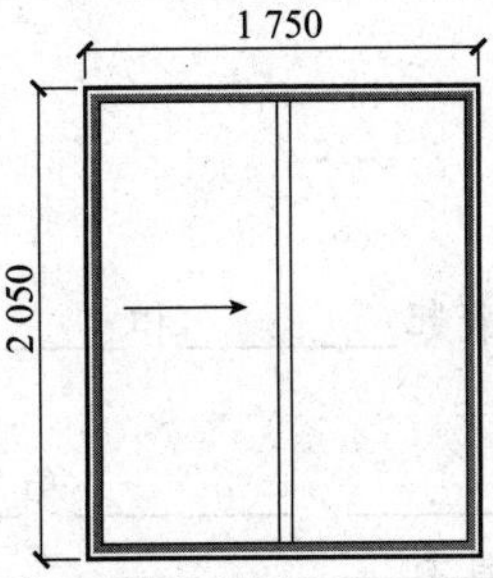 1 750 2 050	双扇推拉类 [b] 推拉门（TM） 提升推拉门（STM） 推拉下悬门（XTM） 折叠推拉门（TZM）

a 其中一扇可为固定扇。
b 可为两个活动扇

表 7-2　铝合金窗型式检验典型试件立面形式及规格

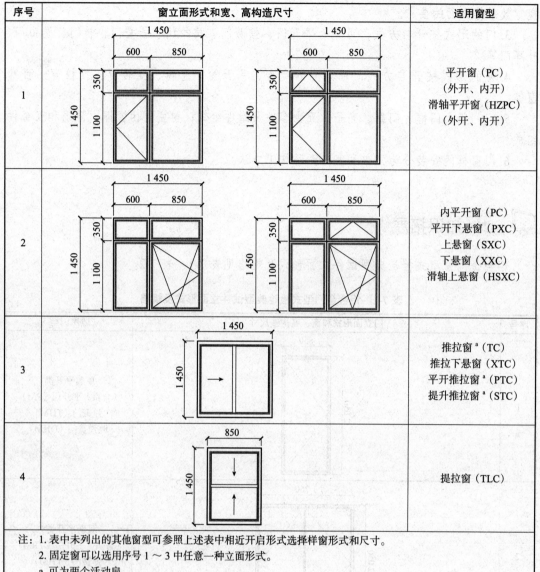

序号	窗立面形式和宽、高构造尺寸	适用窗型
1		平开窗（PC） （外开、内开） 滑轴平开窗（HZPC） （外开、内开）
2		内平开窗（PC） 平开下悬窗（PXC） 上悬窗（SXC） 下悬窗（XXC） 滑轴上悬窗（HSXC）
3		推拉窗 a（TC） 推拉下悬窗（XTC） 平开推拉窗 a（PTC） 提升推拉窗 a（STC）
4		提拉窗（TLC）

注：1. 表中未列出的其他窗型可参照上述表中相近开启形式选择样窗形式和尺寸。
　　2. 固定窗可以选用序号 1 ～ 3 中任意一种立面形式。
　　a 可为两个活动扇

▶复习思考题

一、填空题

1. 门的主要功能是_____，有时也兼起_____和_____的作用；窗的主要作用是_____、_____。

2. 常用于民用建筑的平开木门扇有_____、_____和_____三种。

3. 门窗除满足基本使用要求外，还应具有_____、_____、_____。

4. 木门窗的安装方法有_____和_____两种。

5. 木门主要由_____、门扇、亮子、五金零件及附件组成。

二、单项选择题

1. 能作为安全疏散门的是（　　）。
    A. 平开门、转门、防火门　　　　　　　　　　B. 平开门、卷帘门、防火门
    C. 平开门、弹簧门、防火门　　　　　　　　　　D. 平开门、弹簧门、折叠门

2. 普通办公用房门、住宅分户门的洞口宽度常用尺寸为（　　）mm。
    A. 900　　　　　　　　B. 800　　　　　　　　C. 1 000　　　　　　　　D. 1 200

3. 居住建筑中，使用最广泛的木门为（　　）。
    A. 推拉门　　　　　　　B. 弹簧门　　　　　　　C. 转门　　　　　　　D. 平开门

4. 在住宅建筑中无亮子的木门其高度不低于（　　）mm。
    A. 1 600　　　　　　　B. 1 800　　　　　　　C. 2 100　　　　　　　D. 2 400

5. 钢门窗、铝合金门窗和塑钢门窗的安装均应采用（　　）。
    A. 立口　　　　　　　　B. 塞口　　　　　　　　C. 立口和塞口均可　　　D. 以上均不对

6. 民用建筑中，窗的面积的大小主要取决于（　　）的要求。
    A. 室内采光　　　　　　B. 室内通风　　　　　　C. 室内保温　　　　　　D. 立面装饰

7. 为减少木窗框料在靠墙一面因受潮而变形，常在木框背后开（　　）。
    A. 背槽　　　　　　　　B. 裁口　　　　　　　　C. 积水槽　　　　　　　D. 回风槽

8. 某学院的大门按照开启方式分类，属于（　　）。
    A. 平开门　　　　　　　B. 折叠门　　　　　　　C. 推拉门　　　　　　　D. 伸缩门

三、简答题

1. 门和窗各有哪几种开启方式？它们各有何特点？使用范围是什么？
2. 安装木窗框的方法有哪些？各有什么特点？
3. 铝合金门窗和塑钢门窗有哪些特点？

模块八　变形缝

模块导读

变形缝是建筑工程中常见的构造，在建筑设计时，经常遇到需要设置变形缝的情况，很多初学者不知道变形缝或因为不知道变形缝的概念，在做工程设计时不知道如何着手。本模块将介绍变形缝的几个基本设计思路、原则和构造做法。

单元一 认识变形缝

一、变形缝的概念和类型

微课：变形缝（一）

（一）变形缝的概念

房屋受到外界各种因素的影响，会使房屋产生变形、开裂而遭到破坏。这些因素包括温度变化的影响、房屋相邻部分承受不同荷载的影响、房屋相邻部分结构类型差异的影响、地基承载力差异的影响和地震的影响等。为了防止房屋被破坏，常将房屋分成几个独立变形的部分，使各部分能独立变形、互不影响，这些预留的人工构造缝称为变形缝。

（二）变形缝的分类

微课：变形缝（二）

1. 按功能分类

变形缝按功能分类，可分为伸缩缝（温度缝）、沉降缝和防震缝三种。

（1）伸缩缝（温度缝）。房屋在受到温度变化的影响时，将发生热胀冷缩的变形，这种变形与房屋的长度有关，长度越大变形越大。变形受到约束，就会在房屋的某些构件中产生应力，从而导致破坏。在房屋中设置伸缩缝，使缝间房屋的长度不超过某一限值，其变形值较小，所产生的温度应力也较小，这样就不会产生破坏。因此，可沿建筑物长度方向每隔一定距离或在结构变化较大处预留伸缩缝，将建筑物基础以上部分断开。而基础因为受到温度变化的影响较小，故不需断开。如图 8-1 所示。

（2）沉降缝。上部结构各部分之间，因层数差异较大，或使用荷载相差较大，或因地基压缩性差异较大，总之，可能使地基发生不均匀沉降。房屋因不均匀沉降造成某些薄弱部位产生错动开裂。为了防止房屋不规则的开裂，应设置沉降缝。沉降缝是在房屋适当位置设置的垂直缝隙，将房屋划分为若干个刚度较一致的单元，使其每一部分的沉降比较均匀，相邻单元可以自由沉降，避免在结构中产生额外的应力而影响房屋整体，如图 8-2 所示。

图 8-1 伸缩缝实例

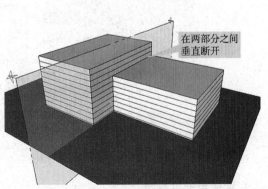

图 8-2 沉降缝实例

沉降缝的基础需要断开，而伸缩缝的基础不需要断开。由于沉降缝在构造上已经完全具备了伸缩缝的特点，所以沉降缝可兼伸缩缝的作用，而伸缩缝却不能代替沉降缝。

　　（3）防震缝。建造在地震区的房屋，地震时会遭到不同程度的破坏，为了避免破坏，应按抗震要求进行设计。抗震设防烈度6度以下地区地震时，对房屋影响轻微，可不设防；抗震设防烈度为10度地区地震时，对房屋破坏严重，建筑物抗震设计应按有关专门规定执行；地震设防烈度为7～9度地区，应按相关规定设防，包括在必要时设置防震缝。设置防震缝的目的是将大型建筑物分隔为较小的部分，形成相对独立的防震单元，避免因地震造成建筑物整体震动不协调，而产生破坏，如图8-3所示。

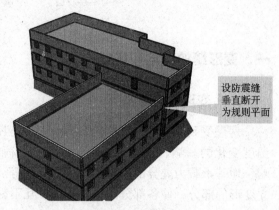

图 8-3　防震缝实例

2. 按所处建筑部位分类

　　变形缝按所处建筑部位分类，可分为楼地面变形缝（图8-4）、外墙变形缝（图8-5）、内墙及顶棚变形缝（图8-6）、屋面变形缝（图8-7）等。

图 8-4　楼地面变形缝实例

图 8-5　外墙变形缝实例

图 8-6　内墙及顶棚变形缝实例

图 8-7　屋面变形缝实例

3. 按使用部位分类

　　变形缝按使用部位分类，可分为平面型和转角型两种，如图8-8、图8-9所示。

图 8-8　平面（金属盖板）型变形缝实例

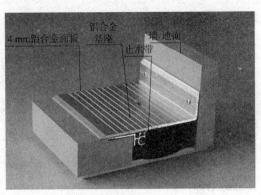

图 8-9　转角型变形缝实例

4. 按构造特征分类

变形缝按装置按构造特征分类，可分为金属盖板型（图 8-8）、金属卡锁型（图 8-10），单列嵌平型（图 8-11）、双列嵌平型（图 8-12）、橡胶嵌平型（图 8-13）等。

图 8-10　金属卡锁型变形缝实例

图 8-11　单列嵌平型变形缝实例

图 8-12　双列嵌平型变形缝实例

图 8-13　橡胶嵌平型变形缝实例

二、变形缝的设计要求

在建筑设计时，预先在变形敏感部位设置变形缝可避免建筑物发生损坏，但变形缝必须加以处理，以满足建筑功能和美观的要求。变形缝一般的设计要求如下。

1. 承载能力

建筑变形缝装置的承载能力应符合主体结构相应部位的设计要求。

2. 防火

有防火要求的建筑变形缝装置应配套安装阻火带，采取合理的防火措施，并应符合现行国家防火设计标准的要求。

3. 防水

有防水要求的建筑变形缝装置应配置安装防水卷材，采取合理的防水、排水措施。

4. 节能

有节能要求的建筑变形缝装置应符合现行国家建筑节能标准的要求。

5. 防脆断

寒冷及严寒地区的建筑变形缝装置应符合防脆断的要求，宜选用金属类产品。

6. 防坠落

高层建筑外墙变形缝装置应采取合理措施防止高空坠落。

7. 防震

用于防震性能的建筑变形缝装置应符合抗震设计中非结构构件要求。

8. 防腐蚀

五金件与铝合金基座相接部分应采取防止电腐蚀措施，主要受力五金件应进行承载力验算。

9. 环保

建筑变形缝装置的材料和施工应符合环保要求。变形缝的设置无疑增加了建筑施工的复杂性，增加了建筑成本的投入。因此，在条件许可的情况下，应尽量不设置变形缝，或者进行多缝合一的设计，也可创造条件尽量少设置变形缝，如：

（1）对基础进行处理。适当调整基底面积，增加基础刚度。

（2）对地基进行处理。

（3）加强结构可能出现破坏处的强度和刚度。

⊙ **课外拓展实践**

目标任务：观察学校各个建筑物，找一找建筑物内外何处有缝？想一想是什么缝？测量缝宽为多少？

单元二　变形缝的设置原则

一、伸缩缝（温度缝）的设置

为防止因温度、混凝土收缩等原因引起的过大结构附加应力而设置伸缩缝。伸缩缝在基础部位一般不断开。伸缩缝的宽度一般为 20 ～ 30 mm。

砌体结构伸缩缝的最大间距见表 8-1。

表 8-1 砌体房屋伸缩缝的最大间距

屋盖或楼盖类别		间距 /m
整体式或装配整体式钢筋混凝土结构	有保温层或隔热层的屋盖、楼盖	50
	无保温层或隔热层的屋盖	40
装配式无檩体系钢筋混凝土结构	有保温层或隔热层的屋盖、楼盖	60
	无保温层或隔热层的屋盖	50
装配式有檩体系钢筋混凝土结构	有保温层或隔热层的屋盖	75
	无保温层或隔热层的屋盖	60
瓦材屋盖 木屋盖或楼盖 轻钢屋盖		100

注：1. 对烧结普通砖、烧结多孔砖、配筋砌块砌体房屋，取表中数值；对石砌体、蒸压灰砂普通砖、蒸压粉煤灰普通砖、混凝土砌块、混凝土普通砖和混凝土多孔砖房屋，取表中数值乘以 0.8 的系数，当墙体有可靠外保温措施时，其间距可取表中数值。

2. 在钢筋混凝土屋面上挂瓦的屋盖应按钢筋混凝土屋盖采用。

3. 层高大于 5 m 的烧结普通砖、烧结多孔砖、配筋砌块砌体结构单层房屋，其伸缩缝间距可按表中数值乘以 1.3。

4. 温差较大且变化频繁地区和严寒地区不采暖的房屋及构筑物墙体的伸缩缝的最大间距，应按表中数值予以适当减小。

5. 墙体的伸缩缝应与结构的其他变形缝相重合，缝宽度应满足各种变形缝的变形要求；在进行立面处理时，必须保证缝隙的变形作用

混凝土结构伸缩缝的最大间距见表 8-2。

表 8-2 混凝土结构伸缩缝的最大间距

结构类别		室内或土中 /m	露天 /m
排架结构	装配式	100	70
框架结构	装配式	75	50
	现浇式	55	35
剪力墙结构	装配式	65	40
	现浇式	45	30
挡土墙、地下室墙壁等类结构	装配式	40	30
	现浇式	30	20

注：1. 装配整体式结构房屋的伸缩缝间距宜按表中现浇式的数据取用；

2. 框架 – 剪力墙结构或框架 – 核心筒结构房屋的伸缩缝间距，可根据结构的具体布置情况取表中框架结构与剪力墙结构之间的数值；

3. 当屋面无保温或隔热措施时，框架结构、剪力墙结构的伸缩缝间距宜按表中露天栏的数值取用；

4. 现浇挑槽、雨罩等外露结构的伸缩缝间距不宜大于 12 m

二、沉降缝的设置

沉降缝是指为了预防建筑物各部分由于不均匀沉降引起的破坏而设置的变形缝。存在下列情况时均应考虑设置变形缝，如图 8-14 所示。

（1）建筑物各部分相邻基础的样式、宽度及埋置深度相差较大，造成基础底部压力差异过大，易导致不均匀沉降时。

（2）同一建筑物相邻部分的高度相差较大、荷载大小相差悬殊或结构形式变化较大，易导致不均匀沉降时。

（3）建筑物建造在不同地基上，且难以保证均匀沉降时。

（4）建筑物体型比较复杂、连接部位又比较薄弱时。

（5）新建建筑物与原有建筑物紧相毗连时。

（6）平面形状复杂的建筑物转角处。

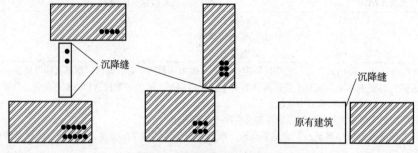

图 8-14　沉降缝设置部位示意

沉降缝的宽度与地基的情况和建筑物的高度有关，其宽度见表 8-3，在软弱地基上的缝宽应适当增加。

表 8-3　房屋沉降缝的宽度

地基性质	建筑物高度或层数	缝宽 /mm
一般地基	$H < 5$ m	30
	$H = 5 \sim 8$ m	50
	$H = 10 \sim 15$ m	70
软弱地基	2～3 层	50～80
	4～5 层	80～120
	6 层以上	>120
湿陷性黄土地基		30～50

三、防震缝的设置

建筑物平、立面体型不规则，或在纵向为复杂体型，地震时容易产生应力集中现象，发生破坏。建筑抗震设计应在几个主轴方向使结构布置均匀，尽量使结构刚度中心靠近质量中心，减小偏心扭转，如图 8-15 所示。设计时应尽量使建筑平面和体型符合抗震要求，如图 8-16 所示。

在有可能因地震作用引起断裂的部位设防震缝，将建筑物划分为简单、规则、均一的单元，可最大限度地减少建筑物在地震时发生破坏的概率，如图 8-17 所示。设置

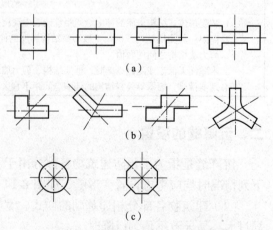

图 8-15　建筑物抗震结构布置示例

(a) 简单平面；(b) 复杂平面；(c) 塔形平面

防震缝时，建筑物的基础可断开，也可不断开。

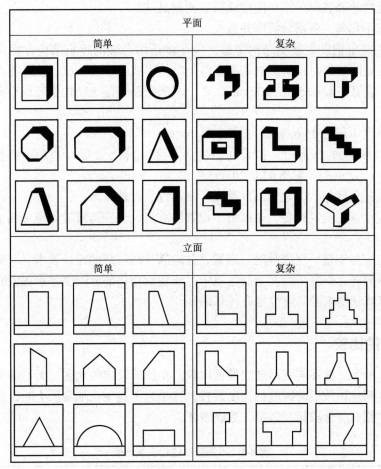

图 8-16　建筑物平立面防震设计示例

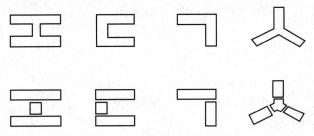

图 8-17　防震缝设置部位示意

在设防烈度为 8 度和 9 度地区，多层砌体建筑有下列情况之一时宜设置防震缝：

（1）建筑物平面复杂，凹角长度过大或凸出部分较多；

（2）建筑物立面高差在 6 m 以上；

（3）建筑物有错层且错层楼板相差 1/3 层高或 1 m；

（4）建筑物相邻部分的结构刚度、质量相差悬殊。

钢筋混凝结构遇下列情况时，宜设置防震缝：

（1）建筑平面中，凹角长度较长或凸出部分较多；

（2）建筑有错层，且错层楼板高差较大；

（3）建筑物相邻各部分结构刚度或荷载相差悬殊；

（4）地基不均匀，各部分沉降差过大。

对多层和高层钢筋混凝土结构房屋，应尽量选用合理的建筑结构方案，不设置防震缝，当必须设置防震缝时，防震缝的宽度应与结构形式、设防烈度、建筑物高度有关。在砖混结构中，缝宽一般取 50～100 mm。多、高层钢筋混凝土结构中其最小宽度应符合下列要求：

（1）当高度不超过 15 m 时，可采用 70 mm；

（2）当高度超过 15 m 时，按设防烈度为 6 度、7 度、8 度、9 度相应建筑物每增高 5 m、4 m、3 m、2 m 时，缝宽增加 20 mm。

一般，地震烈度越大，建筑高度越高，防震缝宽度越大。

防震缝应沿房屋全高设置，基础可不设置防震缝，但在防震缝处应加强上部结构和基础的连接。

防震缝应与伸缩缝、沉降缝统一布置，并应满足防震缝的设计要求。一般情况下，防震缝基础可不分开，但在平面复杂的建筑中，或建筑相邻部分刚度差别很大时，也需将基础分开。按沉降缝要求的防震缝也应将基础分开。

四、变形缝的比较

表 8-4 所示为三种不同变形缝的设置比较。在抗震设防的地区，无论需要设置哪种变形缝，其宽度都应该按照防震缝的宽度设置，这是为了避免在地震发生时，由于缝宽不够而导致建筑物相邻的分段相互碰撞，造成破坏。

表 8-4 不同变形缝的设置比较

变形缝类别	对应变形原因	设置依据	断开部位	缝宽
伸缩缝	昼夜温差引起的热胀冷缩	按建筑物的长度、结构类型与屋盖刚度	除基础外沿全高断开	20～30 mm
沉降缝	建筑物相邻部分高差悬殊、结构形式变化大、基础埋深差别大、地基不均匀等引起的不均匀沉降	地基情况和建筑物的高度	从基础到屋顶沿全高断开	一般地基 建筑物高 <5 m　　　　缝宽 30 mm 　　　5～10 m　　　缝宽 50 mm 　　　10～15 m　　　缝宽 70 mm 软弱地基 建筑物 2～3 层　　　缝宽 50～80 mm 　　　4～5 层　　　缝宽 80～120 mm 　　　≥6 层　　　缝宽 >120 mm 沉陷性黄土　缝宽 ≥ 30～70 mm
抗震缝	地震作用	设防烈度、结构类型和建筑物高度（8 度、9 度设防且房屋立面高差相差在 6 m 以上，或错层楼板相差 1/3 层高或 1m，毗邻部分各段刚度、质量、结构形式均不同时设置）	沿建筑物全高设缝，基础可断开，也可不断开	多层砌体建筑　　　缝宽 50～100 mm 框架框剪建筑 当建筑物高 ≤ 15 m 时 缝宽 70 mm 当建筑物高 >15 m 时 6 度 ⎱ 5 m 7 度 ⎰ 高度每增高 4 m 8 度 ⎱ 3 m 9 度 ⎰ 2 m 缝宽加大 20 mm

单元三　变形缝的构造

为防止风、雨、冷热空气、灰砂等侵入室内，影响建筑使用和耐久性，也为了美观，构造上对缝隙须予以覆盖和装修。这些覆盖和装修的同时必须保证变形缝能充分发挥其功能，使缝隙两侧结构单元的水平或竖向相对位移不受阻碍。

根据所处位置不同，变形缝可分为墙体变形缝、楼地层变形缝及屋顶变形缝。根据构造的不同，覆盖变形缝的装置可分为普通型、防震型、承重型三种。

一、墙体变形缝

墙体在变形缝处断开，为了避免风、雨对室内的影响和避免缝隙过多传热，变形缝外墙一侧，缝口处应填以有弹性而又不渗水的材料，如沥青麻丝填塞，当伸缩缝较宽时，缝口可采用镀锌薄钢板、铝合金板、不锈钢钢板、钢板等进行盖缝调节。砖墙变形缝可砌成平口式、错口式、企口式等截面形式，如图 8-18 所示。

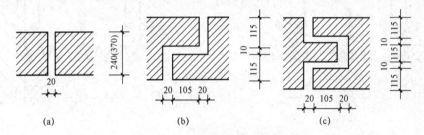

图 8-18　砖墙伸缩缝的截面形式
(a) 平口缝；(b) 错口缝；(c) 企口缝

墙体变形缝的构造可分为外墙变形缝和内墙变形缝两种。外墙变形缝的构造如图 8-19 和图 8-20 所示，内墙变形缝的构造做法如图 8-21 所示。

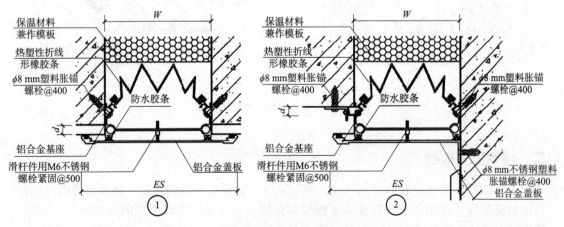

图 8-19　外墙盖板型变形缝的构造

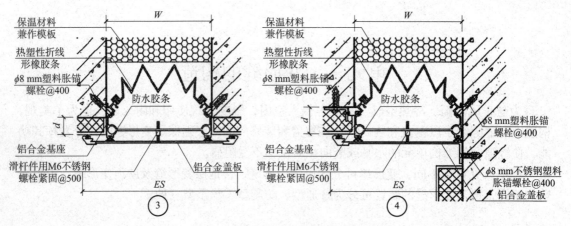

图 8-19　外墙盖板型变形缝的构造（续）

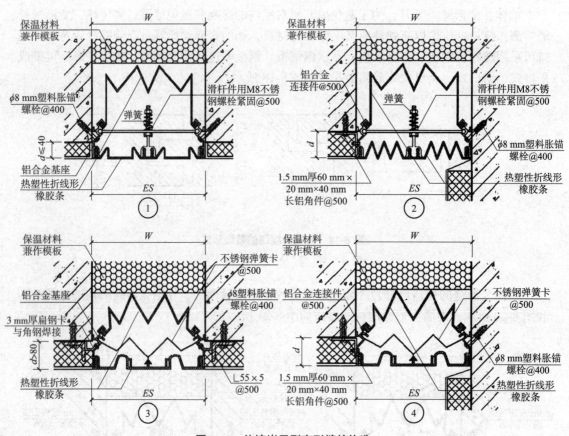

图 8-20　外墙嵌平型变形缝的构造

二、楼地层变形缝

　　楼地层变形缝的位置和缝宽尺寸，应与墙体、屋顶变形缝相对应，缝内也要用弹性材料做封缝处理。在构造上应保证地面面层和顶棚美观，又应使缝两侧的构造能自由伸缩。楼地层变形缝的构造做法如图 8-22 ~ 图 8-24 所示。

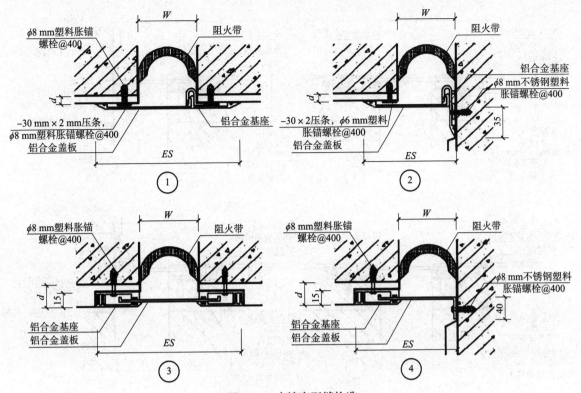

图 8-21　内墙变形缝构造

①②为盖板型；③④为卡锁型

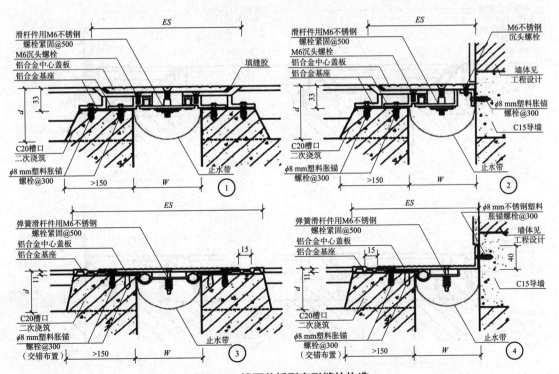

图 8-22　楼面盖板型变形缝的构造

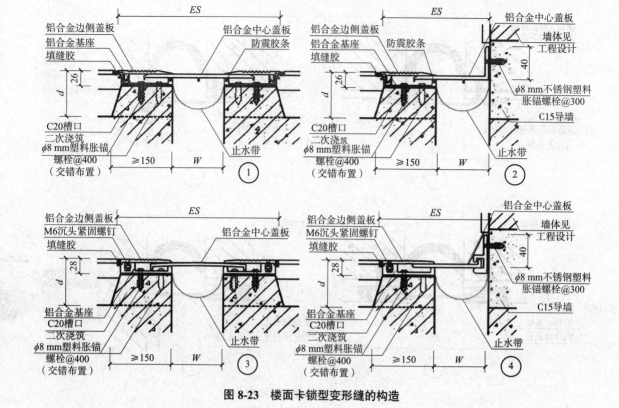

图 8-23 楼面卡锁型变形缝的构造

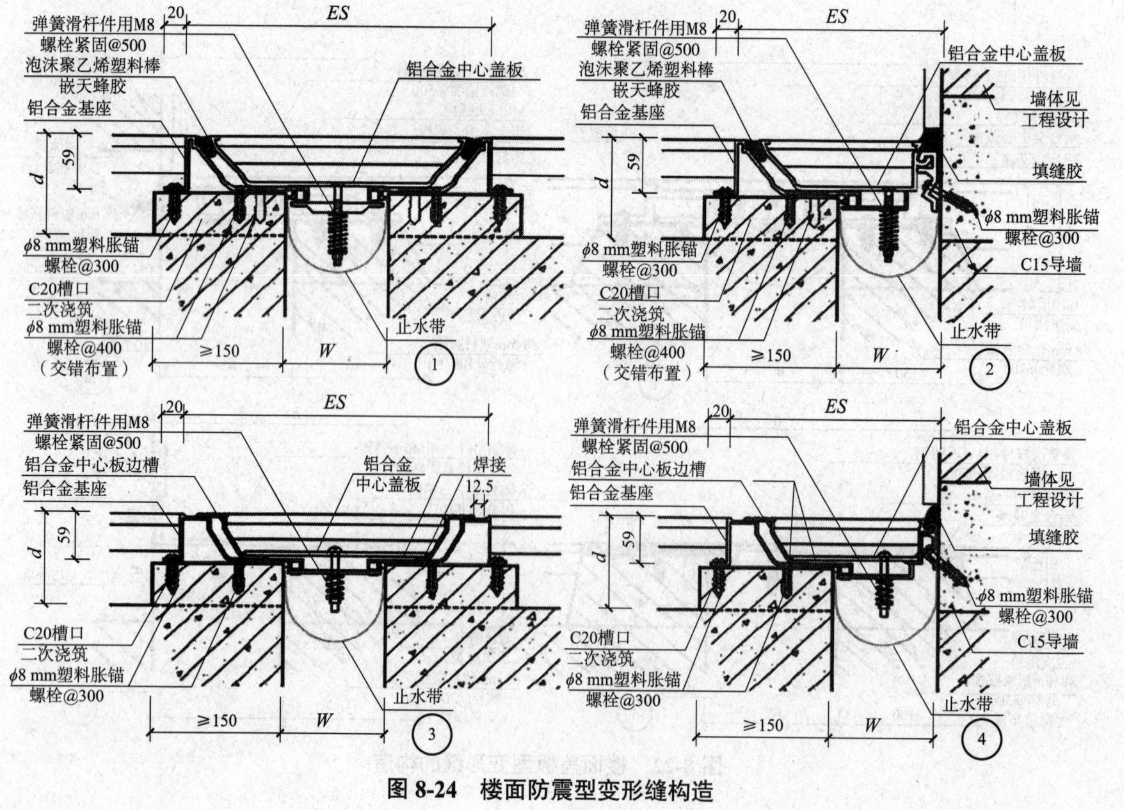

铝合金边侧盖板
弹簧滑杆件用M8
螺栓紧固@500
泡沫聚乙烯塑料棒
嵌天蜂胶
铝合金基座
铝合金中心盖板
墙体见工程设计
填缝胶
φ8 mm塑料胀锚螺栓@300
C20槽口
二次浇筑
φ8 mm塑料胀锚螺栓@400
（交错布置）
φ8 mm塑料胀锚螺栓@300
C15导墙
止水带
≥150
W
59
20
ES
d
①
②

铝合金中心板边槽
铝合金中心盖板
焊接
12.5
铝合金基座
墙体见工程设计
填缝胶
③
④

图 8-24 楼面防震型变形缝构造

三、屋顶变形缝构造

屋顶变形缝的位置有两种情况：一种是变形缝两侧屋面的标高相同；另一种是缝两侧屋面的标高不同。

变形缝的构造做法也可分为普通屋面变形缝和防震型屋面变形缝做法两种，普通屋面变形缝的构造做法如图 8-25 所示。防震型变形缝装置的构造特点是连接基座和盖板的金属滑杆带有弹簧复位功能，楼面金属盖板两侧呈 45° 托盘形，基座也呈同角度 V 形。在地震荷载作用下盖板被挤出上移，但在弹簧作用下可恢复原位，内外墙及顶棚可采用橡胶条盖板，同样设有弹簧复位功能，如图 8-26 所示。

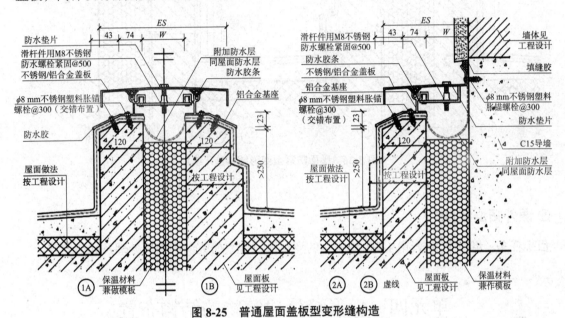

图 8-25　普通屋面盖板型变形缝构造

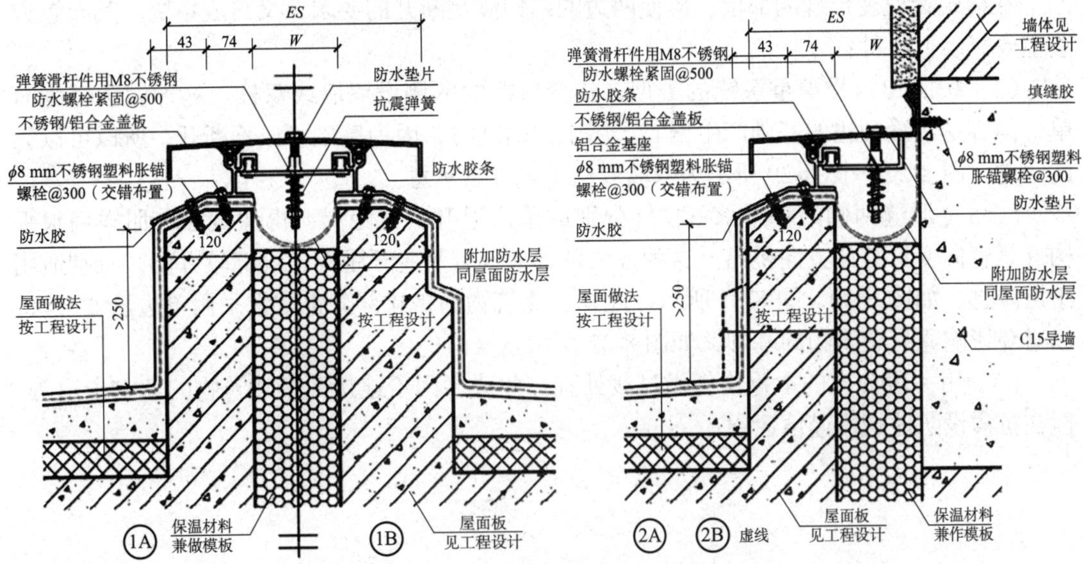

图 8-26　屋面防震型变形缝构造

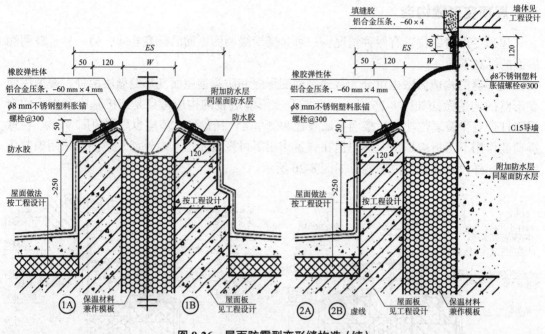

图 8-26 屋面防震型变形缝构造（续）

⊙ 课外拓展实践

目标任务：继续研究校园内各个建筑物的变形缝，观察研究缝的构造处理及如何盖缝。

单元四 变形缝处建筑物的结构布置

在建筑物设变形缝的部位，应使两边的结构满足断开的要求，又自成系统。其布置方法主要有以下几种：

（1）按照建筑物承重系统的类型，在变形缝的两侧设双墙或双柱。这种做法较为简单，但容易使缝两边的基础产生偏心。用于伸缩缝时，因为基础可以不断开，所以可以无此问题。图 8-27～图 8-29 所示为双墙双柱承重方案示意。

（2）变形缝两侧的垂直承重构件分别或单边退开一定距离，再像做阳台那样用水平构件悬臂向变形缝的方向挑出。这种方法基础部分容易脱开距离，设缝较方便，特别适用于沉降缝，如图 8-30、图 8-31 所示。此外，建筑物的扩建部分也常常采用单边悬臂方法，以避免影响原有建筑物的基础，如图 8-32 所示。

（3）用一段简支的承重构件做过渡处置，此法多用于连接两个建筑物的架空走道等，但在抗震设防地域需谨慎运用。

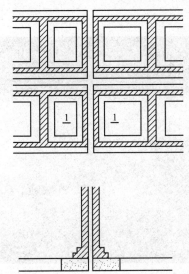
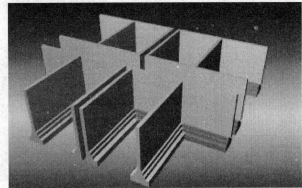

图 8-27　双墙承重方案

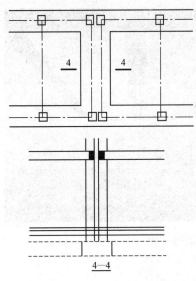

4—4

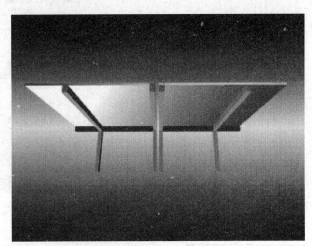

图 8-28　双柱承重方案

图 8-29　双柱承重变形缝实例

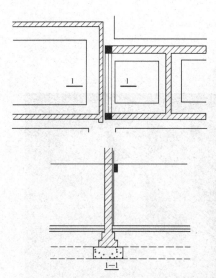

图 8-30　悬臂方案——楼盖出挑

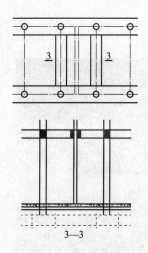

图 8-31　悬臂方案——双边出挑

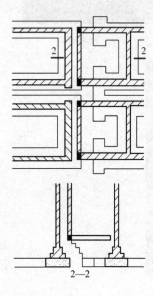
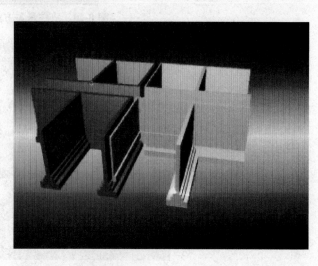

图 8-32　悬臂方案——基础出挑

 模块小结

变形缝是为了解决建筑物由于受温度变化、不均匀沉降及地震等因素影响产生裂缝的一种措施，按其作用的不同可分为伸缩缝、沉降缝、防震缝三种。伸缩缝是为防止由于建筑物超长而产生的伸缩变形；沉降缝是解决由于建筑物高度不同、重量不同等而产生的不均匀沉降变形；防震缝是为解决地震时产生的相互撞击变形而设置的。

伸缩缝要求在建筑的同一位置将基础以上的墙体、楼板层、屋面等部分全部断开，分为各自独立的能在水平方向自由伸缩的部分，而基础部分因受温度变化影响较小，故不需要断开。

设置沉降缝时，必须将建筑的基础、墙体、楼层及屋面等部分全部在垂直方向断开，使各部分形成各自自由沉降的、独立的刚度单元。

防震缝的构造与伸缩缝相似。

知识拓展

建筑图中应表示与标注的内容及基本规定

一、建筑图中应表示与标注的内容

（一）平面图包括的内容及应标注的内容

1. 应包括的内容

（1）表明建筑物的平面形状、房间布置和朝向，应包括房间、走道、楼梯、电梯、厕所、卫生间等。有设备的房间如教室、厕所、浴室、盥洗室应画出设备位置。

（2）表明墙体、柱子的做法，画出门窗位置及门的开启方向，表示出台阶、散水、花台、坡道、雨水管、暖气管沟、检查井、采光井等投影。

（3）表示剖面图的剖切位置与剖视方向，外墙面剖切位置也可以在平面图中画出。

（4）表明室内地坪标高，首层还应表示室外地坪标高，首层平面图应绘有方向标志。

（5）表示出外专业对土建专业的要求，如配电盘、消火栓、预留洞口等位置。

（6）应绘有轴线、轴线编号、尺寸线。

（7）各种投影可见部分只表示一次。如首层平面表示台阶、散水、花台、管沟等；二层平面表示雨罩、阳台等；顶层平面表示出屋顶出入孔（虚线）的位置。

2. 应标注的内容

（1）建筑物的各部分尺寸，纵、横方向均应标注三道尺寸，即门窗洞口、墙垛与轴线的关系尺寸、轴线间尺寸及总外包尺寸。

（2）内门的尺寸及其定位尺寸（洞口与临近墙体轴线的关系）。

（3）每道墙均应有墙厚尺寸，其注法是与轴线的相关尺寸，柱子应有断面尺寸及与轴线的关系尺寸。

（4）标注出轴线编号，横向墙体用阿拉伯数字顺序编写，纵向墙体用汉语拼音字母正楷书写（其中 I、O、Z 除外）。

（5）标注出房间名称或以编号形式标注房间（应在图外标注出编号含义）。

（6）标高以"m"为单位取3位小数，尺寸以"mm"为单位。图中不必注出"m""mm"等字样。

（7）标注门、窗代号，可以选用标准图号，也可以自行编号，采用后者时，应在门窗表中注明出处。

（8）标注墙体外侧构造做法（散水、台阶、雨罩、挑檐、窗台等）和尺寸。

（9）剖面图的剖切位置及编号，可用甲—甲、A—A、I—I等方式注写。

（10）其他必须标注出的问题，如材料图例、详图索引等。

（二）剖面图包括的内容及应标注的内容

1. 应包括的内容

（1）表明建筑物的层次及层间关系（窗台、窗口、窗上部）。

（2）表明墙体、楼层、檐部、散水、台阶、楼梯等构造关系，特别注意过梁、承重梁、圈梁等不得遗漏。

（3）画出轴线并进行编号。

（4）选择好地面、楼面、顶棚、踢脚、墙裙、内墙面、屋面、散水、台阶的构造做法及代号。

（5）详图索引代号。

2. 应标注的内容

（1）垂直方向的尺寸，外部尺寸为三道，即窗台、窗口、窗上部；室内外高差及层间尺寸；总外包尺寸（总高度，从外地坪至檐部）。内部尺寸为门、高窗等尺寸。

（2）水平方向的尺寸，只标注轴线间尺寸，轴线圆内应编号。

（3）室内地坪、室外地坪、各层楼面、檐口顶部的标高。

（4）标注出各处做法的代号。

（5）画、注出必要的详图索引编号。

（6）其他必须标注出的问题，如材料图例、详图索引等。

（三）立面图包括的内容及应标注的内容

1. 应包括的内容

（1）立面图以表示建筑的外形轮廓为主，其中包括门窗、阳台、雨罩、台阶、花台、门头、勒脚、檐口、女儿墙、雨水管、烟风道、室外楼梯等形式。

（2）表示出立面各部位的装修做法代号。

2. 应标注的内容

（1）两端轴线编号。

（2）垂直方向上的三道尺寸，即分尺寸、层高尺寸及总外包尺寸（参考剖面图）。

（3）标注出室外地坪、首层地面、各层楼面、顶板结构上表面、檐口和屋脊上皮的有关相对标高。

（4）标注材料做法代号及详图索引代号。

（四）总平面图包括的内容及应标注的内容

1. 应包括的内容

（1）新建建筑物的平面形状、首层地坪的绝对标高值、建筑层数、建筑面积、主要出入口位置等。

（2）原有建筑物、构筑物、拟建建筑物、拆除建筑物的轮廓。

（3）新建道路与原有道路、拟建道路、绿地、花池、水池等。

（4）纵向坡度、绝对标高值、方向标志等。

2.应标注的内容

（1）新建建筑物的外包尺寸及与基地的关系尺寸。

（2）基地尺寸（以 m 为单位）。

（3）室外地坪的标高（注：以 m 为单位，取 3 位小数）。

（4）首层地坪的绝对标高值。

（5）道路尺寸、出入口标志等。

（五）外墙详图包括的内容及应标注的内容

1.应包括的内容

外墙详图以墙身剖面为主，必要时还应配以外墙平面图及立面图。外墙剖面的内容如下：

（1）室内地坪与室外地坪交接处的做法。标明基础墙的厚度，室内地坪的位置，明沟、散水坡道或台阶的做法，墙身防潮层、首层地面与暖气槽、暖气罩和暖气管沟的做法，踢脚、勒脚和墙裙的做法，以及本层窗台范围的全部内容，它还包括门窗过梁及首层室内窗台、室外窗台的做法。

（2）楼层处节点的做法。标明从下层窗过梁、雨罩、遮阳板、楼板、圈梁、阳台板、阳台栏板或栏杆至上层楼地面、踢脚或墙裙、楼层处窗台（内外窗台）、窗帘盒（杆）、吊顶棚及内外墙面的做法等。当若干楼层做法完全一致时，应标出若干层的楼面标高（按标高层画）。

（3）屋顶檐口处做法。标明自顶层窗过梁到檐口、女儿墙上皮范围内的全部内容，包括顶层门窗过梁、雨罩或遮阳板、顶层屋顶板或屋架、圈梁、屋面、室内吊顶、檐口或女儿墙、屋面排水的天沟、下水口、雨水斗或雨水管、窗帘盒、窗帘杆等。

2.应标注的内容

（1）墙与轴线的关系尺寸，轴线编号、墙厚或梁宽。

（2）标注出细部尺寸，其中包括散水宽度，窗台高度，窗上口尺寸，挑出窗口的过梁、挑檐的细部尺寸，挑檐板的挑出尺寸，女儿墙的高度尺寸，层高尺寸及总高度尺寸。

（3）标注出主要标高。其中包括室外地坪、室内地坪、楼层标高、顶板标高。

（4）应标出室内地面、楼面、吊顶、内墙面、踢脚、墙裙、散水、台阶、外墙面、内墙面、屋面、凸出线脚的构造做法及代号。

（六）楼梯详图包括的内容及应标注的内容

楼梯详图包括楼梯平面、剖面及节点构造三大部分。

1.应包括的内容

（1）楼梯平面图：一般包括三个，即首层、标准层、顶层平面图。平面图应包括楼梯间的墙厚及轴线编号，画有楼梯段、休息平台、楼梯井、楼层平台及窗、门位置等。

（2）楼梯剖面图：标明休息平台和楼层标高，各跑楼梯的构造、步数，构件的搭接做法，楼梯栏杆的式样和扶手高度，楼梯间门窗洞口详图索引及材料图例。

（3）楼梯详图：一般包括踏步防滑、底层踏步、栏杆、栏板及扶手连接、休息平台处护窗栏杆、顶层扶手入墙等。在这些节点中应注明式样、高度、尺小、材料等细部做法。

2. 应标注的内容：

（1）楼梯平面，应标出休息平台、楼梯段的宽度，梯井宽度尺寸，楼梯段水平投影长度，首层及楼层的平面标高，楼梯的上下方向（以±0.000及各层地面为起点）及上下步数，墙厚及与轴线的关系，门、窗编号或代号，轴线圆及编号，剖切线等。

（2）楼梯剖面，应标出室内地面、室外地面、楼地面、休息平台的标高及做法代号，栏杆高度、进深尺寸及轴线圆等。

（3）楼梯详图，应标出详细尺寸及做法层次等。

（七）门窗数量表

门窗数量表见表8-5。

表8-5　宿舍门窗一览表

类型	设计编号	洞口尺寸 / (mm×mm)	1F	2F	3F	4F	屋顶	总	备注
防火门	FM 乙 1221	1 200×2 100					1	1	钢质乙级防火门，专业厂家定制
	FM 丙 0618	600×1 800	1	1	1	1		4	钢质丙级防火门，门槛高 300 mm 专业厂家定制
	FM 丙 0818	800×1 800	1	1	1	1		4	钢质丙级防火门，门槛高 300 mm 专业厂家定制
	M1124	1 100×2 400	8	11	11	11		41	
	WM1124	1 100×2 400	1					1	无障碍门
	M1521	1 500×2 100		1	1	1		3	双向可开启门扇
	M1524	1 500×2 400	1					1	
	WM0921	900×2 100	1					1	无障碍门
门连窗	MLC01	2 400×2 400	1					1	普通钢化门连窗
	MLC02	2 200×2 400	9	11	11	11		42	铝合金低辐射中空玻璃门窗
	MLC03	3 300×3 000	2					2	铝合金低辐射中空玻璃门窗
普通窗	C0817	800×1 700	10	1	1	1		13	1. 外窗为隔热金属型材 K_f=5.8 W/(m^2·K)，框面积 20% 中空钢化玻璃窗；2. 带"j"的外窗为消防救援窗
	C0819	800×1 900		10	10	10		30	
	C1224	1 200×2 400		1				1	
	C1230	1 200×3 000			1	1		2	
	C1818	1 800×1 800		2				2	

二、基本规定

1. 尺寸单位：一般图形为毫米（mm），总平面图为米（m），并取两位小数。

2. 标高单位：米（m），一般图形取三位小数，如±0.000；总平面图取两位小数，如49.25。

3. 轴线圆的直径不小于 8 mm，也不宜大于 10 mm，字体一律大写。

4. 指北针的圆，其直径为 24 mm，指针尾部宽度宜取 3 mm。

5. 尺寸线间的间距以 8 ～ 10 mm 为宜。

6. 字体控制高度：说明文字 3.5 mm，标题文字 7 mm，数字 2.5 mm。

7. 详图索引圆为 10 mm，详图圆为 14 mm，零件钢筋的编号为 6 mm。

8. 轴线编号，横向轴线用阿拉伯数字编写，纵向轴线采用拉丁字母编写，但 I、O、Z 不得采用。

9. 平面图

（1）平面图的长边宜与横式幅面图纸的长边一致。

（2）各种平面图应按直接正投影法绘制。

（3）建筑物平面图应在建筑物的门窗洞口水平剖切俯视（屋顶平面图应为屋面以上俯视），图内包括剖切面及投影方向可见的建筑构造以及必要的尺寸、标高等。如需表示高窗、通气孔、槽、地沟及起重机等不可见部分，则应以虚线绘制。

（4）建筑物平面图宜注写房间的名称或编号。

（5）平面较大的建筑物，可分区绘制平面图，但应绘制组合示意图。

（6）顶棚平面图如用直接正投影法不易表达清楚，可用镜像投影法绘制，但应在图名后加注"镜像"二字。

10. 立面图

（1）各种立面图应按直接正投影法绘制。

（2）建筑立面图内应包括投影方向可见的建筑外廓线和建筑构造、构配件、墙面做法及必要的尺寸和标高等。

（3）较简单的对称式建筑或对称的构配件等，在不影响构造处理和施工的情况下，立面图可绘制一半，并在对称轴线处画对称符号。

（4）在建筑物立面图上，相同的门窗，阳台、外檐装修、构造做法等可在局部重点表示，绘出其完整图形，其余部分可只画轮廓线。

（5）有定位轴线的建筑物，宜根据两端定位轴线号编注立面图名称（如①—②立面图，Ⓐ—Ⓔ立面图）；无定位轴线的建筑物，可按平面图各面的方向确定名称。

11. 剖面图

（1）剖面图的剖切部位，应根据图纸的用途或设计深度，在平面图上选择能反映全貌、构造特征以及有代表性的部位剖切。

（2）各种剖面图内应包括剖面图和投影方向可见的建筑构造、构配件以及必要的尺寸、标高等。

（3）平面图上剖切符号的剖视方向宜向左、向上。

12. 其他规定

（1）指北针应放在建筑物主要平面图旁的明显位置上，所指方向与总图一致。

（2）零配件详图与构造详图宜按直接正投影法绘制。

（3）零配件外形或局部构造的立体图应画成轴测图。

（4）不同比例的平、剖面图、其抹灰层、楼地面、材料图例的省略画法，应符合下列规定：

①比例大于 1：50 的平、剖面图，应画出抹灰层与楼地面的画层线，并宜画出材料图例。

②比例等于 1∶50 的平、剖面图宜画出楼地面的面层线，抹灰层的面层线应根据需要而定。

③比例小于 1∶50 的平、剖面图，可不画抹灰层，但宜画出楼地面的面层线。

④比例为 1∶100 或 1∶200 的平、剖面图，画简化的材料图例（如墙涂红，钢筋混凝涂黑等），但宜画出楼地面的面层线。

⑤比例小于 1∶200 的平、剖面图不画材料图例，剖面图的楼地面面层可根据需要而定。

（5）相邻的立面图或剖面图宜绘制在同一水平线上，图内相互有关的尺寸及标高宜标在同一竖直线上。

13.尺寸标注

（1）尺寸分为定位尺寸、定量尺寸、总尺寸三种，绘图时应根据设计深度和图纸用途确定所需注写的尺寸。

（2）建筑物平、立、剖面图，宜标注室内地坪、室外地坪、楼地面、地下室地面、阳台、平台、檐部、门、窗、台阶等处的标高。

（3）楼地面、地下层地面、楼梯、阳台、平台、台阶等处的高度尺寸及标高，应按下列规定注写：

①平面图及其详图注写，完成面的标高。

②立、剖面图及其详图注写，完成面的标高及高度方向的尺寸。

③其余部位注写毛面尺寸及标高。

（4）标注建筑平面图各部位的定位尺寸，宜标注与其最邻近的轴线间的尺寸。标注建筑剖面各部位的定位尺寸，宜标注其所在层次内的尺寸。

三、常用图例

建筑材料图例见表 8-6。

表 8-6　建筑材料图例

序号	名称	图例	备注
1	自然土壤		包括各种自然土壤
2	夯实土壤		—
3	砂、灰土		—
4	砂砾石、碎砖三合土		—
5	石材		—
6	毛石		—
7	实心砖、多孔砖		包括普通砖、多孔砖、混凝土砖等砌体

序号	名称	图例	备注
8	耐火砖		包括耐酸砖砌体
9	空心砖、空心砌块		包括空心砖、普通或轻集料混凝土小型空心砌块等砌体
10	加气混凝土		包括加气混凝土砌块砌体、加气混凝土墙板及加气混凝土材料制品等
11	饰面砖		包括铺地砖、玻璃马赛克、陶瓷锦砖、人造大理石等
12	焦渣、矿渣		包括与水泥、石灰等混合而成的材料
13	混凝土		1. 包括各种强度等级、集料、添加剂的混凝土。 2. 在剖面图上绘制表达钢筋时，则不需绘制图例线。 3. 断面图形较小，不易绘制表达图例线时，可填黑或深灰（灰度宜70%）
14	钢筋混凝土		包括水泥珍珠岩、沥青珍珠岩、泡沫混凝土、软木、蛭石制品等
15	多孔材料		包括矿棉、岩棉、玻璃棉、麻丝、木丝板、纤维板等
16	纤维材料		包括矿棉、岩棉、玻璃棉、麻丝、木丝板、纤维板等
17	泡沫塑料材料		包括聚苯乙烯、聚乙烯、聚氨酯等多种聚合物类材料
18	木材		1. 上图为横断面，左上图为垫木、木砖或木龙骨。 2. 下图为纵断面
19	胶合板		应注明为 × 层胶合板
20	石膏板		包括圆孔或方孔石膏板、防水石膏板、硅钙板、防火石膏板等
21	金属		1. 包括各种金属。 2. 图形较小时，可填黑或深灰（灰度宜70%）
22	网状材料		1. 包括金属、塑料网状材料。 2. 应注明具体材料名称
23	液体	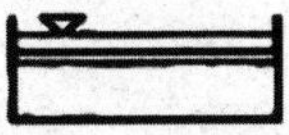	应注明具体液体名称
24	玻璃		包括平板玻璃、磨砂玻璃、夹丝玻璃、钢化玻璃、中空玻璃、夹层玻璃、镀膜玻璃等

序号	名称	图例	备注
25	橡胶		—
26	塑料		包括各种软、硬塑料及有机玻璃等
27	防水材料		构造层次多或绘制比例大时，采用上面的图例
28	粉刷		本图例采用较稀的点

复习思考题

一、填空题

1. 变形缝有_____、_____、_____三种，其中_____基础以下可以不断开。

2. 当既设伸缩缝又设防震缝时，缝宽按_____处理。

二、选择题

1. 当建筑物长度超过允许范围时，必须设置（　　　）。
    A.防震缝　　　　　　B.伸缩缝　　　　　　C.沉降缝　　　　　　D.分仓缝

2. 当建筑物体形比较复杂，连接部分又比较薄弱时，应设置（　　　）。
    A.伸缩缝　　　　　　B.沉降缝　　　　　　C.防震缝　　　　　　D.分仓缝

3. 以下关于变形缝的说法正确的是（　　　）。
    A.伸缩缝的基础不必断开　　　　　　　　　B.沉降缝可兼起伸缩缝的作用
    C.伸缩缝可兼起沉降缝的作用　　　　　　　D.沉降缝的基础不必断开
    E.防震缝的宽度与设防烈度和建筑物高度有关

4. 下列需要设置防震缝的情况有（　　　）。
    A.建筑平面为矩形的规则建筑
    B.立面高差 8 m 的建筑
    C.建筑物各部分的结构刚度、重量相差悬殊处
    D.楼板高差较大的错层建筑
    E.建筑平面为 U 形的建筑

三、简答题

1. 什么称为建筑物变形缝？变形缝的类型有哪些？

2. 什么是伸缩缝？伸缩缝的间距是如何规定的？

3. 什么是沉降缝？建筑物中哪些情况应设置沉降缝？

4. 什么是防震缝？建筑物中哪些情况应设置防震缝？

5. 设变形缝处建筑物的结构布置方法主要有哪几种?

6. 试用图形表示各种变形缝的盖缝构造。

四、实训任务

图 8-33 所示为某高校学生宿舍楼的建筑平面图,该楼为砌体结构,屋顶与楼板是整体式钢筋混凝土结构,请找出此楼变形缝的位置并圈出。

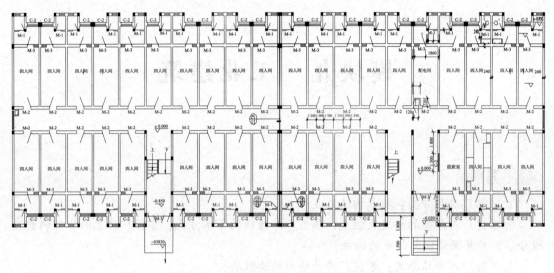

图 8-33 某高校学生宿舍楼的建筑平面图

下篇 工业建筑构造

模块九 工业建筑

1. 掌握厂房的分类和基本构造组成;
2. 掌握厂房屋面的构造及组成;熟悉厂房屋顶的排水方式;掌握厂房屋面细部的构造做法、厂房屋面保温与隔热的做法;
3. 了解厂房外墙分类;掌握厂房外墙的构造做法;
4. 熟悉单层工业厂房大门的类型、天窗与侧窗的构造。

能够运用本模块知识进行单层厂房墙板连接构造及基础构造、屋顶防水构造设计。

理想信念坚定,立志扎根人民,奉献国家,积极投身于新时代中国特色社会主义建设,勇于承担民族复兴的时代重任。

1.《民用建筑设计统一标准》(GB 50352—2019);
2.《建筑设计防火规范(2018 年版)》(GB 50016—2014);
3.《房屋建筑制图统一标准》(GB/T 50001—2017)。

现代工业建筑体系的发展已有 200 多年的历史,其中以第二次世界大战之后的数十年进步最大,更显示自己独有的特征和建筑风格。工业建筑起源于工业革命最早的英国,随后在美国、德国及欧洲的几个工业发展较快的国家快速发展,大量厂房的兴建对工业建筑的提高和发展也起到了重要的推动作用。我国在中华人民共和国成立后新建和扩建了大量工厂与工业基地，在全国已形成了完整的工业体系。我国在工业建筑设计中，贯彻了"坚固适用、经济合理、技术先进"的设计原则，设计水平不断提高，设计力量迅速壮大。未来，在把我国建设成为现代化强国的伟大实践中，工业建筑必将得到更大的发展。

单元一　认识工业建筑

一、工业建筑的特点

工业建筑是进行工业生产的房屋，在其中根据一定的工艺过程及设备组织生产。它与民用建筑一样具有建筑的共同性，在设计原则、建筑技术及建筑材料等方面有相同之处，但由于生产工艺不同、技术要求高，对建筑平面空间布局、建筑构造、建筑结构及施工等都有很大影响。因此，在工业建筑设计中必须注意以下几个方面的特点：

（1）工业建筑必须紧密结合生产，满足工业生产的要求，并为工人创造良好的劳动卫生条件，以利于提高产品质量及劳动生产率。

（2）工业生产类别很多、差异很大，有重型的、轻型的；有冷加工、热加工；有的要求恒温、密闭，有的要求空间开敞等，这些对建筑平面空间布局、层数、体型、立面及室内处理等有直接的影响。因此，生产工艺不同的厂房具有不同的特征。

（3）不少工业厂房有大量的设备及起重机械，不少厂房为高大的敞通空间，无论在采光、通风、屋面排水及构造处理上都较一般民用建筑复杂。

例如，机械制造厂金工装配车间主要进行机器零件的加工及装配，车间分成若干工段，各工段之间需相互联系和运送原材料、半成品及成品。厂房内设有各种起重运输设备，如车辆、起重机等。因此，厂房常需修建为多跨敞通的空间，并多采用排架结构承重。这种方式不但能适应工段之间的相互联系，而且能满足组织工艺、布置设备和改变工艺的要求。由于采用多跨厂房，为了解决好天然采光及自然通风的问题，厂房常需设置天窗，屋面也增加了排水与防水的复杂性。

二、工业建筑的分类

随着科学技术及生产力的发展，工业生产的种类越来越多，生产工艺也更为先进复杂，技术要求也更高，相应地对建筑设计提出的要求也更为严格，从而出现各种类型的工业建筑。为了掌握建筑物的特征和标准，便于进行设计和研究，工业建筑可归纳为以下几种类型。

1. 按用途分类

（1）主要生产厂房。主要生产厂房是指从原料、材料至半成品、成品的整个加工装配过程中直接从事生产的厂房。如在拖拉机制造厂中的铸铁车间、铸钢车间、锻造车间、冲压车间、铆焊车间、热处理车间、机械加工及装配车间等，这些车间都属于主要生产厂房。"车间"一词，本意是指工业企业中直接从事生产活动的管理单位，后也被用来代替"厂房"。

（2）辅助生产厂房。辅助生产厂房是指间接从事工业生产的厂房。如拖拉机制造厂中的机器修理车间、电修车间、木工车间、工具车间等。

（3）动力用厂房。动力用厂房是指为生产提供能源的厂房。这些能源有电、蒸汽、煤气、乙炔、氧气、压缩空气等。其相应的建筑是发电厂、锅炉房、煤气发生站、乙炔站、氧气站、压缩空气站等。

（4）储存用房屋。储存用房屋是指为生产提供储备各种原料、材料、半成品、成品的房屋。如炉料库、砂料库、金属材料库、木材库、油料库、易燃易爆材料库、半成品库、成品库等。

（5）运输用房屋。运输用房屋是指管理、停放、检修交通运输工具的房屋。

（6）其他。如水泵房、污水处理站等。

2. 按层数分类

（1）单层厂房（图 9-1）。这类厂房主要用于重型机械制造工业、冶金工业、纺织工业等。

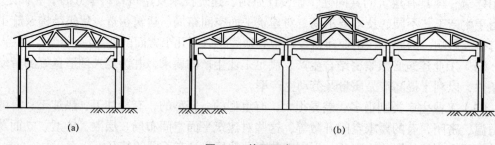

(a)　　　　　　　　　　　　　　　(b)

图 9-1　单层厂房

(a) 单跨厂房；(b) 多跨厂房

（2）多层厂房（图 9-2）。这类厂房广泛用于食品工业、电子工业、化学工业、轻型机械制造工业、精密仪器工业等。

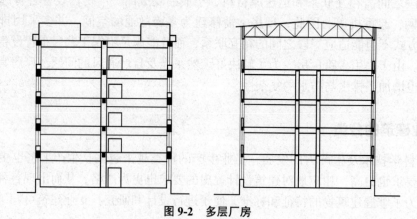

图 9-2　多层厂房

（3）混合层次厂房（图 9-3）。厂房内既有单层跨，又有多层跨。图 9-3（a）所示为热电厂主厂房，汽轮发电机设在单层跨内，其他为多层。图 9-3（b）所示为化工车间，高大的生产设备位于中间的单层跨内，边跨则为多层。

3. 按生产状况分类

（1）冷加工车间。生产操作是在常温下进行，如机械加工车间、机械装配车间等。

（2）热加工车间。生产中散发大量余热，有时伴随烟雾、灰尘、有害气体，如铸工车间、锻工车间等。

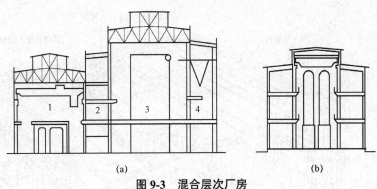

图 9-3 混合层次厂房

（a）热电厂；（b）化工车间

1—汽机间；2—除氧间；3—锅炉间；4—煤斗间

（3）恒温恒湿车间。为保证产品质量，车间内部要求稳定的温度、湿度条件，如精密机械车间、纺织车间等。

（4）洁净车间。为保证产品质量，防止大气中灰尘及细菌的污染，要求保持车间内部高度洁净，如精密仪表加工及装配车间、集成电路车间等。

（5）其他特种状况的车间。如有爆炸可能性、有大量腐蚀物、有放射性散发物、防微振、高度隔声、防电磁被干扰等。

单元二　单层厂房的组成

一、单层厂房的组成

厂房的组成是指单层厂房内部生产房间的组成。生产车间是工厂生产的基本管理单位，它一般由以下四部分组成：

（1）生产工段（也称生产工部），是加工产品的主体部分；

（2）辅助工段，是为生产工段服务的部分；

（3）库房部分，是存放原料、材料、半成品、成品的地方；

（4）行政办公生活用房。

每一幢厂房的组成应根据生产的性质、规模、总平面布置等因素来确定。

二、单层厂房结构的组成

我国单层厂房承重结构主要采用排架结构，这类厂房多数跨度大、高度较高，起重机吨位也大。这种结构受力合理，建筑设计灵活，施工方便，工业化程度较高。排架结构主要由屋盖系统、梁柱系统、基础、支撑系统和围护系统组成，如图 9-4 所示。

1. 屋盖系统

屋盖系统包括屋面板、天沟板、天窗架、屋架或屋面梁、托架和檩条。屋盖系统的作用是承受屋面上的竖向荷载，并与厂房柱组成排架承受结构的各种荷载。

2. 梁柱系统

梁柱系统包括排架柱、抗风柱、吊车梁、基础梁、连系梁、圈梁和过梁。

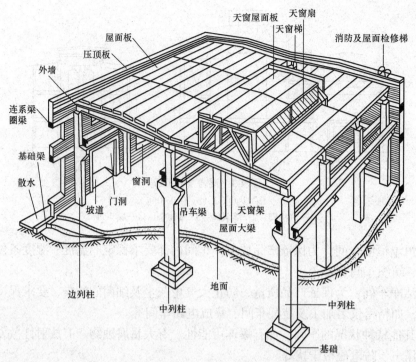

图 9-4　装配式钢筋混凝土结构的单层厂房构件组成

梁柱系统的作用如下：

（1）排架柱：承受屋盖系统、吊车梁外墙和支撑传来的各种荷载，并将它们传递给基础；

（2）抗风柱：承受山墙传来的风荷载，并将其传递给屋盖结构和基础，它也是围护结构的一部分；

（3）吊车梁：主要承受起重机的竖向荷载和水平荷载，并将它们传给排架结构；

（4）基础梁：承受墙体质量，并将其传递给基础；

（5）连系梁：纵向柱列的连系构件，承受梁上墙体质量，并将其传递给柱子；

（6）圈梁、过梁：圈梁的作用是加强厂房的整体刚度和墙体的稳定性，过梁的作用是承受门窗洞口上部墙体的质量及上层楼面梁板传来的荷载。

3. 基础

基础包括柱下独立基础和设备基础。基础的作用是承受柱子和基础梁、设备传来的荷载，并将它们传递给地基。

4. 支撑系统

支撑系统包括屋盖支撑和柱间支撑。支撑系统的作用是加强厂房的空间刚度和整体性，保证结构构件在安装和使用时的稳定性与安全性，同时传递山墙风荷载、起重机水平荷载和地震作用等。

5. 围护系统

围护系统包括围护墙、门窗、屋面板等。围护系统的作用是承受风荷载，并经其传给柱子。

6. 其他

单层厂房还包括其他构件，如隔断、作业梯、检修梯等。

单元三 单层厂房屋面构造

单层厂房屋面面积大，经常受日晒、雨淋、冷热气候等自然条件和振动、高温、腐蚀、积灰等内部生产工艺条件的影响，若屋面的排水、防水处理不当，便容易出现裂漏现象而影响生产和厂房的耐久性。如果屋面能迅速排除雨水，便可减少渗漏，有益于防水；反之，若屋面防水质量较好，对屋面排水也有补益。故两者须互相结合，综合考虑。单层厂房屋面的基本构造与民用房屋类似，下面仅介绍其特点。

一、屋盖结构类型及组成

屋盖结构主要由屋面、屋架、天窗架、檩条、支撑等构件组成，如图9-5所示。

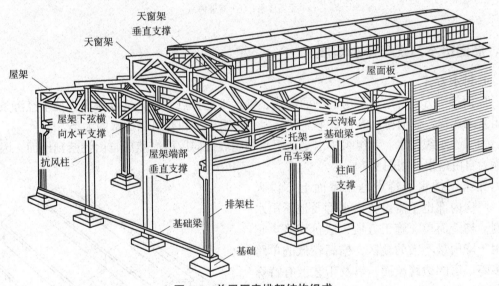

图 9-5 单层厂房排架结构组成

根据屋面结构布置情况的不同，可分为无檩体系屋盖和有檩体系屋盖，如图9-6所示。

（1）无檩体系屋盖：屋面板常采用钢筋混凝土大型屋面板。屋架间距为大型屋面板的跨度，一般为6m或6m的倍数，当柱距较大时，可在柱间设置托架或中间屋架。屋面一般采用卷材防水。无檩体系屋盖适用于较小屋面坡度，常用坡度为1∶8～1∶12。无檩体系屋盖的特点是屋面构件的种类和数量少，构造简单，安装方便，施工速度快，且屋盖刚度大、整体性能好；但屋面自重大，常需增大屋架杆件和下部结构的截面，对抗震不利。

（2）有檩体系屋盖：屋面材料常用压型钢板、压型铝合金板、瓦楞钢板等轻型材料。屋架的经济间距为4～6m。有檩体系屋盖一般适用于较陡的屋面坡度，以便于排水，常用坡度为1∶2～1∶3。其特点是质量轻、用料省、运输安装方便，但构件数量多、构造复杂、吊装次数多、屋盖整体刚度差；用量比实腹式梁有所减少，而刚度有所增加；桁架的杆件和节点较多，构造较复杂，制造较为费工。

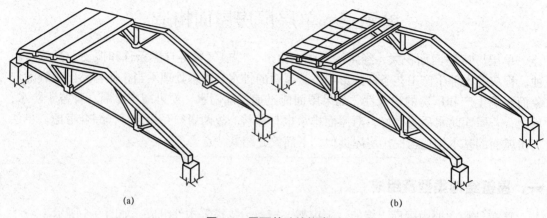

图 9-6　屋面基础结构类型
(a) 无檩体系；(b) 有檩体系

二、屋面排水方式与排水坡度

1. 排水方式

屋面排水方式应结合厂房的剖面形式、生产工艺特点、地区气候状况、技术经济条件等因素来选择。屋面排水方式基本上可分为无组织排水和有组织排水两大类。

（1）无组织排水。无组织排水是使雨水顺屋坡流向屋檐，然后自由泻落到地面，因此也称为自由落水，如图 9-7 所示。

无组织排水的特点是在屋面上不设天沟，厂房内部也不需设置雨水管及地下雨水管网，构造简单、施工方便、造价经济。它适用于降雨量不大的地区，檐高较低的单跨或多跨厂房的边跨屋面，以及工艺上有特殊要求的厂房。例如，铸铁车间冲天炉等处有积灰的屋面应尽量做无组织排水，以免积灰堵塞天沟和雨水斗。又如，在具有腐蚀性介质作用的铜冶炼车间内，为防止铸铁雨水管等遭受腐蚀，也应尽可能地采用无组织排水。

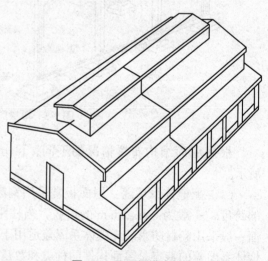

无组织排水屋面的檐口须设挑檐。挑檐长度一般不宜小于 500 mm；辅助厂房或天窗的挑檐长度可减小到 300 mm。

图 9-7　无组织排水示意

（2）有组织排水。有组织排水是通过屋面上的天沟、雨水斗、雨水管等有组织地将雨水疏导到散水坡、雨水明沟或雨水管网。

厂房屋面有组织排水可分为下列几种方式：

1）内落（排）水：将屋面汇集的雨水引向中间跨天沟和边墙天沟处，再经雨水斗引入厂房内的雨水竖管及地下雨水管网。内落水的优点是屋面排水组织比较灵活，多用于多跨厂房。在严寒多雪地区，采用内落水可防止因结冻胀裂引起屋檐和外部雨水管的破坏。内落水的缺点是材料消耗量大，室内须设雨水地沟，有时还会妨碍工艺设备的布置，造价较高，构造较为复杂，如图 9-8 所示。

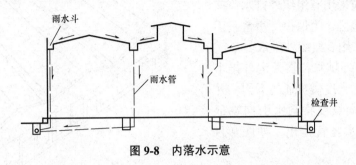

图 9-8　内落水示意

2）内落外排水：在多跨厂房内可用水平悬吊管将雨水斗连通到外墙的雨水竖管处，悬吊管穿过外墙，使雨水在场外经竖管排入地下雨水管网或明沟内，如图 9-9 所示。也可将竖管设在场内侧从墙角处穿出室外。水平悬吊管可沿屋架横向设置，也可沿柱子纵向设置。

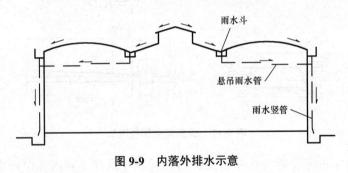

图 9-9　内落外排水示意

内落外排水方式可避免在厂房内部敷设雨水地沟，对工艺设备布置较为有利。但是，当水平悬吊管跨越室内的长度较大时，则水平管总的坡降会占据厂房的有效空间，而且水平悬吊管须加大管径以防止堵塞。

3）檐沟外排水：当厂房较高，或降雨量较大，不宜做无组织排水时，可在厂房檐口处布置檐沟外排水，即在檐口处设置檐沟板用来汇集雨水，并安装雨水斗连接雨水竖管，如图 9-10 所示。

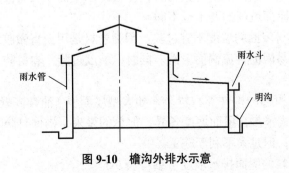

图 9-10　檐沟外排水示意

檐沟外排水可弥补内落水的缺点，又可免去自由落水的局限性，具有构造简单、施工方便的优点，因此，在南方地区采用较多。对具有特殊防水要求的生产厂房，如炼钢车间，熔化的钢水遇到屋面漏下的雨水将引起爆炸事故，所以，这类车间不宜采用内落水，而应采用有组织外排水。又如湿陷性黄土地区，为保护厂房地基不受浸袭，也宜采用有组织外排水。

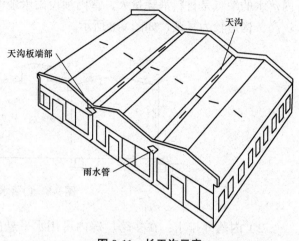

图 9-11 长天沟示意

4）长天沟外排水：长天沟外排水是沿厂房屋面的长度做贯通的天沟，并利用天沟的纵向坡度将雨水引向端部山城外部的雨水竖管排出，如图 9-11 所示。

长天沟板端部做溢流口，以防止在暴雨时因竖向雨水管来不及泄水而发生天沟漫水现象，如图 9-12 所示。

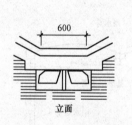
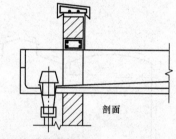

图 9-12　长天沟端部溢流口

长天沟外排水可完全避免在屋面范围内设雨水斗及在车间内部设雨水管与地沟，所以，具有构造简单、施工方便、排水简捷的优点。但当厂房较长时，天沟坡降总值将增大，而天沟的有效过水断面是有限的，因此天沟长度受到限制，全长一般以不超过 100 m 为宜。

2. 排水坡度

屋面具有合适的坡度，才能使雨水顺利地排除。合理的排水坡度与屋面的防水材料、屋盖构造、屋架形式、地区降雨量等都有密切关系。我国厂房现在常用的屋面防水方式有卷材防水、构件自防水和刚性防水等数种。构件自防水屋面中又有嵌缝式和搭盖式两种形式。不同防水方式对屋面坡度的要求也不同。

一般情况下，卷材屋面的坡度不宜过陡。因为卷材是用沥青做胶结材料的，如果坡度过大，在夏季卷材容易因沥青流淌而下滑。同时，坡度过陡，卷材防水层上面铺撒的绿豆砂保护层也容易脱落。

采用非卷材防水屋面的构件类型较多，如大型屋面板（油膏嵌缝）及其他板材（搭盖缝）等，所用屋架形式繁多，屋面坡度各异，但总的说来，构件自防水的屋面坡度不宜过小，过小则容易漏水；但过大不利于施工。

各种不同防水材料的屋面排水坡度可参考表 9-1。

表 9-1 屋面坡度选择参考表

防水类型	卷材防水	构件自防水			
		嵌缝式	F 板	槽瓦	石棉瓦等
选择范围	1:4～1:50	1:4～1:10	1:3～1:8	1:2.5～1:5	1:2～1:5
常用坡度	1:5～1:10	1:5～1:8	1:4～1:5	1:3～1:4	1:2.5～1:4

三、屋面防水

单层厂房屋面防水有卷材防水、刚性防水、构件自防水等几种。

1. 卷材防水

卷材屋面在单层厂房中的做法与民用房屋类似，但屋面基层稍异。单层厂房卷材屋面基层必须保证一定的刚度和不易变形的要求，才能保证防水质量。因卷材本身是柔性材料，又靠玛蹄脂粘贴，且有接缝，而厂房中往往荷载大、振动多、机械作用频繁，能产生变形的条件既多又大，基层一旦刚度不足或变形过大，则卷材易被拉裂或从接缝处被拉开，难以保证防水质量。

2. 刚性防水

在工业厂房中如做刚性防水屋面，由于厂房的不利因素，往往容易引起刚性防水层开裂，加之钢材、水泥用量较大，质量也较大，因而一般情况下不使用。国内也有成功的例子，其做法多在基层上加做如黄泥砂浆或废油料等隔离层，使承重结构变形不影响刚性防水层，并在刚性防水层中采用配筋方案抗裂。分仓缝一般≤6m，缝最好带泛水，并做适应变形的嵌缝与盖缝，嵌缝填密实，搭盖妥帖，充分保证质量；其基层大多为预应力或非顶应力大型屋面板。

3. 构件自防水

构件自防水屋面，是利用屋面板本身的密实性、平整度（或者再加涂防水涂料）及大坡度，再配合油膏嵌缝及油毡贴缝或靠瓦与板相搭接来盖缝等措施，以达到防水目的。因此，不宜用于振动较大的厂房。这种防水施工程序简单，省材料，造价低。但还存在板面后期风化开裂、嵌缝油膏和涂料的老化龟裂、寒冷地区板面冻融粉化及保温防寒等问题，尚待进一步完善。目前，多用于南方地区。

四、屋面的保温和隔热

厂房屋面保温、隔热与民用房屋做法类似，但应注意以下问题。

1. 保温

保温一般只在采暖及空调厂房中考虑。保温层大多数设在屋面板上，如民用房屋中平屋顶所述，此处从略。设在屋面板下的保温层构造如图 9-13 所示，主要用于构件自防水。

保温做法也可采用夹芯板材兼承重、保温、防水等功能，但裂缝、变形、冷桥问题还需进一步解决。此外，厂房和民用房屋一样，也可以在屋面下设置天棚，在天棚内设置保温层，这是较好的方法，但造价较高。

2. 隔热

厂房屋面隔热，除有空调的厂房外，一般只是在炎热地区较低矮的厂房才做隔热处理。如厂房屋面高度大于 9 m，可不隔热，主要靠通风解决屋面散热问题；如厂房屋面高度小于或等于 9 m，但大于 6 m，且高度大于跨度的 1/2，则不需隔热；若高度小于或等于跨度的 1/2，则可隔热；如厂房屋面高度小于或等于 6 m，则需隔热。厂房屋面隔热原理与构造做法均同民用房屋。

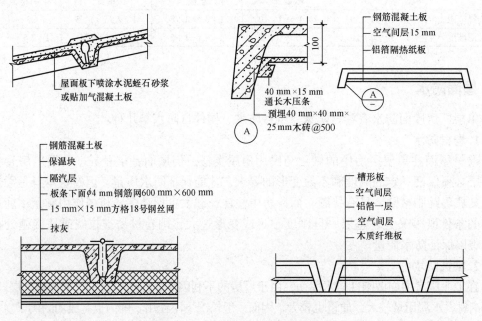

图 9-13　屋面板下设保温层构造

单元四　天窗构造

一、矩形天窗

矩形天窗主要由天窗架、天窗扇、天窗屋面板、天窗侧板及天窗端壁等构件组成，如图 9-14 所示。

1. 天窗架

天窗架是天窗的承重构件，它支撑在屋架上弦上。天窗架常用钢筋混凝土或型钢制作。钢筋混凝土天窗架与钢筋混凝土屋架配合使用，它的形式一般为 H 形或 W 形，也可做成双 Y 形，如图 9-15 所示。

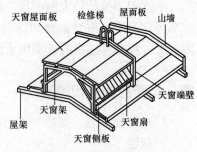

图 9-14　矩形天窗组成

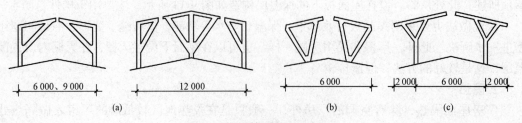

图 9-15　钢筋混凝土天窗架
（a）H 形；（b）W 形；（c）Y 形

天窗架的宽度应根据采光、通风要求，屋面板的尺寸及天窗架必须支撑在屋架节点上等因素确定。目前，标准天窗架宽度采用 3 m 倍数，即 6 m、9 m、12 m 等。为了便于制作和安装，6 m 和 9 m 宽的天窗架通常用两块预制构件拼装而成；12 m 宽的天窗架则由三块预制构件拼装而成。6 m 宽的天窗架适用于 12 ～ 18 m 跨度厂房；9 m 宽的天窗架适用于 21 ～ 30 m 跨度厂房。当跨度更大或有特殊要求时，也可采用 12 m 宽的天窗架。天窗架的高度是根据采光、通风要求，并结合所选用天窗扇的尺寸配套使用。

钢天窗架的质量轻，制作及吊装均方便，除用于钢屋架上外，也可用于钢筋混凝土屋架上。钢天窗架常用的形式有桁架式和多压杆式两种，如图 9-16 所示。

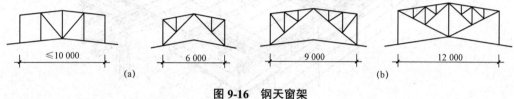

图 9-16　钢天窗架

(a) 多压杆式；(b) 桁架式

2. 天窗扇

矩形天窗设置天窗扇的作用是采光、通风和挡雨。天窗扇可用钢材及塑料等材料制作。钢天窗扇的开启方式有两种：一种是上悬式，其特点是防雨性能较好，但窗扇上方开启角度不能大于 45°，故通风较差；另一种是中悬式，其特点是窗扇开启角度可达 60° ～ 80°，故通风流畅，但防雨性能欠佳。

无论是通长天窗扇，还是分段天窗扇，其开启扇与外启扇之间，开启扇与天窗端壁之间均应设固定扇，该固定扇起着窗框的作用。对于防雨要求较高的厂房，应在固定扇的后侧设置倾斜的挡雨扇，以防止从开启扇两侧飘入雨水。

3. 天窗屋顶和檐口

天窗的屋顶构造一般与厂房屋顶构造相同。当采用钢筋混凝土天窗架，无檩体系的大型屋面板时，其檐口构造有以下两类：

（1）带挑檐的屋面板。无组织排水的挑檐出挑长度一般为 500 mm，若采用上悬式天窗扇，因防雨较好，故出挑长度可小于 500 mm；若采用中悬式天窗扇，因防雨较差，其出挑长度可大于 500 mm。

（2）设檐沟板。有组织排水可采用带槽沟屋面板，或者在钢筋混凝土天窗架端部预埋铁件焊接钢牛腿，支承天沟。需要保温的厂房，天窗屋面应设置保温层。

三、井式天窗

井式天窗是下沉式天窗的一种类型。下沉式天窗是在拟设置天窗的部位，把屋面板下移铺在屋架的下弦上，从而利用屋架上下弦之间的空间构成天窗。它们与带挡风板的矩形避风天窗相比，由于省去了天窗架和挡风板，降低了厂房的高度，减轻了屋盖、柱子和基础的荷载，因而用料较省，造价也相应降低。根据其下沉部位的不同，可分为井式、纵向下沉和横向下沉三种类型。其中，井式天窗的构造更为复杂，更具有代表性，因此以它为例介绍下沉式天窗的构造特征。

井式天窗是将屋面拟设天窗位置的屋面板下沉铺在屋架下弦上，形成一个个凹嵌在屋架空间的井状天窗。这是我国对下沉式天窗新的创造性发展。它具有布置灵活、排风路径短捷、通风性能好、采光均匀等特点，已在我国的热加工车间中广泛采用（某些冷加工车间也有应用），效果很好，如图9-17所示。

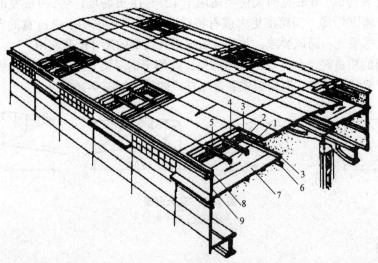

1—水平口；2—垂直口；3—泛水；4—挡雨片；5—空格板；6—檩条；7—井底板；8—天沟；9—挡风侧墙

图9-17　井式天窗

1. 布置形式

井式天窗的基本布置形式可分为一侧布置、两侧对称布置、两侧错开布置和跨中布置等几种，如图9-18所示。前三种可称为边井式天窗，后一种可称为中井式天窗。由基本布置又可排列组合成各种连跨布置形式，如图9-19所示。采用何种布置形式，应根据生产工艺对通风、采光、热源布置、结构形式、厂房跨数、排水及清灰等要求来决定。

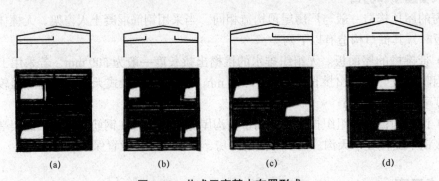

(a)　　　　　　(b)　　　　　　(c)　　　　　　(d)

图9-18　井式天窗基本布置形式

(a) 一侧布置；(b) 两侧对称布置；(c) 两侧错开布置；(d) 跨中布置

2. 井底板

井底板的布置方法有横向布置和纵向布置两种。

（1）横向布置：井底板平行于屋架布置，图9-20（a）所示为边井式天窗横剖面图，井底板一端支撑在天沟板上，另一端支承在檩条上，檩条搁在两榀屋架的下弦节点上。图9-20（b）所示为中井式天窗横剖面图，井底板支撑在两端的檩条上，两根檩条均支撑在两榀屋架的下弦节点上。

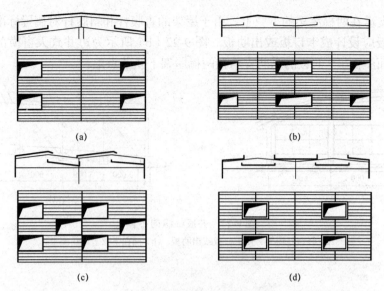

图 9-19　井式天窗组合布置示意

（a）一侧连跨布置；（b）两侧对称连跨布置；（c）两侧错开连跨布置；（d）跨中连跨布置

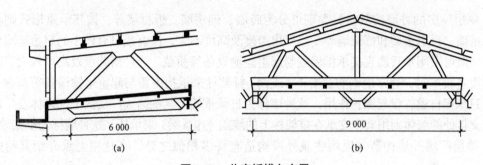

图 9-20　井底板横向布置

（a）井底板搁在天沟及檩条上；（b）井底板搁在檩条上

　　井式天窗垂直口高度受屋架结构高度的限制，而屋架节点、檩条、井底板及井底板四周的泛水等还要占据一部分高度，为了增大垂直口的通风面积及充分利用屋架上弦与下弦之间的空间，应尽可能地提高垂直口的净高。其方法是采用下卧式檩条、槽形檩条或 L 形檩条，以尽量降低板的标高，增大净空高度，如图 9-21 所示。

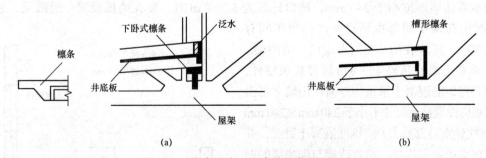

图 9-21　提高垂直口净高的檩条断面形式

（a）下卧式檩条；（b）槽形或 L 形檩条

　　（2）纵向布置：井底板垂直于屋架布置。图 9-22（a）所示为中井式天窗横剖面图，井底板两端支承在两榀屋架的下弦上。由于屋架的直腹杆和斜腹杆对搁置标准屋面板有影响，故井底板应设计成卡口板或出肋板。图 9-22（b）所示为边井式天窗横剖面图，井底板为 F 形断面屋面板，F 板的纵肋支承在两榀屋架下弦节点上。

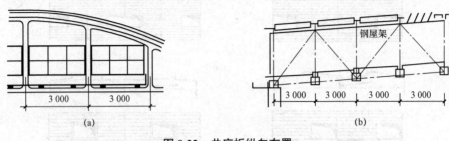

图 9-22　井底板纵向布置
（a）竖腹杆屋架，用卡口板或出肋板；（b）搁在下弦节点块座上

单元五　外墙构造

单层厂房的外墙按其材料类别可分为砖墙、砌块墙、板材墙等；按其承重形式则可分为承重墙、自承重墙和框架墙等。当厂房跨度及高度不大，没有或只有较小的超重运输设备时，一般可采用承重墙直接承担屋盖与起重运输设备等荷载。当厂房跨度及高度较大、起重运输设备较重时，通常由钢筋混凝土（或钢）排架柱来承担屋盖与起重运输设备等荷载，而外墙只承担自重，仅起围护作用，这种墙称为自承重墙。某些高大厂房的上部墙体及厂房高低跨交接处的墙体则用架空支承在排架柱上的墙梁（连系梁）来承托，这种墙称为框架墙。

单层厂房外墙构造与民用建筑外墙构造有许多相似之处，在这里着重介绍其特殊的部分。

一、承重砖墙与砌块墙

承重砖墙及砌块墙的高度一般不宜超过 11 m。为了增加其刚度、稳定性和承载能力，通常平面每隔 4 ～ 6 m 间距应设置壁柱。当地基较弱或有较大振动荷载等不利因素时，还应根据结构需要在墙体中设置钢筋混凝土圈梁或钢筋砖圈梁。一般情况下，当无起重机厂房的承重砖墙厚度小于 240 mm，檐口标高为 5 ～ 8 m 时，要在墙顶设置一道圈梁，超过 8 m 时应在墙中间部位增设一道；当车间有起重机时，还应在吊车梁附近增设一道圈梁。

承重山墙宜每隔 4 ～ 6 m 设置抗风壁柱，屋面采用钢筋混凝土承重构件时，山墙上部沿屋面板应设置截面尺寸不小于 240 mm×240 mm（在壁柱处宜局部放大）的钢筋混凝土卧梁，并须与屋面板妥善连接。承重砖墙与砌块墙的壁柱、转角墙及窗间墙均应经结构计算确定，并不宜小于图 9-23 所示的构造尺寸。墙身防潮层应设置在相对标高为 –0.050 m 处。

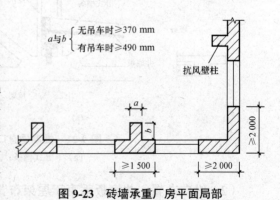

图 9-23　砖墙承重厂房平面局部

二、自承重砖墙与砌块墙

自承重墙是单层厂房常用的外墙形式之一。其适用于跨度、高度、风荷载和振动荷载较大的大中型厂房，可以由砖或其他砌块砌筑。

1. 墙和柱的相对位置及连接构造

（1）墙和柱的相对位置。厂房外墙和柱的相对位置通常可以有四种构造方案，如图 9-24 所示。其中，图 9-24（a）所示方案具有构造简单、施工方便、热工性能好，便于基础梁与连系梁等构配件的定型化和统一化等优点。所以，单层厂房外墙多用此种方案。图 9-24（b）所示方案由于把排架往部分嵌入墙内，可比前者稍节省建筑占地面积，并能增强柱列的刚度，但要增加部分砍砖，施工较麻烦。同时，基础梁与连系梁等构配件也随之复杂化。图 9-24（c）和图 9-24（d）所示方案基本相似，构造较复杂，施工不便，砍砖多，框架结构外露易受气温变化的影响，且其基础梁与连系梁等构配件均不能实现定型化和统一化。一般仅用于厂房连接有露天跨或有待扩建的边跨的临时性封闭墙。然而这两种方案有节约建筑用地和增强柱间刚度等优点。当起重机吨位不大时，厂房可不另设柱间支承，因此用于我国南方还是有利的。

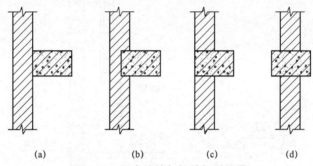

图 9-24　厂房外墙与柱的相对位置

（a）外墙布置在柱外侧；（b）柱部分嵌入外墙；（c）柱全部嵌入外墙；（d）外墙全嵌入柱间

（2）墙和柱的连接构造。为使支承在基础梁上的承自重砖墙与排架柱保持一定的整体性与稳定性，防止由于风荷载及地震荷载等使墙倾倒，厂房外墙可用各种方式与柱子相连接。其中最简单、常用的做法是采用钢筋拉结，这种连接方式属于柔性连接，它既保证了墙体不离开柱子，同时，又使自承重墙的质量不传递给柱子，从而维持墙与柱的相对整体关系，如图 9-25 所示。

2. 女儿墙的拉结构造

女儿墙是墙体上部的外伸段，其厚度一般不小于 240 mm（南方地区有的用 180 mm），其高度不仅应满足构造设计的需要，还要保护在屋面从事检修、清灰、擦洗天窗等工作人员的安全。因此，在非地震区，当厂房较高或屋坡较陡时，一般宜设置高度 1 m 左右的女儿墙，或在厂房的檐口上设置相应高度的护栏。受设备振

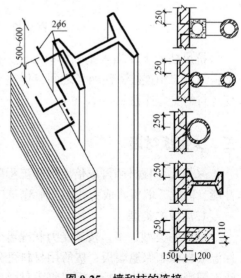

图 9-25　墙和柱的连接

动影响较大的或地震区的厂房，其女儿墙的高度则不应超过 500 mm，并须用整浇的钢筋混凝土压顶板加固。女儿墙与屋面的连接构造如图 9-26 所示。

3. 抗风柱的连接构造

厂房山墙比纵墙高，且墙面随跨度的增加而增大，故山墙承受的水平风荷载也较纵墙大。通常应设置钢筋混凝土抗风柱来保证自承重山墙的刚度和稳定性。抗风柱的间距以 6 m 为宜，个别不能被 6 m 整除的跨度允许采用 5 m 和 7.5 m 等非标准柱距。当山墙的三角形部分高度较大时，为保证其稳定性和抗风、抗震能力，应在山墙上部沿屋面设置钢筋混凝土圈梁。抗风柱与山墙、屋面板与山墙之间也应采用钢筋拉结，如图 9-27 所示。

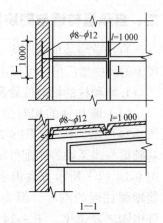

图 9-26　女儿墙与屋面的连接

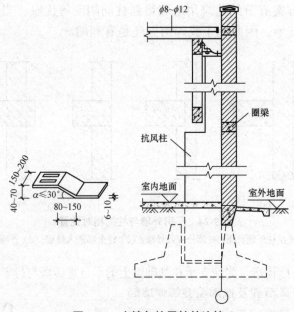

图 9-27　山墙与抗风柱的连接

抗风柱的下端插入基础杯口形成下部的嵌固端，在柱的上端通过一个特制的"弹簧"钢板与屋架相连接，使两者之间只传递水平荷载而不传递垂直荷载，既有连接而又互不改变各自的受力体系。

三、大型板材墙

采用大型板材墙可成倍地提高工程效率，加快建设速度。同时，它还具有良好的抗震性能。因此，墙板将成为我国工业建筑广泛采用的外墙类型之一。

1. 墙板的类型

墙板的类型很多，按其受力状况可分为承重墙板和非承重墙板；按其保温性能可分为保温墙板和非保温墙板；按所用材料可分为钢筋混凝土、陶粒混凝土、加气混凝土、膨胀蛭石混凝土和矿渣混凝土等混凝土材料类墙板，以及用普通混凝土板、石棉水泥板及铝和不锈钢等金属薄板夹以矿棉毡、玻璃棉毡、泡沫塑料或各种蜂窝板等轻质保温材料构成的复合材料类墙板等；按其规格可分为形状规整、大量应用的基本板，形状特殊少量应用的异型板（如加长板、出尖板等），以及与墙板共同组成墙体的辅助构件（如墙梁、转角构件等）；按其在墙面的位置可分为檐下板、一般板、女儿墙板和山尖板等。

2. 墙板的布置

墙板在墙面上的布置方式，最广泛采用的是横向布置，其次是混合布置，竖向布置采用较少，如图 9-28 所示。本书将以横向布置为主来讲解大型板材墙的构造。横向布置时板型少，以柱距为板长，板柱相连，可省去窗过梁和连系梁，板缝处理也较易，图 9-28（a）所示为有带窗板的横向布置，带窗板预先装好窗扇再吊装，故现场安装简便，但带窗板制作较复杂；图 9-28（b）所示为用通长带形窗的横向布置，采光好，无带窗板，但窗用钢材以及现场安装量均较多。图 9-28（c）因为混合布置，板型较多，优点是立面处理较灵活；图 9-28（d）所示为竖向布置，构造复杂，须设墙梁固定墙板，优点是不受柱距限制，布置灵活。

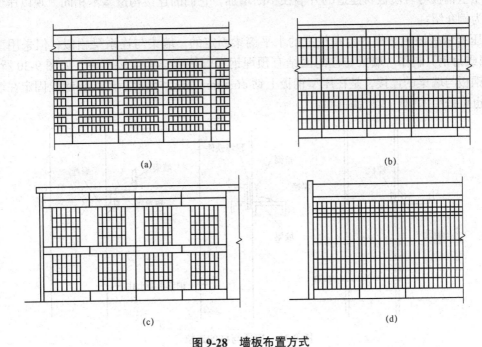

图 9-28 墙板布置方式

（a）有带窗板的横向布置；（b）用通长带形窗的横向布置；（c）混合布置；（d）竖向布置

山墙墙身部位布置墙板方式与侧墙相同，山尖部位则随屋顶外形可布置成台阶形、人字形、折线形等，如图 9-29 所示。台阶形山尖异形墙板少，但连接用钢较多；人字形相反；折线形介于两者之间。

图 9-29 山墙山尖墙板布置

（a）台阶形；（b）人字形；（c）折线形

3. 墙板的规格

单层厂房的基本板长度应考虑山墙抗风柱的设置情况，一般把板长定为 4 500、6 000、7 500、12 000（mm）等数种。但有时由于生产工艺的需要，且具有较好的技术经济效果时，也允许采用 9 000 mm 的规格。

基本板高度应符合 3M 标准，规定为 1 800、1 500、1 200 和 900（mm）四种。6 m 柱距一般选用 1 200 mm 或 900 mm 高，12 m 柱距选用 1 800 mm 或 1 500 mm 高。根据预制厂的生产情况，基本板的厚度应符合 M/5（20 mm）。具体厚度则按结构计算确定（保温墙板同时考虑热工要求）。

四、轻质板材墙

随着建筑工业的不断发展，国内外单层厂房采用镀锌薄钢板波瓦、塑料墙板、铝合金板及压型钢板等轻质板材建造的外墙在不断增加，它们的连接构造基本相同，现以压型钢板墙为例介绍。

压型钢板墙板是靠固定在柱上的水平墙梁固定的。墙梁与连系梁相似，但采用型钢（槽钢或角钢）制作。墙梁与柱的固结有预埋钢板焊接或螺栓连接两种，如图 9-30 所示。压型钢板与墙梁的连接，是在压型钢板上钻 $\phi6.5$ mm 的孔洞，然后用钩头螺栓固定在墙梁上，也可采用木螺钉或拉铆钉固定。

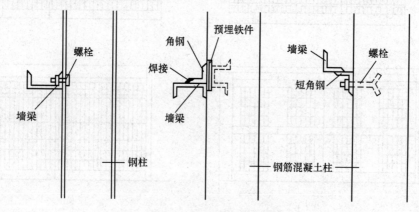

图 9-30　墙梁与柱的连接

单元六　侧窗、大门、地面及其他构造

一、侧窗

工业建筑中侧窗不仅要满足采光和通风的要求，还要根据生产工艺的特点，满足其他一些特殊要求。例如，有爆炸危险的车间，侧窗应利于泄压；要求恒温恒湿的车间，侧窗应有足够的保温隔热性能；洁净车间要求侧窗防尘和密闭等。工业建筑侧窗面积往往较大，构造设计时应在坚固耐久、开关方便的前提下，节省材料、降低造价。

1. 层数、开启方式、材料

工业建筑侧窗一般都是单层窗，只是在寒冷地区的采暖车间应根据热工的要求采用双层窗。对于生产有特殊要求的车间（如恒温恒湿车间、洁净车间等），则全部采用双层窗。双层窗冬季保温、夏季隔热、防尘密闭性能较好，但造价高，施工复杂。

工业建筑侧窗常用的开启方式有以下几种：

（1）中悬窗。中悬窗的窗扇沿水平轴转动，开启角可达80°，便于采用机械或手动的开关装置，常用于厂房外墙的上部，但中悬窗开启时防雨性能较差。通过调整其水平转轴的位置，它还可作为防爆车间的泄压窗。

（2）平开窗。平开窗的窗口阻力系数小，通风效果好，构造简单，开启方便，便于做成双层窗。由于不便设置联动开关器，通常布置在外墙的下部。

（3）立转窗。立转窗的窗扇沿垂直轴转动，通风好，可根据不同风向调节开启角度，常布置在外墙下部，但密闭性较差，不宜用于寒冷和多风沙的地区。

（4）固定窗。固定窗仅作采光用，构造简单，造价低。当有防尘密闭要求时，也多采用固定窗，以减少缝隙渗透。

工业建筑的侧窗常用的是钢窗和塑钢窗，也有采用钢筋混凝土做窗框，配以木制或钢制开启扇的侧窗。

2. 侧窗构造

（1）钢侧窗。钢侧窗具有坚固耐久、防火、关闭紧密、透光率高等优点，目前我国生产采用的主要是实腹钢窗，其断面形式和构造与民用建筑钢窗相同。

实腹钢窗有三种窗料规格，即24、32、40（mm）。工业建筑中一般采用32 mm，当窗面积较大时用40 mm窗料。为了便于制作和运输，基本窗的尺寸小一般不大于1 800 mm×2 400 mm（宽×高）。而工业建筑中每樘窗（一个洞口内的窗称为一樘）的面积往往较大，需要几个基本窗组合而成。宽度方向组合时，两个基本窗扇之间加竖梃；高度方向组合时，两个基本窗之间加横档。横档与竖梃均需与四周墙体连接。当窗洞高度大于4.8 m时，为保证窗有一定的刚度，应增设钢筋混凝土横梁或钢横梁。

（2）塑钢窗。目前，我国工业建筑用的塑钢窗其断面形式和构造与民用建筑塑钢窗相似，参见模块七的介绍。

3. 特殊窗

（1）立转窗（立转引风窗）。立转窗可采用钢材、钢丝网水泥、钢筋混凝土等材料制作。窗扇高度一般小于3 000 mm，基本扇的宽度有710、810、910（mm）三种，由于窗扇之间横向搭缝长度为10 mm，故窗扇的标志尺寸应为700、800、900（mm）。立转窗不设窗框，窗扇的上下转轴分别支承于洞口的墙体上（窗过梁与窗台上）。为避免立转窗开启时雨水从窗扇之间飘入室内，在窗洞上部应设置挡雨板，板的伸出长度应大于窗扇开启90°时伸出墙面的长度。为增加引风入室的效果，窗台高度可取400～600 mm，立转窗还可起垂直遮阳板的作用。当车间有采光要求时，可在立转窗上部镶上玻璃。

（2）固定式通风高侧窗。近年来在我国南方地区，结合气候特点，创造出多种形式的通风高侧窗。它们的特点是能采光，能防雨，能常年进行通风，不需设开关器，构造较简单，管理和维修方便。通风高侧窗的构造如图9-31所示。

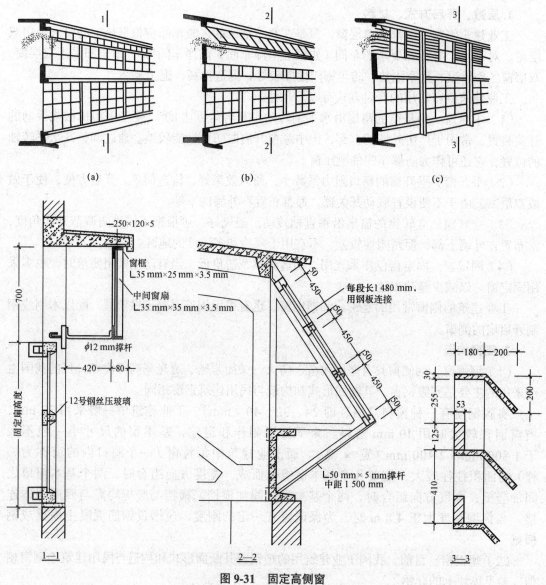

图 9-31　固定高侧窗

（a）垂直铺开；（b）倾斜固定；（c）通风百叶

4.百叶窗

百叶窗主要作通风用，可用金属、钢筋混凝土等材料制成，其形式有固定式和活动式两种。工业建筑中多采用固定式百叶窗，叶片常做成 45° 或 60° ，以利于通风、挡雨、遮阳。百叶窗常用 1.5 mm 厚铜板冷弯成叶片，用铆钉固定在窗框上。为了防止鸟、鼠、虫进入车间引起事故，可在百叶窗后加设一层钢丝网或窗纱。

二、大门

1. 门的尺寸与类型

工业厂房大门主要是供日常车辆和人员通行，以及紧急情况疏散之用。因此，门的尺寸应根据所需运输工具类型、规格、运输货物的外形并考虑通行方便等因素来确定。一般门的宽度应比满装货物时的车辆宽 600 ～ 1 000 mm，高度应高出 400 ～ 600 mm。常见门洞口宽度见表 9-2。

表 9-2　门洞口宽度参考表

运输工具	洞口宽 /mm							洞口高 /mm
	2 100	2 100	3 000	3 300	3 600	3 900	4 200 4 500	
3 t 矿车	🚃							2 100
电瓶车		🚛						2 400
轻型卡车			🚗					2 700
中型卡车				🚚				3 000
重型卡车					🚛			3 900
汽车起重机						🚛		4 200
火车							🚆	5 100 5 400

　　一般大门的材料有钢木、普通型钢和空腹薄壁型钢等几种。门宽 1.8 m 以内时采用木制大门；当门洞口尺寸较大时，为了防止门扇变形和节约木材，常采用型钢做骨架的钢木大门或钢板门；高大的门洞采用各种钢门或空腹薄壁钢门。

　　大门的开启方式有平开、推拉、折叠、升降、上翻、卷帘等，如图 9-32 所示。

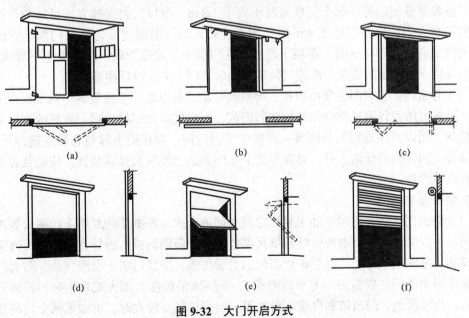

图 9-32　大门开启方式
(a) 平开门；(b) 推拉门；(c) 折叠门；(d) 升降门；(e) 上翻门；(f) 卷帘门

（1）平开门。平开门构造简单，门扇常向外开门，门洞应设置雨篷。当运输货物不多，大门不需经常开启时，可开设供人通行的小门。平开门受力状态较差，易产生下垂或扭曲变形，门洞较大时不宜采用。

（2）推拉门。推拉门的开关是通过滑轮沿着导轨向左右推拉，门扇受力状态较好，构造简单，不易变形，常设在墙的外侧。雨篷沿墙的宽度最好为门宽的两倍。工业厂房中广泛采用推拉门，但不宜用于密闭要求高的车间。

（3）折叠门。折叠门由几个较窄的门扇相互间以铰链连接组合而成。开启时通过门扇上下滑轮沿着轨道可左右移动。这种形式，在开启时可使几个门扇折叠在一起，占用的空间较少，适用于较大的门洞。

（4）上翻门。上翻门的门扇侧面有平衡装置，门的上方有导轨，开启时门扇沿导轨向上翻起。平衡装置可用重锤或弹簧。这种形式可避免门扇被碰损，常用于车库大门。

（5）升降门。升降门开启时门扇沿导轨向上升。门洞高时可沿水平方向将门扇分为几扇。这种门不占使用空间，只需门洞上部留有足够上升高度，开启的方式有手动和电动两种。

（6）卷帘门。卷帘门是用很多冲压成型的金属页片连接而成。开启时，由门洞上部的转动轴将页片卷起。卷帘门有手动和电动两种。它适用于 4 000 ～ 7 000 mm 宽的门洞，高度不受限制。但不适用于频繁开启的大门。

设计时，门的形式应根据使用要求、门洞大小及技术经济条件等综合考虑确定。

2. 一般大门的构造

（1）平开门。平开门的门洞尺寸一般不宜大于 3.6 m × 3.6 m，当门的面积大于 5 m² 时，宜采用角钢骨架。大门门框有钢筋混凝土和砖砌两种。当门洞宽度大于 3 m 时，设钢筋混凝土门框。在安装铰链处须埋铁件。洞口较小时可采用砖砌门框，墙内砌入有预埋铁件的混凝土块，砌块的数量和位置应与门扇上铰链的位置相适应，一般是每个门扇设两个铰链。

（2）推拉门。推拉门由门扇、门轨、地槽、滑轮及门框组成。门扇可采用钢木门、钢板门、空腹薄壁钢门等，每个门扇宽度不大于 1.8 m。推拉门的支撑方式可分为上挂式和下滑式两种。当门扇高度小于 4 m 时，用上挂式，即门扇通过滑轮挂在门洞上方的导轨上；当门扇高度大于 4 m 时，多用下滑式，在门洞上下均设导轨，门扇沿上下导轨推拉，下面的导轨承受门扇的质量。推拉门位于墙外时，门上方需设置雨篷。

（3）卷帘门。卷帘门主要由帘板、导轨及传动装置组成。工业建筑中的帘板常采用页板式，页板可用镀锌钢板或合金铝板轧制而成，页板之间用铆钉连接。页板的下部采用钢板和角钢，用以增强卷帘门的刚度，并便于安设门钮。页板的上部与卷筒连接，开启时，页板沿着门洞两侧的导轨上升，卷在卷筒上。门洞的上部安设传动装置，传动装置可分为手动和电动两种。

3. 特殊要求的门

（1）防火门。防火门用于加工易燃品的车间或仓库。根据车间对防火门耐火等级的要求，门扇可以采用钢板、木板外贴石棉板再包以镀锌薄钢板或木板外直接包镀锌薄钢板等构造措施。考虑到木材受高温会碳化而放出大量气体，应在门扇上设泄气孔。防火门常采用自重下滑关闭门。它是将门上导轨做成 5% ～ 8% 的坡度，当火灾发生时，易熔合金片熔断后，重锤落地，门扇依靠自重下滑关闭。当洞口尺寸较大时，可做成两个门扇相对下滑，如图 9-33 所示。

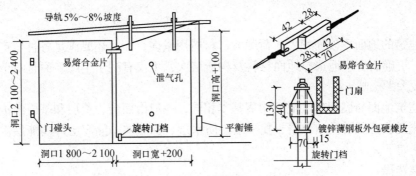

图 9-33 自动下滑防火门构造

（2）保温门、隔声门。保温门要求门扇具有一定热阻值并做门缝密闭处理，故常在门扇两层面板间填以轻质、疏松的材料（如玻璃棉、矿棉等）。隔声门的隔声效果与门扇的材料及门缝的密闭有关，虽然门扇越重隔声越好，但过重开关不便，五金零件也易损坏，因此，隔声门常采用多层复合结构，即在两层面板之间填吸声材料（如玻璃棉、玻璃纤维板等）。一般保温门和隔声门的面板常采用整体板材（如五层胶合板，硬质木纤维板等），不易发生变形，如图 9-34 所示。门缝密闭处理对门的隔声、保温及防尘有很大影响，通常采用的措施是在门缝内粘贴填缝材料，如橡胶管、海绵橡胶条、泡沫塑料条等。还应注意裁口形式，斜面裁口比较容易关闭紧密，可避免由于门扇胀缩而引起的缝隙不密合，如图 9-35 所示。

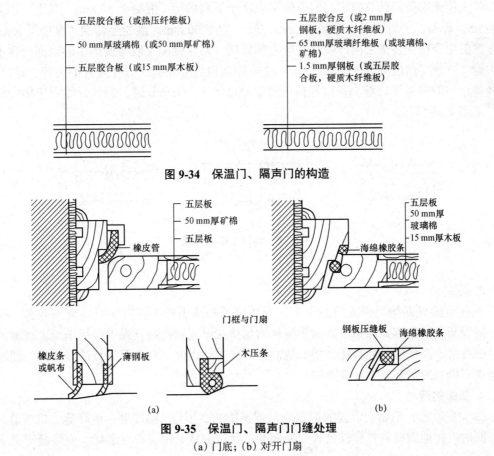

图 9-34 保温门、隔声门的构造

图 9-35 保温门、隔声门门缝处理

(a) 门底；(b) 对开门扇

三、地面

工业建筑的地面不仅面积大、荷载大、材料用量多，而且还要满足各种生产使用的要求。因此，正确而合理地选择地面材料及构造层次，不仅有利于生产，而且对节约材料和投资都有较大的影响。

工业建筑地面与民用建筑地面构造基本相同，一般由面层、垫层和基层组成。为了满足一些特殊要求还要增设结合层、找平层、防水层、保温层、隔声层等功能层次。现将主要层次分述如下。

1. 面层选择

面层是直接承受各种物理和化学作用的表面层，应根据生产特征、使用要求和影响地面的各种因素来选择地面，例如，生产精密仪器和仪表的车间，地面要求防尘；在生产中有爆炸危险的车间，地面应不致因摩擦撞击而产生火花；有化学侵蚀的车间，地面应有足够的抗腐蚀性；生产中要求防水、防潮的车间，地面应有足够的防水性等。

2. 垫层的设置与选择

垫层是承受并传递地面荷载至地基的构造层次，可分为刚性和柔性两类。刚性垫层（混凝土、沥青混凝土、钢筋混凝土）整体性好、不透水、强度大，适用于荷载较大且要求变形小的场所；柔性垫层（砂、碎石、矿渣、三合土等）在荷载作用下会产生一定的塑性变形；造价较低，适用于有较大冲击、剧烈震动作用的地面。

垫层的厚度主要由作用在地面上的荷载确定，地基的承载能力对它也有一定的影响，较大荷载则需经计算确定。但一般不应小于下列数值：混凝土 80 mm，灰土、三合土 100 mm，碎石、沥青碎石、矿渣 80 mm，砂、炉渣 60 mm。混凝土垫层（或垫层兼面层）需考虑温度变化促使垫层内产生附加应力的影响，防止混凝土收缩变形引起地面产生不规则裂缝。一般厂房内混凝土垫层按 6 ～ 12 m 距离设置分仓缝，分仓缝有平头缝、企口缝、假缝等，一般多为平口缝。企口缝适于垫层厚度大于 150 mm 时，假缝只能用于横向分仓缝，如图 9-36 所示。

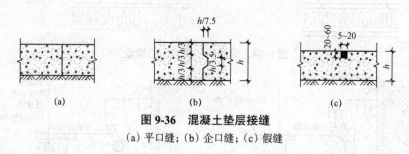

图 9-36　混凝土垫层接缝

(a) 平口缝；(b) 企口缝；(c) 假缝

3. 基层

地面应铺设在均匀密实的基土上。当垫层下的基土层不够密实时，应用夯实、掺集料、铺设灰土层等方式加强。因为单纯从增加垫层厚度和提高其强度等级来加大地面的刚度，往往是不经济的，而且还会增加地面的内应力。因此，对地基进行适当处理，使地基与垫层有恰当的关系是十分重要的。

4. 细部构造

（1）变形缝：地面变形缝的位置应与建筑物的变形缝（温度缝、沉降缝、抗震缝）一致。同时，在地面荷载差异较大和受局部冲击荷载的部分也应设变形缝。变形缝应贯穿地面各构造层次,并用沥青类材料填充,如图 9-37 所示。

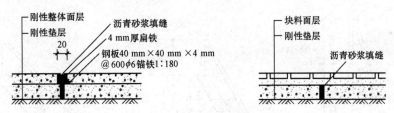

图 9-37 变形缝构造

(2)交界缝:两种不同材料的地面,由于强度不同接缝处是易破坏的地方,故应根据不同情况采取措施。厂房内铺有铁轨时,为使铁轨不影响其他车辆和行人的通行,轨顶应与地面相平,铁轨附近宜铺设块材地面,其宽度应大于枕木的长度,以便维修和安装。当防腐地面与非防腐地面交接的时候,应在交接处设置挡水,以防止腐蚀性液体泛流。

(3)地沟:在厂房地面范围内常设有排水沟和通行各种管线的地沟。当室内水量不大时,可采用排水明沟,沟底须做垫坡,其坡度为 0.5% ~ 1%,沟边则采用边堵构造方法。室内水量大或有污染性时,应用有盖板的地沟或管道排走,下图为一般地沟构造示意,沟壁多用砖砌,考虑土塌倒压力,厚度一般不小于 240 mm。要求防水时,沟壁及沟底均做防水处理,盖板应根据地面荷载不同制成配筋预制板,如图 9-38 所示。

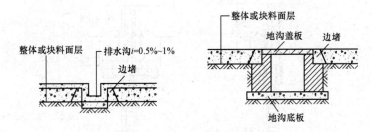

图 9-38 排水沟及地沟构造

(4)坡道:厂房出入口,为便利各种车辆通行,在门外侧须设坡道,其材料常采用混凝土。坡道宽度较门口两边各大 500 mm,坡度为 5% ~ 10%,若采用大于 10% 的坡度,其面层应做防滑齿槽。

四、其他构造

1. 金属梯

在厂房中由于使用的需要,常设置各种钢梯,主要有作业平台梯、吊车梯和消防检修梯等。它们的宽度一般为 600 ~ 800 mm,梯级每步高为 300 mm。其形式有直梯和斜梯两种。直梯的梯梁常采用角钢,踏步用 $\phi18$ mm 圆钢;斜梯的梯梁多用 6 mm 厚钢板,踏步用 3 mm 厚花纹钢板,也可用不少于 2 根的 $\phi18$ mm 圆钢做成。金属梯易腐蚀,须先涂防锈漆,后刷油漆,并须定期维修。

(1)作业平台梯。作业平台梯是供工人上、下操作平台或跨越生产设备的交通联系构件。作业平台梯的坡度有 45°、59°、73° 及 90° 等,前三种均为斜梯,后一种为直梯。当梯段超过 4 m 时，宜设中间休息平台，如图 9-39 所示。

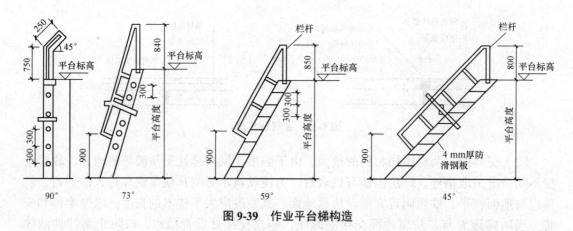

图 9-39　作业平台梯构造

（2）吊车梯。吊车梯是为起重机司机上下起重机而设置，其位置应设置在便于上起重机操纵室的地方，同时应考虑不妨碍工艺布置及生产操作。因此，常设在端部第二个柱距内。一般每台起重机应设置一具吊车梯，在多跨厂房相邻跨为等高时，在中柱处设一具有两侧平台的吊车梯，可供两台吊车使用。吊车梯的形式及连接节点构造如图 9-40 所示。

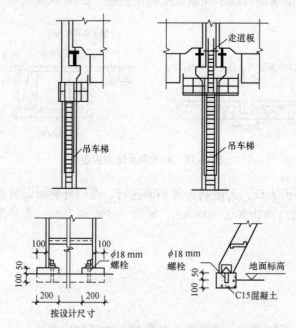

图 9-40　吊车梯的形式及连接节点构造

（3）消防检修梯。单层厂房屋顶高度大于 10 m 时，应有梯子自室外地面通至屋面，以及由屋面通至天窗屋面，以作为消防检修之用。相邻屋面高差在 2 m 以上时，也应设置消防检修梯。

消防检修梯一般沿外墙设置，且多设在端部山墙处，它的形式多为直梯，当厂房很高时，使用直梯既不方便也不安全，应采用设有休息平台的斜梯。消防检修梯底端应高于室外地面 1 200 ～ 1 500 mm，以防止儿童爬登。梯与外墙表面距离通常不小于 250 mm，梯梁用焊接的角钢埋入墙内，墙预留 260 mm×260 mm 孔，深度最小为 240 mm，然后用混凝土嵌固或做成带角钢的预制块随墙砌固，如图 9-41 所示。

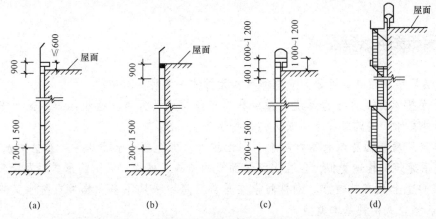

图 9-41　消防检修梯构造

(a) 端墙处设置；(b)(c) 纵墙处设置；(d) 厂房很高时消防检修梯形式

2. 走道板

走道板又称安全走道板，是为维修吊车轨道及检修吊车而设。走道板均沿吊车梁顶面铺设。根据具体情况可单侧或双侧布置走道板。走道板的宽度不宜小于 500 mm。

走道板的构造一般均由支架 (若利用外侧墙作为支承时，可不设支架)、走道板及栏杆三部分组成。支架及栏杆均采用钢材，走道板通常多采用钢筋混凝土走道板，如图 9-42 所示。

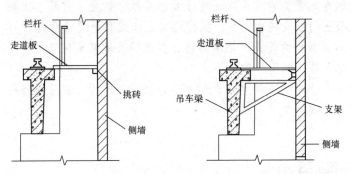

图 9-42　安全走道板构造

3. 隔断

（1）金属网隔断。金属网隔断是由金属网及框架组成，金属网可用钢板网或镀锌钢丝网，框架可用普通型钢、钢管柱或冷弯薄壁型钢制作。隔扇之间用螺栓连接或焊接。隔扇与地面的连接可用膨胀螺栓或预埋螺栓。金属网隔断透光好，灵活性大，但用钢量较多。

（2）装配式钢筋混凝土隔断。装配式钢筋混凝土隔断适用于有火灾危险或湿度较大的车间，它由钢筋混凝土拼板、立柱及上槛组成，立柱与拼板分别用螺栓与地面连接，上槛卡紧拼板，并用螺栓与立柱固定。拼板上部可装玻璃或金属网用以采光和通风。

（3）混合隔断。混合隔断常采用240 mm×240 mm砖柱，柱距3 m左右，中间砌以1 m左右高度、120 mm厚度的砖墙，上部装上玻璃木隔断或金属隔断。前者适用于车间办公室、工具间、存衣室等；后者适用于车间仓库。

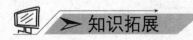

模块小结

1. 单层厂房屋面基层可分为有檩体系和无檩体系两种。

2. 屋面排水方式可分为无组织排水和有组织排水两大类。有组织排水又可分为内落水、内落外排水、檐沟外排水、长天沟外排水等。

3. 单层厂房屋面防水有卷材防水、刚性防水、构件自防水等几种。卷材防水的原理、做法与民用建筑的构造类似，但在大型屋面板的接缝、檐沟、天沟的形成以及高低跨处泛水等细部构造上又有其特点。刚性防水在单层厂房中采用不多。构件自防水又有嵌缝式（脊带式）、搭盖式两种基本类型。

4. 单层厂房外墙构造按其材料类别可分为砖墙、砌块墙、板材墙等；按其承重形式则可分为承重墙、自承重墙和框架墙等。

5. 承重墙的构造与民用建筑的构造类似，只是更加重视其刚度和稳定性。自承重墙应注重墙与柱子的连接关系和拉结构造。在大型板材墙中，墙板布置以横向布置为主。板柱连接有刚性和柔性两类。板缝处理的首要任务是防水。

6. 工业建筑的侧窗根据开启方式的不同可分为中悬窗、平开窗、立转窗和固定窗等类型；由于单层厂房的侧窗面积较大，因此一个侧窗往往是由几个基本扇拼框组成。

7. 单层厂房大门的宽度与所用运输工具的尺寸密切相关。大门的常用材料有钢木、普通型钢和空腹型钢等。常见的开启方式有平开、推拉、折叠、升降、上翻、卷帘等。平开门可采用钢筋混凝土门框或砖砌门框；推拉门有上挂式和下滑式两种。

8. 单层厂房地面面层的选择、垫层的设置与选择及地基都应满足生产的要求。其细部构造有变形缝、交界缝、地沟和坡道等。

9. 金属梯根据其作用的不同可分为作业平台梯、吊车梯、消防检修梯。隔断的类型有金属网隔断、装配式钢筋混凝土隔断及混合隔断三种。

知识拓展

认知轻型门式刚架结构

一般来说，钢结构可以划分为普通钢结构和轻型钢结构两大类。门式刚架是典型的轻型钢结构。单层门式刚架结构是指以轻型焊接H型钢（等截面或变截面）、热轧H型钢（等截面）或冷弯薄壁型钢等构成的实腹式门式刚架或格构式门式刚架作为主要承重骨架，用冷弯薄壁型钢（槽形、卷边槽形、Z形等）做檩条、墙梁，以压型金属板（压型钢板、压型铝板）做屋面、墙面，以硬质聚氨酯泡沫塑料、岩棉、矿棉、玻璃棉等作为保温隔热材料并适当设置支撑的一种轻型房屋结构体系，如图9-43所示。

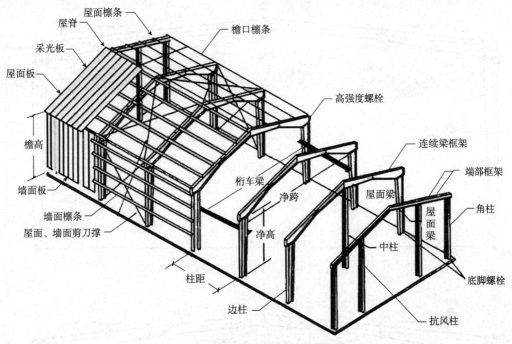

图 9-43 轻型门式刚架结构的组成

门式刚架轻型房屋钢结构具有受力简单、传力路径明确、构件制作快捷、便于工厂化加工、施工周期短等特点。它已广泛应用在各类房屋中，如厂房、超市、住宅、办公用房等。门式刚架轻型房屋钢结构经历了近百年的发展，目前已成为设计、制作与施工标准相对完善的一种结构体系。

1. 轻型门式刚架的组成

轻型门式刚架主要承重结构为单跨或多跨实腹式刚架，具有轻型屋盖和轻型外墙，可以设置起重量不大于 20 t 的 A1～A5（中、轻级）工作级别桥式起重机或 3 t 悬挂式起重机的单层房屋钢结构，如图 9-44 所示。轻型门式刚架的结构体系包括以下组成部分：

图 9-44 轻型门式刚架结构厂房实例

（1）主结构，如横向刚架（包括中部和端部刚架，见图 9-45、图 9-46）、楼面梁、托梁、支撑体系等；

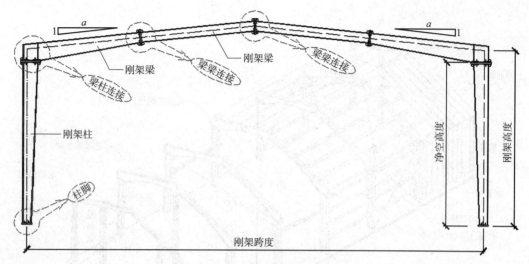

图 9-45 典型的门式刚架

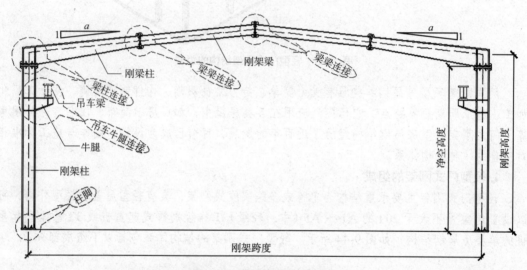

图 9-46 带吊车的门式刚架

（2）次结构，如屋面檩条和墙梁等，如图 9-47 所示；

（3）围护结构，如屋面板和墙面板，如图 9-48 所示；

图 9-47 屋面檩条布置实例

图 9-48 墙梁及墙面板实例

（4）辅助结构，如楼梯、平台等；

（5）基础。

平面门式刚架和支撑体系再加上托梁、楼面梁等，组成了轻型门式刚架的主要受力骨架，即主结构体系。屋面檩条和墙梁既是围护材料的支撑结构，又为主结构梁、柱提供了部分侧向支撑作用，构成了轻型门式刚架的次结构。屋面板和墙面板对整个结构起围护和封闭作用，事实上也增加了轻型门式刚架的整体刚度。外部荷载直接作用在围护结构上。其中，竖向和横向荷载通过次结构传递到主结构的平面门式刚架上，门式刚架依靠其自身刚度抵抗外部作用。纵向风荷载通过屋面和墙面支撑传递到基础上。

2. 轻型门式刚架的特点

（1）设计风格灵活、丰富。在梁高相同的情况下，钢结构的开间可比混凝土结构的开间大 50%，从而使建筑布置更加灵活。

（2）结构自重轻。与混凝土结构自重相比，钢结构自重的降低，减少了结构设计内力，可使建筑结构基础处理要求低，施工简便，造价降低。

（3）结构稳定性高。以热轧 H 型钢为主的钢结构，其结构科学合理，塑性和柔韧性好，结构稳定性高，适用于承受振动和冲击载荷大的建筑结构，抗自然灾害能力强，特别适用于一些处于多发地震带的建筑结构。据统计，在世界上发生 7 级以上毁灭性大地震灾害中，以 H 型钢为主的钢结构建筑受害程度最小。

（4）增加结构有效使用面积。与混凝土结构相比，钢结构柱截面面积小，从而可增加建筑有效使用面积，视建筑不同形式，能增加有效使用面积 4% ～ 6%。

（5）环保。采用 H 型钢可以有效保护环境，具体表现在三个方面：一是和混凝土相比，可采用干式施工，产生的噪声小，粉尘少；二是由于自重减轻，基础施工取土量少，对土地资源破坏小，大量减少混凝土用量，减少开山挖石量，有利于生态环境的保护；三是建筑结构使用寿命到期，结构拆除后，产生的固体垃圾量小，废钢资源回收价值高。

（6）工业化制作程度高。以热轧 H 型钢为主的钢结构工业化制作程度高，便于机械制造，集约化生产，精度高，安装方便，质量易于保证，可以建成真正的房屋制作工厂、桥梁制作工厂、工业厂房制作工厂等。发展钢结构，创造和带动了数以百计的新兴产业发展。

（7）工程施工速度快。占地面积小，且适合于全天候施工，受气候条件影响小。用热轧 H 型钢制作的钢结构的施工速度为混凝土结构施工速度的 2 ～ 3 倍，资金周转率成倍提高，降低财务费用，从而节省投资。以我国"第一高楼"上海浦东的"金贸大厦"为例，主体高达近 400 m 的结构主体仅用不到半年时间就完成了结构封顶，而钢混结构则需要两年工期。

（8）柱网布置比较灵活。传统的结构形式由于受屋面板、墙板尺寸的限制，柱距多为 6 m，当采用 12 m 柱距时，需设置托架及墙架柱。而门式刚架结构的围护体系采用金属压型板，所以，柱网布置不受模数限制，柱距大小主要根据使用要求和用钢量最省的原则来确定。

门式刚架结构除上述特点外，还有一些特点：门式刚架体系的整体性可以依靠檩条、墙梁及隔撑来保证，从而减少了屋盖支撑的数量，同时，支撑多用张紧的圆钢做成，很轻便。

3. 门式刚架的各种结构形式

门式刚架又称山形门式刚架，其结构形式按跨度可分为单跨、双跨和多跨；按屋面坡脊数可分为单坡屋面、双坡屋面、多坡屋面；按截面形式可分为等截面与变截面，如图9-49所示。结构形式的选取应考虑生产工艺、起重机吨位及建筑尺寸等因素。

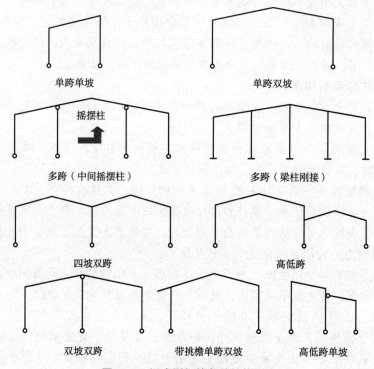

图 9-49 门式刚架的各种结构形式

4. 基本节点构造

（1）柱脚节点，构造如图9-50～图9-52所示。

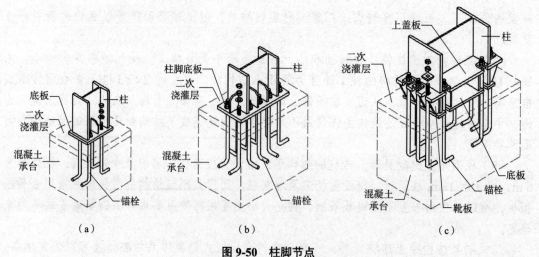

图 9-50 柱脚节点

(a) 铰接柱脚；(b) 铰接柱脚一；(c) 铰接柱脚二

图 9-51　柱脚节点实例 1

图 9-52　柱脚节点实例 2

（2）梁柱连接的节点构造，如图 9-53～图 9-56 所示。

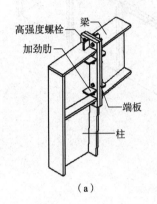

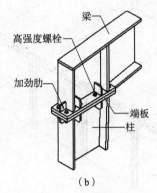

（a）　　　　　　　　　　　（b）　　　　　　　　　　　（c）

图 9-53　梁柱节点 1

（a）柱头节点一；（b）柱头节点二；（c）梁间连接节点

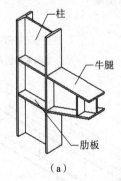

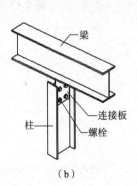

（a）　　　　　　　　　　　　　（b）

图 9-54　梁柱节点 2

（a）吊车梁牛腿节点；（b）抗风柱连接节点

图 9-55　梁柱节点实例

图 9-56　吊车梁牛腿节点实例

（3）吊车梁构造，如图9-57～图9-60所示。

（4）支撑、系杆构造，如图9-61～图9-65所示。

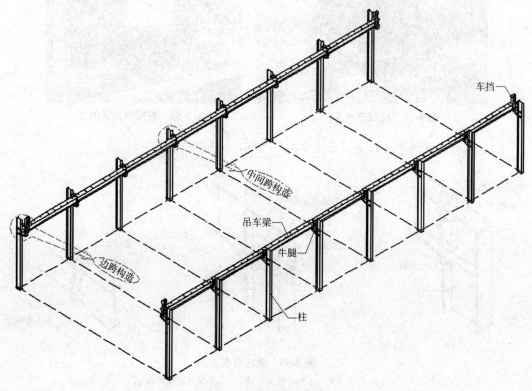

图 9-57　吊车梁布置示意

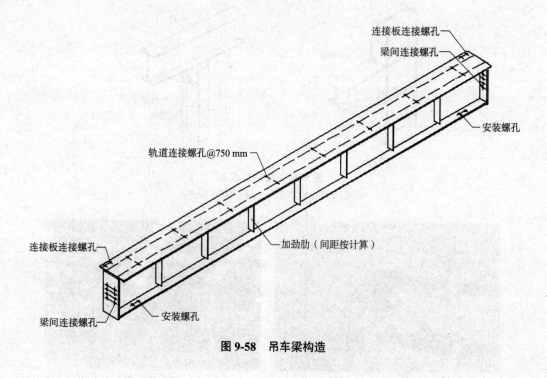

图 9-58　吊车梁构造

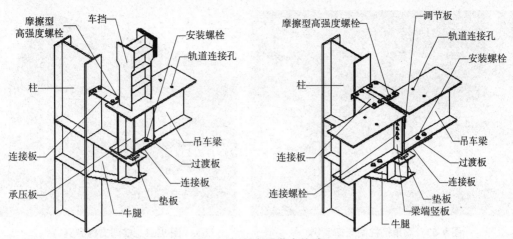

图 9-59 吊车梁节点构造

图 9-60 吊车梁实例

图 9-61 支撑、系杆布置示意

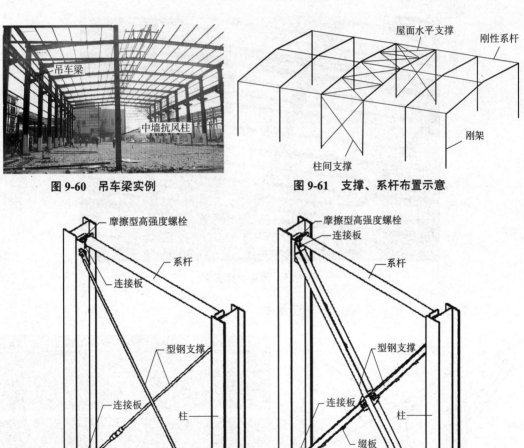

图 9-62 柱间支撑构造

图 9-63　双角钢柱间支撑实例

图 9-64　柱间支撑实例

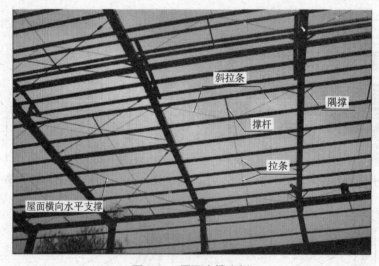

图 9-65　屋面支撑实例

（5）隔撑构造，如图 9-66、图 9-67 所示。

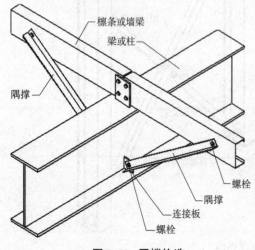

图 9-66　隔撑构造

图 9-67　隔撑实例

简答题

1. 绘制简图，表示无保温层卷材防水屋面的构造层次及各层的通常做法，指出挑檐沟、高低跨处泛水等细部做法。

2. 什么是钢筋混凝土构件自防水屋面？它有什么特点？根据板缝的处理如何分类？

3. 矩形天窗由哪些构件组成？各构件通常采用哪些材料制作？

4. 井式天窗由哪些部分构成？井底板不同的铺设方式各有什么特点？水平口设挡雨设施有哪几种处理方式？

5. 平天窗有哪几种？采用平天窗应注意的问题及解决问题的主要措施是什么？

6. 对大门的构造要求是什么？大门如何分类？简述平开门和推拉门的一般构造。

参 考 文 献

［1］ 重庆大学，覃琳，魏宏杨，等．建筑构造（上册）[M]. 6 版 . 北京：中国建筑工业出版社，2019.
［2］ 重庆大学，翁季，孙雁，等．建筑构造（下册）[M]. 北京：中国建筑工业出版社，2019.
［3］ 同济大学，西安建筑科技大学，东南大学，等．房屋建筑学 [M].4 版 . 北京：中国建筑工业出版社，2005.
［4］ 杨金铎．房屋建筑构造 [M].4 版 . 北京：中国建材工业出版社，2021.
［5］ 夏广政，吕小彪，黄艳雁．建筑构造与识图 [M].武汉：武汉大学出版社，2011.